工业和信息化人才培养规划教材

Swift项目开发基础教程

传智播客 编著

U0191278

有问题，就找问答精灵！

人民邮电出版社

北　京

图书在版编目（C I P）数据

Swift项目开发基础教程 / 传智播客编著. -- 北京：
人民邮电出版社，2016.8（2022.1重印）
工业和信息化人才培养规划教材
ISBN 978-7-115-41960-6

Ⅰ．①S… Ⅱ．①传… Ⅲ．①程序语言－程序设计－
教材 Ⅳ．①TP312

中国版本图书馆CIP数据核字(2016)第101125号

内 容 提 要

本书作为一本基于 Swift 3.0 语法的全新教程，系统全面地讲解了使用 Swift 开发项目的知识和技术，可以帮助初学者真正达到从零基础到独立开发项目的技术水平，成为 Swift 开发者。

本书共分为 12 章：第 1～5 章讲解了 Swift 开发的一些基本语法；第 6～7 章讲解了 Swift 面向对象的编程思想；第 8～10 章讲解了 Swift 的开发特性；第 11 章讲解了 Swift 与 Objective-C 项目的相互迁移；第 12 章教大家开发《2048》游戏。本书从始至终保持通俗易懂的描述方式，采用理论与案例相结合的方法帮助初学者更好地理解各个知识点在实际开发中的应用。

本书附有源代码、习题、教学视频等配套资源，而且为了帮助初学者更好地学习本教材中的内容，还提供了在线答疑。

本书既可作为高等院校本、专科计算机相关专业的程序设计课程教材，也可作为 iOS 开发技术的培训教材。

♦ 编　著　传智播客
　　责任编辑　范博涛
　　责任印制　焦志炜

♦ 人民邮电出版社出版发行　　北京市丰台区成寿寺路 11 号
　　邮编　100164　　电子邮件　315@ptpress.com.cn
　　网址　http://www.ptpress.com.cn
　　北京七彩京通数码快印有限公司印刷

♦ 开本：787×1092　1/16
　　印张：23.5　　　　　　　　　　2016 年 8 月第 1 版
　　字数：589 千字　　　　　　　2022 年 1 月北京第 5 次印刷

定价：49.80 元

读者服务热线：(010)81055256　印装质量热线：(010)81055316
反盗版热线：(010)81055315
广告经营许可证：京东市监广登字20170147号

序言　　　　　　　　　　　　　FOREWORD

本书的创作公司——江苏传智播客教育科技股份有限公司（简称"传智教育"）作为第一个实现 A 股 IPO 上市的教育企业，是一家培养高精尖数字化专业人才的公司，公司主要培养人工智能、大数据、智能制造、软件、互联网、区块链、数据分析、网络营销、新媒体等领域的人才。公司成立以来紧随国家科技发展战略，在讲授内容方面始终保持前沿先进技术，已向社会高科技企业输送数十万名技术人员，为企业数字化转型、升级提供了强有力的人才支撑。

公司的教师团队由一批拥有 10 年以上开发经验，且来自互联网企业或研究机构的 IT 精英组成，他们负责研究、开发教学模式和课程内容。公司具有完善的课程研发体系，一直走在整个行业的前列，在行业内竖立起了良好的口碑。公司在教育领域有 2 个子品牌：黑马程序员和院校邦。

一、黑马程序员——高端 IT 教育品牌

"黑马程序员"的学员多为大学毕业后想从事 IT 行业，但各方面条件还不成熟的年轻人。"黑马程序员"的学员筛选制度非常严格，包括了严格的技术测试、自学能力测试，还包括性格测试、压力测试、品德测试等。百里挑一的残酷筛选制度确保了学员质量，并降低了企业的用人风险。

自"黑马程序员"成立以来，教学研发团队一直致力于打造精品课程资源，不断在产、学、研 3 个层面创新自己的执教理念与教学方针，并集中"黑马程序员"的优势力量，有针对性地出版了计算机系列教材百余种，制作教学视频数百套，发表各类技术文章数千篇。

二、院校邦——院校服务品牌

院校邦以"协万千名校育人、助天下英才圆梦"为核心理念，立足于中国职业教育改革，为高校提供健全的校企合作解决方案，其中包括原创教材、高校教辅平台、师资培训、院校公开课、实习实训、协同育人、专业共建、传智杯大赛等，形成了系统的高校合作模式。院校邦旨在帮助高校深化教学改革，实现高校人才培养与企业发展的合作共赢。

（一）为大学生提供的配套服务

1. 请同学们登录"高校学习平台"，免费获取海量学习资源。平台可以帮助高校学生解决各类学习问题。

高校学习平台

2. 针对高校学生在学习过程中的压力等问题，院校邦面向大学生量身打造了 IT 学习小助手——"邦小苑"，可提供教材配套学习资源。同学们快来关注"邦小苑"微信公众号。

"邦小苑"微信公众号

（二）为教师提供的配套服务

1. 院校邦为所有教材精心设计了"教案+授课资源+考试系统+题库+教学辅助案例"的系列教学资源。高校老师可登录"高校教辅平台"免费使用。

高校教辅平台

2. 针对高校教师在教学过程中存在的授课压力等问题，院校邦为教师打造了教学好帮手——"传智教育院校邦"，教师可添加"码大牛"老师微信/QQ：2011168841，或扫描下方二维码，获取最新的教学辅助资源。

"传智教育院校邦"微信公众号

三、意见与反馈

为了让教师和同学们有更好的教材使用体验，您如有任何关于教材的意见或建议请扫码下方二维码进行反馈，感谢对我们工作的支持。

Swift 是苹果公司于 2014 年 WWDC（苹果开发者大会）发布的最新开发语言，它可与 Objective-C 共同运行在 Mac OS 和 iOS 平台上，用于搭建基于苹果平台的应用程序。之后，苹果公司不断发布其新的版本。从 Swift 1.0 开始，市场上陆陆续续地出版了与之相关的图书，其中多数都是基于 Swift 1.0、Swift 1.2 版本，而这些版本很快就被替代。2015 年 12 月 4 日，苹果公司宣布开放 Swift 编程语言的源代码，并于 2016 年 3 月发布了相对稳定的 Swift 2.2 版本，2016 年 6 月发布了 Swift 3.0。为了帮助更多爱好 Swift 编程的开发人员实际体会到 Swift 简洁的语法和强大的功能，我们在印刷前，再次对本书进行了升级，全面讲解了 Swift 3.0 的新特性。

本书以全新的 OS X 10.11.4 为平台，以 Xcode8 为开发工具，全面介绍了支持 Swift 3.0 的语法，以及使用 Swift 开发 iOS 应用的基本知识。在内容编排上，本书以苹果官方 Swift 开源文档的内容为主线，结合与 C、Objective-C 的对比，采用案例驱动的方式带领读者学习 Swift。本书的所有的语法都提供了大量示例程序，很多地方甚至从正、反两面举例，最后还带领读者开发《2048》游戏。

课堂教学，建议采用案例驱动的方式来讲授，让学生在动手完成"案例"的过程中，培养学生分析问题、解决问题的能力，使学生可以直观、深刻的学会 Swift 开发技能。

自主学习者建议您勤思考、勤练习、勤检测。任何有疑惑的地方都可以向问答精灵咨询，每个知识点对应的案例都要独立完成，最后通过每章配套的测试题进行自我检测。

传智播客之所以选择推出这本教材，不仅希望可以填补 Swift 3.0 市场的空白，更是希望广大读者可以从书中有所获益，开发出更多优秀的应用程序。

本教材共分为 12 个章节，具体内容如下。

● 第 1 章主要介绍了 Swift 开发的一些概念知识，包括 Swift 语言的发展及特性，Swift 与 OC 的异同点、Swift 开发环境的配置以及 Xcode 的安装，并在最后带领大家编写了第一个 Swift 程序。通过本章的学习，读者可以对 Swift 开发的背景知识有所了解，并且能够掌握 Swift 项目的结构。

● 第 2 章讲解了 Swift 语言的基本语法，是学习 Swift 语言的基础，包括 Swift 的关键字和标识符、常量和变量的引用、数据类型和运算符等。对本章的内容，读者一定要加强理解，尤其是元祖类型、可选类型和各种运算符。另外，还要勤加练习，熟练使用，为以后的学习奠定好基础。

● 第 3 章主要介绍了控制流语句，包括条件语句和循环语句。本章的内容十分的重要，掌握了本章的内容才能编写更加复杂的程序并且有助于后面章节的学习。

● 第 4 章首先介绍了字符，接着介绍了字符串的初始化和使用，最后介绍了数组、Set 和字典的内容，包括数组、Set 和字典的创建与使用。通过本章的学习，一定要掌握字符串和集合的操作技巧，能够灵活地运用它们。

● 第 5 章首先介绍了与函数相关的内容，包括函数的定义和使用、参数和返回值，接着由嵌套函数引出了闭包，介绍闭包的概念、定义方式，以及尾随闭包的相关内容，最后介绍了枚举的内容，包括枚举的定义和访问、使用 switch 语句匹配枚举值等。通过本章的学习，读者要掌握函数、闭包、枚举的基本使用，能够灵活地使用这些技术。

● 第6章首先介绍了面向对象的基本知识，包括类、结构体、属性、方法、构造函数、析构函数、下标脚本。本章内容是学好面向对象编程的垫脚石，希望大家能够熟练掌握。

● 第7章首先介绍了面向对象的三大基本特性，主要是继承的特性，以及在 Swift 语言中如何实现继承和重写，然后介绍了可选链的用法，使用 is 操作符和 as 操作符实现类型检查和类型转换，以及嵌套类型的使用等。本章的大部分内容都是 Swift 特有的语法，希望读者能够认真学习和掌握。

● 第8章主要讲解了扩展、协议和代理三个概念。通过本章的学习，大家应该学会使用扩展和协议，并学会使用代理实现协议，真正理解扩展和协议在实际开发中的作用。

● 第9章主要介绍了 Swift 中的内存管理机制 ARC（自动引用计数）、类实例的循环强引用形成的原因及解决方法、闭包引起的循环强引用和解决方法等。在实际开发中，需要理解 ARC 的工作机制，并要注意检查代码中是否可能出现循环强引用，如果出现则必须予以解决，防止内存泄露。

● 第10章主要讲解了 Swift 语言中的一些高级特性，包括泛型、错误处理机制、访问控制特性、命名空间、高级运算符等。这些高级特性在实际开发中非常重要，希望读者能够多加揣摩练习，熟练掌握。

● 第11章主要介绍了 Objective-C 与 Swift 之间的互操作，通过本章的学习，读者要掌握 Objective-C 与 Swift 之间互操作的技巧，以便更好地运用到工作中，提高开发效率。

● 第12章用 Swift 开发《2048》游戏，按照项目的实现流程完成开发。希望读者通过本章的学习，能够深入地理解 Swift 的各个知识点，灵活运用到项目中。

在学习过程中，读者一定要亲自实践案例中的代码。如果不能完全理解书中所讲知识，读者可以登录博学谷平台，通过平台中的教学视频进行深入学习。学习完一个知识点后，要及时在博学谷平台上进行测试，以巩固学习内容。另外，如果读者在理解知识点的过程中遇到困难，建议不要纠结于某个小点，可以先往后学习，通常来讲，看到后面对知识点的讲解或者其他小节的内容后，前面看不懂的知识点一般就能理解了，如果读者在动手练习的过程中遇到问题，建议多思考，理清思路，认真分析问题发生的原因，并在问题解决后多总结。

致谢

本教材的编写和整理工作由传智播客教育科技有限公司完成，主要参与人员有吕春林、高美云、刘传梅、王晓娟、李凯、郭敬楠、尹桥印、潘星、齐瑞华等，全体人员在这近一年的编写过程中付出了很多辛勤的汗水，在此一并表示衷心的感谢。

意见反馈

尽管我们尽了最大的努力，但教材中难免会有不妥之处，欢迎各界专家和读者朋友们来信来函给予宝贵意见，我们将不胜感激。您在阅读本书时，如发现任何问题或有不认同之处可以通过电子邮件（itcast_book@vip.sina.com）与我们取得联系。

传智播客

2016-6-29 于北京

CONTENTS

专属于教师和学生
的在线教育平台

让IT学习更简单

学生扫码关注"邦小苑"
获取教材配套资源及相关服务

让IT教学更有效

教师获取教材配套资源

| 教学大纲 | 教学设计 | 教学PPT |
| 考试系统 | 教学辅助案例 | 在线编程 |

教师扫码添加"码大牛"
取教学配套资源及教学前沿资讯
添加QQ/微信2011168841

目 录

3

目
录

PART 1

第1章
Swift 开发入门

学习目标

● 了解什么是 Swift 及其语言特点
● 掌握 Xcode 的安装和基本使用
● 学会编写第一个 Swift 程序

　　随着 Mac OS X 和 iOS 系统的不断发展，越来越多的移动开发者开始学习 Swift 语言。Swift 语言是由苹果公司于 2014 年推出，用来撰写 Mac OS X、iOS 和 Watch OS 操作系统上的应用程序，如 Mac、iPhone、iPod touch、iPad、Apple Watch 这些设备上的应用都可以用 Swift 语言开发。Swift 的出现旨在替代 Objective-C（简称 OC）语言，因此比 OC 语言更加先进、严谨和易用。一经推出，Swift 已经受到广泛好评。本章将针对 Swift 语言的一些简单知识进行详细讲解，并带领大家开发第一个 Swift 程序。

1.1　Swift 语言概述

1.1.1　什么是 Swift 语言

　　Swift 是苹果公司推出的一种新的编程语言，用于编写 iOS、Mac OS X 和 Watch OS 应用程序，它结合了 C 语言和 Objective-C 的优点并且不受 C 兼容性的限制，同时支持过程式编程和面向对象的编程，是一种多范式的编程语言。Swift 语言是以迅雷不及掩耳之势出现并发展起来的，为了更好地了解 Swift，下面针对 Swift 的发展历程及变化进行详细讲解。

　　2010 年 7 月 LLVM 编译器的原作者、苹果开发者工具部门总监克里斯·拉特纳（Chris Lattner）开始着手 Swift 编程语言的工作，用一年的时间完成基本架构，同时参与的还有一个叫做 dogfooding 的团队。截至 2014 年 6 月，Swift 大约历经 4 年的开发期。

　　2014 年 6 月苹果在发布 Xcode 6.0 的同时发布了 Swift 1.0，从此 Swift 语言走进了程序员的生活。

　　2015 年 2 月，苹果同时推出 Xcode 6.2 Beta 5 和 6.3 Beta，在完善 Swift 1.1 的同时，推出了 Swift 1.2 测试版。

　　2015 年 6 月，苹果发布了 Xcode 7.0 和 Swift 2.0 测试版，并且宣称 Swift 会在 2015 年底开源。

　　2015 年 11 月 9 日，苹果发布了 Xcode 7.1.1 和 Swift 2.1，Swift 的语法文档也有更新。

2015 年 12 月 4 日，苹果公司宣布其 Swift 编程语言开放源代码。

2016 年 3 月 22 日，苹果公司发布 Swift 2.2 版本。

2016 年 6 月 13 日，苹果公司发布了 Swift 3.0 版本。

从发布至今，Swift 一直在以非常惊人的速度不断发展，苹果的每一个举措都彰显其大力推广 Swift 的决心。目前国内很多公司的新项目已经直接采用 Swift 开发，并且公司内部也在做 Swift 的人才储备，可见 Swift 语言取代 Objective-C 势在必行。时势造英雄，掌握 Swift 语言的开发人员将是近年来 IT 职场中受人青睐的稀缺人才。

1.1.2 语言特点

Swift 语言能够如此迅速的发展，离不开它独特的语言特点。需要强调的是，Swift 绝对不是解释性语言，更不是脚本语言，它和 Objective-C、C++一样，编译器最终会把它翻译成 C 语言。与其他语言相比，Swift 语言的特点可以归纳为五点，具体如下。

1. 快速

与其他流行的面向对象语言相比，Swift 主要的优势在于其语法简单，比 Objective-C 的语法还要简单，初学者只需要非常短的时间就可以掌握面向对象编程的核心方法，快速上手。同时，Swift 和 Objective-C 是并存的，如果你是 Objective-C 开发者，完全可以在原来项目的基础上直接用 Swift 进行开发。Swift 的编译器使用高级的代码分析功能来调优代码，让你更专注于开发应用，而不必在性能优化上投入大量的精力。

2. 安全

Swift 是类型安全的，它使用类型推断机制，限制对象指针使用、自动管理内存来使程序更安全，而且，变量总是使用前初始化的。另一个安全功能是默认情况下 Swift 对象永远不会是零。事实上，编译器会阻止在编译时试图出现错误或使用一个空对象，这些功能让开发人员更容易开发出安全稳定的软件。

3. 现代

Swift 具有错误处理、guard 语句和协议扩展等语法新特性，还有 Optional、泛型、元组等现代语言的特性。Swift 有多个返回值闭包统一的函数指针，快速、简洁的迭代或集合比 Objective-C 语言更具灵感，更接近自然语言，使代码可读性更好。

4. 互动

Swift 对于初学者来说也很友好，它是第一个既满足工业标准又像脚本语言一样充满表现力和趣味的编程语言，可以使用 playground 来试验新技术，分析问题，做所见即所得的界面原型。它支持代码预览，这个革命性的特性可以允许程序员在不编译和运行应用程序的前提下运行 Swift 代码并实时查看结果。

5. 开源

苹果公司对 Swift 的编译器、标准库和源码的开源，大大提高了程序员对 Swift 语言的热情。Swift 的开源特性使其更加通用、更加多样化——除了苹果平台的应用，开发者也可以在其他项目中使用这个编程语言。另外，Swift 开源也展示出苹果公司是非常有远见的。费德里希曾经表示："我们认为未来 20 年 Swift 将成为编程的标准语言，我们认为它将成为未来主要的编程语言之一。"

Swift 作为一种新的编程语言，从来没有停止过发展自己的脚步，它的功能一直在不断地进行完善和更新，目的就是使编程更加简单、快速、安全，在学习过程中需要用心体会。

1.1.3 开发框架

在学习 Swift 之前，初学者还需要对开发框架的概念有所了解。框架的功能类似于动态库，即可以在运行时动态的载入应用程序的地址空间，但框架作为一个捆绑（计算机）而非独立文件，其中除了可执行代码外，也包含了资源、库文件、头文件、文档和各种驱动程序等。每种编程语言都有它们自己的框架，而运行在 Mac OS X 平台上的 Cocoa 及运行在 iOS 平台上的 Cocoa Touch，则是苹果公司为 Swift 开发人员提供的一系列强大的开发框架。下面将针对 Cocoa 和 Cocoa Touch 框架进行详细的讲解。

1. Cocoa 框架

Cocoa 是苹果公司为 Mac OS X 所创建的原生面向对象的 API，是 Mac OS X 上五大 API 之一（其他四个是 Carbon、POSIX、X11 和 Java），它包含了 Foundation 和 Application Kit 两大主要框架。其中，Foundation 框架是基于 Core Foundation 的，一般来说和界面无关的类基本都属于 Foundation 框架，如 NSString、NSArray、NSError 和 NSNotification；而 Application Kit 框架则包含了程序与图形用户界面交互所需的代码，它是基于 Foundation 建立的，并且很多代码都使用 "NS" 前缀，但这些代码只能在 Mac OS X 中使用。

2. Cocoa Touch 框架

Cocoa Touch 是 iOS 的开发框架，它重用了许多 Mac 系统的成熟模式，更加专注于基于触摸的开发接口和性能优化，主要包含 Foundation 和 UIKit 两个框架。UIKit 为开发者提供了在 iOS 上实现图形、事件驱动程序的基本工具，其建立在 Application Kit 框架的基础上，包括文件处理、网络、字符串操作。

此外，Cocoa Touch 还包含了创建世界一流 iOS 应用程序需要的所有框架，如核心动画使用的是 Core Animation 框架，音频音效使用的是 Core Audio 框架，数据存储使用的是 Core Data 框架。

1.1.4 Swift 与 Objective-C 语言对比

在 Swift 之前，所有的 iOS 应用都是使用 Objective-C 语言进行开发的，Swift 的出现必然会引起程序员对这两种语言进行对比，从发布至今，各路大牛早已纷纷对 Swift 进行过各种挖掘了，发现 Objective-C 和 Swift 存在很多相同点和不同点。下面，针对这两种语言的相同点和不同点分别进行介绍。

1. 相同点

Swift 和 Objective-C 是相互兼容的，两者都是基于 Cocoa 和 Cocoa Touch 框架。也就是说，你可以在一个项目中使用两种语言进行开发，两者都可以用来开发 iOS 应用。Swift 跟 OC 共用同一套运行环境。

2. 不同点

关于 Swift 和 Objective-C 的不同点将从文件结构和语法内容两个方面进行讲解。

（1）文件结构

Objective-C 继承了 C++ 语言的文件格式，把头文件和实现文件分开写，使用 .h 作为头文件的后缀，使用 .m 文件作为实现文件的后缀，Swift 则使用 .swift 作为后缀名，这也体现了 Swift 的简洁性。接下来，通过一张图来对比一下两者的区别，具体如图 1-1 所示。

（2）语法内容

除了文件结构不同，Swift 和 Objective-C 两者在语法上也是有区别的，具体如下。

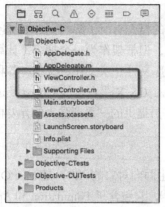 

图 1-1 Swift 和 Objective-C 文件结构对比

① Objective-C 中，类的声明和实现分别使用关键字@interface 和@implementation 表示，而在 Swift 中，类是使用关键字 class 表示的。接下来，以两种语言默认创建的 ViewController 类为例来展示两者定义类方式的不同，如图 1-2 所示。

```
#import "ViewController.h"

@interface ViewController ()
                类的声明
@end

@implementation ViewController

- (void)viewDidLoad {
    [super viewDidLoad];
                类的实现
}

- (void)didReceiveMemoryWarning {
    [super didReceiveMemoryWarning];
}
@end
```

```
import UIKit

class ViewController: UIViewController {

    override func viewDidLoad() {
        super.viewDidLoad()
                    ViewController类
    }

    override func didReceiveMemoryWarning() {
        super.didReceiveMemoryWarning()
    }
}
```

图 1-2 ViewController 类的对比

在图 1-2 中，左边是使用 Objective-C 语言默认定义的 ViewController 类，可以看出它使用@interface 声明类，使用 @implementation 实现类。右边是 Swift 语言默认定义的 ViewController 类，只需要使用 class 声明。通过对比发现，Swift 定义的类更加简洁。

② 在 Swift 中函数和方法的定义是用 func 声明的，这里摘取图 1-2 中的 viewDidLoad 方法的代码，此方法是没有返回值的，如下所示。

```
override func viewDidLoad() {
    super.viewDidLoad()
}
```

在 Objective-C 中 viewDidLoad 方法的声明格式如下所示：

```
- (void)viewDidLoad {
    [super viewDidLoad];
}
```

③ 在 Swift 中取消了 Objective-C 的指针及其他不安全访问的使用，并且还舍弃了 Objective-C 早期应用 Smalltalk 的语法，全面改为句点表示法。

④ 在 Swift 中使用关键字 "let" 定义常量，使用关键字 "var" 定义变量。如下两行代码定义了一个 NSString 类型的变量 name 和一个值为 20 的常量 age。这在 Objective-C 中是没有的。

```
var name:NSString
let age = 20
```

⑤ Swift 提供了类似 Java 的命名空间（namespace）、泛型（generic）、运算对象重载（operator overloading），Swift 被简单地形容为 "没有 C 的 Objective-C"。

⑥ 还有一些性质是 Swift 独有的。例如，Swift 独有的范围运算符 "a...b" 是闭区间包含，如 5...7 就是取值范围 5,6,7；"a..<b" 是半开半闭区间包含，如 5..<7 就是取值范围 5,6。

⑦ Swift 独有的元组类型 "var point = (x:15,y:20.2)" 就表示元组名是 point ，里面有两个元素 x 和 y。

关于 Swift 和 Objective-C 的不同之处肯定不止这些，但是通过本节的学习，相信同学们也可以做到举一反三，在此就不一一列举了。

总的来说，Swift 吸收了很多其他语言的优秀语法，写起来比 Objective-C 简洁得多。而且，Swift 增加了各种功能用以提高其安全性、易用性和表现力。现在苹果的 Cocoa 已经开始使用 Swift 语言进行重写，所以 Swift 语言取代 Objective-C 语言是必然的趋势。

1.2 Swift 开发环境和工具

1.2.1 开发环境

每一种开发语言都有它的开发环境，Swift 也不例外。在正式开发应用程序前，需要搭建 Swift 开发环境，以便更好地使用各种开发工具和语言进行快速应用开发。和 Objective-C 一样，Swift 的开发环境需要在 Mac OS X 系统中运行，因此 Mac OS X 系统的支持是必须的。另外，无论是 Mac OS X 还是 iOS，苹果都建议你使用最新版的 Xcode 进行开发，因为 Swift 对苹果系统的要求是较高的，Swift 3.0 的开发环境要求如下。

（1）必须拥有一台苹果电脑。因为集成开发环境 Xcode 只能运行在 OS X 系统上。

（2）苹果系统 Mac OS X 10.11.4 及以上。

（3）Xcode 开发工具 8 版本及以上。

如果当前系统不是 OS X 10.11.4，就需要对它进行升级。升级的方法比较简单，只需要进入 App Store，在主窗口单击 "更新" 按钮，会看到一些软件的更新提示，然后单击更新按钮，完成系统更新。App Store 的图标和更新系统的主界面，分别如图 1-3 和图 1-4 所示。

图 1-3　App Store 图标

图 1-4　更新 Mac OS X

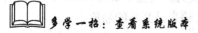
多学一招：查看系统版本

单击桌面左上角的苹果按钮，选择"关于本机"，就会出现当前系统的版本信息，如图 1-5 所示。

图 1-5　本机信息

1.2.2　Xcode 概述

开发 Swift 程序，可以选择用户电脑里应用程序中的终端，通过命令行操作，创建文本文档、编写程序，之后继续通过命令行完成程序编译。但是这样操作非常麻烦，为了方便实际开发，苹果公司向开发人员提供了免费的开发工具——Xcode，它可以用于编辑、编译、运行及调试代码。

俗话说，工欲善其事，必先利其器。要想在 iOS 系统开发应用程序，首先需要在 Mac OS X 计算机上配备一个 Xcode 工具。Xcode 是苹果公司提供的一个集成开发环境，它用于管理工程、编辑代码、构建可执行文件、进行代码调试等。为了更好地认识 Xcode，接下来，从 Xcode 的适用性、辅助设计、开发文档支持三方面进行详细讲解，具体如下。

1. 适用性方面

Xcode 中所包含的编译器除了支持 Swift 以外，还支持 Objective-C、C、C++、Fortran、Objective-C++、Java、AppleScript、Python 及 Ruby 等，同时还提供 Cocoa、Carbon 及 Java 等编程模式。另外，某些第三方厂商也提供了 GNU Pascal、Free Pascal、Ada、C Sharp、Perl、Haskell 和 D 语言等编程语言的支持。

2. 辅助设计方面

使用 Xcode 工具开发应用程序时，只需要选择应用程序对应的类型或者要编写代码的部分，然后 Xcode 工具中的模型和设计系统会自动创建分类图表，帮助开发人员轻松定位并访问相应的代码片段。另外，Xcode 工具还可以为开发人员的应用程序自动创建数据结构，开发人员无需编写任何代码，就可以自动撤消、保存应用程序。

3. 开发文档支持方面

Xcode 提供了高级文档阅读工具，它用于阅读、搜索文档，这些文档可以是来自苹果公司网站的在线文件，也可以是存放在开发人员电脑上的文件。

1.2.3 安装 Xcode 8 开发工具

配置好 Swift 开发环境后，若想进行 Swift 开发，还需要在苹果电脑上安装开发工具。开发 iOS 程序使用的开发工具都是 Xcode，默认情况下，Mac OS X 系统没有安装 Xcode 软件，可以从网上下载 dmg 安装包进行安装，也可以从 App Store 上直接下载。这里，以安装 Xcode 8 为例，针对这两种安装方式进行讲解，具体如下。

1. 使用 dmg 安装包

在 Mac 上安装软件很简单的，双击 dmg 文件可以看到 "Drag to install Xcode in your Applications folder"，这时，可以直接拖动 Xcode 到右边应用程序文件夹里，实现 Xcode 安装和自动拷贝，具体如图 1-6 和图 1-7 所示。

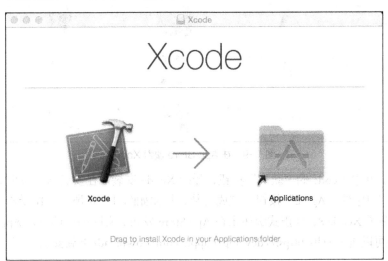

图 1-6 安装包安装 Xcode

图 1-7 拷贝文件

拷贝完成后，在应用程序文件夹中就可以看到 Xcode 了，如图 1-8 所示。

图 1-8　Xcode 安装后窗口

2. 从 App Store 下载 Xcode 工具

单击 Dock 栏上的 App Store 图标，会弹出一个 AppStore 窗口。在右上角的搜索框中输入 Xcode 进行搜索，第一个位置出现的就是 Xcode，如图 1-9 所示。

图 1-9　在 App Store 搜索 Xcode

单击图 1-9 中 Xcode 的"获取"按钮，开始 Xcode 安装。在安装 Xcode 时，会弹出一个窗口，单击窗口中的"Agree"按钮，完成安装，具体如图 1-10 所示。由于本书印刷前，苹果官网刚更新了 Xcode 8，其正式版还未在 App Store 发布，所以如果读者在 App Store 找不到 Xcode 8，则可以进入官网 https://developer.apple.com/download/ 下载安装。

注意:

在 App Store 下载应用程序，如果还没有登录，会弹出图 1-11 所示的窗口提示用户登录。如果已经有 Apple ID 账号，输入账号密码直接登录即可。如果还没有 Apple ID 账号，单击"创建 Apple ID"就可以跳转到 Apple ID 的注册页面，根据提示自行进行注册即可，Apple ID 账号是免费注册的。

图 1-10　Xcode 安装弹出窗口

图 1-11　到 Apple ID

1.2.4　Swift 项目结构

在实际的开发中，首先需要创建一个项目，在 Xcode 提供的默认项目框架的基础上，根据自己的项目需求，增加相应的模块和代码，从而开发出属于自己的 App。

图 1-12 所示的是一个新建的 Swift 的默认项目结构。在与 Objective-C 的对比章节中，已经见过这个结构了，下面将对它的具体内容进行讲解。

从图 1-12 中可以看出，Swift 的文件后缀是.swift。接下来，针对图 1-12 中的文件从上到下依次进行详细讲解，具体如下。

（1）AppDelegate.swift 文件

AppDelegate 文件是整个应用的一个代理。在 AppDelegate 中可以做应用退出后台或从后台返回到前台的一些处理。

图 1-12　Swift 项目结构

文件中包含语句@UIApplicationMain，这是整个程序的入口。这个标签做的事情就是将被标注的类作为委托，去创建一个 UIApplication 并启动整个程序。在编译的时候，编译器将寻找这个标记的类，并自动插入像 main 函数这样的模板代码。当应用启动后最先执行的就是文件里面的函数。该函数的定义如下所示：

```
func application(application: UIApplication, didFinishLaunchingWithOptions
launchOptions: [NSObject: AnyObject]?) -> Bool {
        // Override point for customization after application launch.
        return true
}
```

（2）ViewController.swift 文件

该文件是视图控制器文件，在开发的时候，可以根据项目需要，创建多个视图控制器，这在以后的学习中会详细讲解。

下面借助 ViewController.swift 文件讲解一下 Swift 的代码构成。Swift 代码一般由代码签名、头文件、执行部分组成，下面代码展示的是 ViewController.swift 源码。

```
1    //   ViewController.swift
2    //   SwiftApp
3    //   Created by itcast on 16/6/20.
4    //   Copyright © 2016 年 itcast. All rights reserved.
5    import UIKit
6    class ViewController: UIViewController {
7        override func viewDidLoad() {
8            super.viewDidLoad()
9        }
10       override func didReceiveMemoryWarning() {
11           super.didReceiveMemoryWarning()
12           // Dispose of any resources that can be recreated.
13       }
14   }
```

上述代码中第 1~4 行代码是签名部分，第 5 行代码是头文件，6~14 行代码是执行部分。在 Swift 中，一个类就是用一对 {} 括起来的，类里面是实现各自功能的函数，这是 Swift 语言的整体代码风格。在今后的学习中，还希望同学们多加揣摩体会，而且要明确一个概念，一个 .swift 文件执行是从它的第一条非声明语句（表达式、控制结构）开始的。

（3）Main.storyboard 文件

Main.storyboard 是苹果推出的故事板，它提供了一个完整的 iOS 开发者创建和设计用户界面的新途径。

（4）Assets.xcassets 文件

Assets.xcassets 是资源管理器，开发中像 icon 图标、图片资源、音频资源、视频资源，都可以放在这里面进行管理。

（5）LaunchScreen.storyboard 文件

LaunchScreen.storyboard 是程序启动页面的文件。

（6）Info.plist 文件

Info.plist 文件用来存储 App 向系统提供的自己的元信息。苹果公司为了提供更好的用户体验，iOS 和 OS X 的每个 App 或 bundle 都依赖于特殊的元信息。通过一种特殊的信息属性列表存储元信息。Info.plist 就是以上提到的"属性列表"。该文件对工程做一些运行期的配置，非常重要，不能删除。

注意：

因为这本书主要是对语法的讲解，在前 10 章中都是用 playground 工具进行代码的测试，并不需要创建项目。

1.2.5 帮助文档

Xcode 除了可以编辑、编译、运行和调试代码外，还为开发者提供了官方的帮助文档帮助学习开发。Xcode 提供的帮助文档可以下载学习，也可以在线学习。接下来，分步介绍如何使用帮助文档。

（1）打开 Xcode，选择"Xcode"→"Preferences..."菜单，具体如图 1-13 所示。

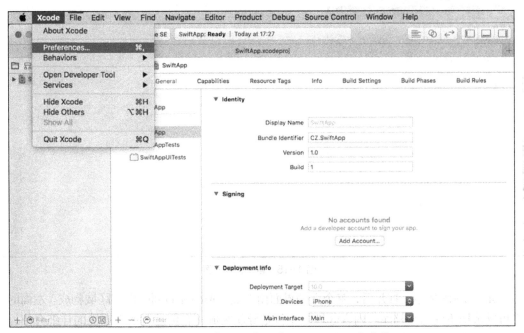

图 1-13 选择"Xcode"→"Preferences..."菜单

（2）选择"Components-Documentation"，这里，可以看到已经下载安装的文档库，可以根据自己的需要进行下载，具体如图 1-14 所示。

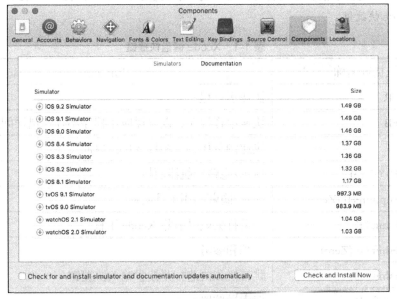

图 1-14 帮助文档下载

（3）下载完成后，单击"Window" → "Documentation and API Reference"打开帮助文档，如图1-15所示。默认情况下是上次打开的状态，第一次打开时左边的侧边栏是没有打开的，单击工具栏中的侧边栏按钮即可。

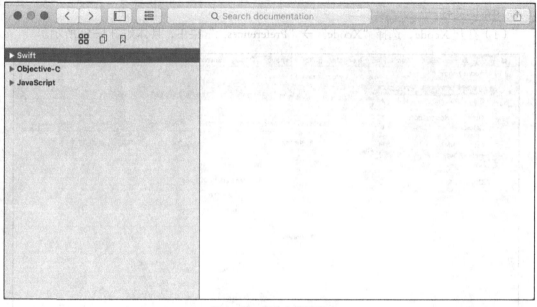

图1-15　帮助文档界面

如图1-15所示，打开后，整个文档界面由左面的侧栏和右面的内容区域构成。左面的侧栏可以选择不同的文档库。内容区域中左侧是导航区域，右侧是对所选属性的详细介绍，帮助文档中也有很多的代码示例可供借鉴，可见苹果官方还是很体贴的。

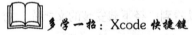多学一招：Xcode 快捷键

Xcode工具提供了很多方便实用的快捷键，方便整理代码，调试程序。表1-1列举了一些常见的Xcode快捷键。

表1-1　Xcode 键盘快捷键

快捷键名称	功能描述
command+R	快速运行程序
command+B	快速编译程序，以确保应用程序不存在错误问题
command+1	快速浏览代码、图片及用户界面文件
command+0 (Zero)	显示/隐藏导航器面板
command+option+0 (Zero)	显示/隐藏实用工具面板
command+shift+K	当运行失败时清除 Xcode 工程
command+shift+0 (Zero)	文档和参考
command+shift+O	跳转栏和快速打开搜索输入快捷键
command+shift+F	搜索导航器

1.2.6 学习工具——playground

在 Xcode 6 中苹果提供了一个新的调试程序的工具 playground，它提供灵活的数据展示方式，弥补了之前调试程序手段的不足之处，它支持 QuickLook 多样式调试显示，不用添加测试代码，也不用按 Run 执行程序，就可以直观地查看运行情况，实时查看变量，可以直接查看的类型有：Color 类型、String 类型、Image 类型、View 类型、数据等。

例如，创建一个名为 01-playground 体验的 playground，在里面定义一个背景为红色的视图，并在视图中定义一个按钮，在 playground 中都可以看到他们的运行效果，如图 1-16 所示（由于刚接触这门语言，所以这里先不要考虑这些代码是如何实现的，只需看它们的运行效果即可）。

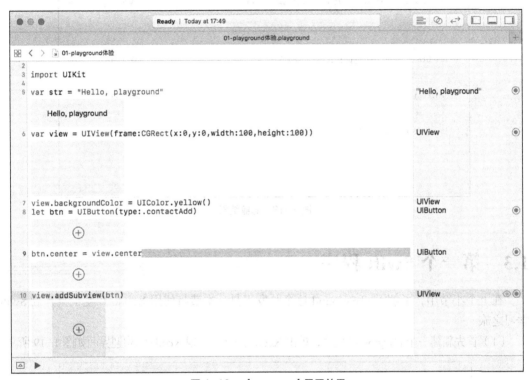

图 1-16　playground 显示效果

图 1-16 中可以看到在每行代码的最右边有两个按钮，单击眼睛形状的按钮，会弹出一个视图，显示当前运行结果，如图 1-17 所示。单击右侧的按钮会隐藏图 1-17 中的图形，如图 1-18 所示。再次单击就会又呈现图 1-16 的效果。而且对每行代码都可实时地看到它们当前的结果，方便了代码的调试。

可以将 playground 用于文档和测试。Swift 是一门全新的语言，许多人都使用 playground 来了解其语法和约定。不光是语言，Swift 还提供了一个新的标准库。

图 1-17　视图显示

playground 展示语法和实时执行真实数据的特性，为编写方法和库接口提供了很好的机会。

编写和运行 Swift 程序有多种方式，可以通过在 Xcode 中创建一个 iOS 或 Mac OS X 工程来实现，也可以通过使用 Xcode 6 之后提供的 playground 来实现。在学习阶段，推荐使用 playground 工具编写和运行 Swift 程序。因为 playground 能够快速展示所能做的东西，这有助于快速地学习 Swift 这门语言。

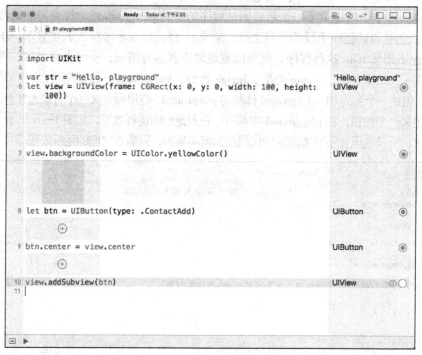

图 1-18　隐藏结果

1.3　第一个 Swift 程序

在上个小节中，了解了 playground 这个开发工具，本节将使用 Xcode 开发工具开启 Swift 学习之旅。

（1）首先新建一个 playground 程序，单击 Xcode 图标，出现 Xcode 的欢迎界面如图 1-19 所示。

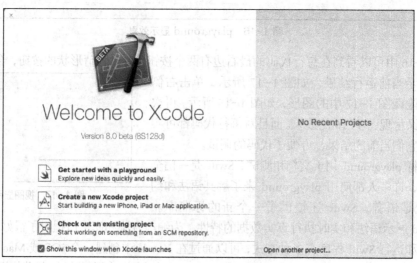

图 1-19　新建 playground

该窗口分为两个部分，右侧表示最近访问的项目，左侧包含三个选项，具体如下。

- Get started with a playground：表示创建一个 playground 的工程，用于编写、运行 Swift 程序。
- Create a new Xcode project：表示创建一个新的 Xcode 工程。
- Check out an existing project：表示打开一个现有的工程。

（2）单击 Get started with a playground 后会弹出一个窗口，如图 1-20 所示，系统默认文件名为 "MyPlayground"，这里我们将程序命名为 "第一个程序"。iOS 是开发系统，另外还有 OS X 和 tv OS 两个选项。

图 1-20　playground 命名页面

（3）单击 "Next" 会弹出一个窗口如图 1-21 所示，提示选择项目的存储位置，选择桌面，单击 "Create" 按钮，这时在桌面上就会出现创建的 playground 文件。

图 1-21　playground 存储位置

（4）在创建好的 playground 文件中，默认有一个字符串变量 str，将其输出 print(str)。在 Swift 中，一个 print 语句就是一个完整的程序。接下来，输入正弦函数的代码，把鼠标放在第 10 行，并单击右面的按钮，会发现所编写的代码将以图像的形式展现出来，如图 1-22 所示。

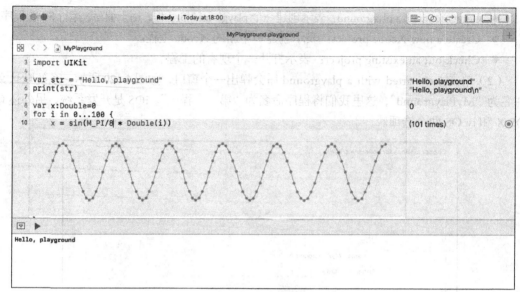

图 1-22　正弦函数效果

在 playground 中普通的代码编写过程中直接就在右栏中显示执行结果，如图 1-22 所示的第 5 行代码。另外第 10 行右边有两个小图标，一个是眼睛的图标，可以直观看到图形或数值（当前状态），另外一个是+号，可以回溯历史数据和变量之间的相关性。单击"+"号就可以看到上面的正弦函数执行图。

使用 playground 可以更方便地学习代码、实验代码、测试代码，并且能够可视化地看到运行结果，而且，使用 playground 只需要一个文件，而不需要创建一个复杂的工程。另外，值得提出的是苹果官方提供的一些学习资源是以 playground 的形式提供的，在学习的过程中可以建立一个属于自己的 playground 文件，方便以后的学习。

1.4　本章小结

本章主要介绍了 Swift 开发的相关知识，首先介绍了 Swift 语言的发展过程和语言特点，并对 Swift 和 Objective-C 语言进行了对比，接着介绍了 Swift 开发环境的配置和 Xcode 的安装和使用技巧，最后成功地编写了第一个 Swift 程序。通过本章的学习，相信大家已经熟悉了Xcode 工具的使用，并对 Swift 语言有了初步的认识。

1.5　本章习题

一、填空题

1. 可以使用苹果公司提供的开发工具_____进行 Swift 的开发。

2. 在 Xcode 6 后苹果公司推出了一个新的学习工具是_____，它可帮助调试代码。

3. 苹果有两大开发框架，一个是运行在 Mac OS X 平台上的_____，另一个是运行在 iOS 平台上的_____。

二、选择题

1. 以下选项中，哪些属于 Swift 语言的特点（多选）。（　　　）

A. 快速　　　　　B. 安全　　　　　C. 互动　　　　　D. 开源　　　　　E. 现代

2. Swift 属于以下哪种语言？（　　　）

A. 机器语言　　　　B. 汇编语言　　　　C. 高级语言　　　　D. 以上都不对

3. 下列选项中，属于 Swift 语言特有的文件后缀名是（　　　）。

A. .h　　　　　　B. .m　　　　　　C. .swift　　　　　D. 以上都不对

三、判断题

1. Swift 既支持面向过程编程，也支持面向对象编程。（　　　）

2. 在开发过程中，一个 Swift 项目中只能有后缀为.swift 的文件。（　　　）

3. Xcode8 支持 Swift3.0 的开发。（　　　）

4. 苹果系统 Mac OS X10.11.4 支持 Swift3.0 的开发。（　　　）

5. Swift 语言和 Objective-C 语言是不兼容的。（　　　）

6. 在安装 Xcode 工具时，只能通过 App Store 进行安装。（　　　）

7. Swift 语言是不区分头文件和实现文件的，只有后缀为.swift 的文件。（　　　）

8. 在学习 Swift 的过程中，可以使用 playground 来了解其语法和约定。（　　　）

四、问答题

1. 简述一下 Swift 语言的特点。

2. 简述一下 Swift 语言和 Objective-C 语言的区别。

五、编程题

使用 playground 工具定义一个名为"start"的变量，并把字符"HelloWorld"赋值给它，然后输出。请按照题目的要求编写程序并给出运行结果。

第2章
基本语法

- 掌握 Swift 语言中常量和变量的含义和用法
- 掌握各种数据类型的含义和用法
- 掌握各种运算符的用法
- 掌握可选类型的含义和用法

Swift 和其他语言一样，有自己的一套语法规范。要学习 Swift，首先要学习它的语法，如数据的定义、代码的书写、运算符的使用等。Swift 作为一门新兴编程语言，借鉴了众多编程语言的优点，抛弃了缺点，在博采众家之长的基础上，又增加了自己特有的语法特性。本章将针对 Swift 语言的基本语法进行详细介绍。

2.1 关键字和标识符

2.1.1 关键字

关键字是指在编程语言里事先定义好并赋予了特殊含义的单词，也称作保留字。它不能作变量名、函数名等标识符使用，除非被反引号转义。Swift 中的关键字主要有以下几种。

（1）用在声明中的关键字：associatedtype、class、deinit、enum、extension、func、import、init、inout、internal、let、operator、private、protocol、public、static、struct、subscript、typealias、var。

（2）用在语句中的关键字：break、case、continue、default、defer、do、else、fallthrough、for、guard、if、in、repeat、return、switch、where、while。

（3）用在表达式和类型中的关键字：as、catch、dynamicType、false、is、nil、rethrows、super、self、Self、throw、throws、true、try。

（4）用在模式中的关键字：_。

（5）特定上下文中被保留的关键字：associativity、convenience、dynamic、didSet、final、get、infix、indirect、lazy、left、mutating、none、nonmutating、optional、override、postfix、precedence、prefix、Protocol、required、right、set、Type、unowned、weak、willSet，这些关键字在特定上下文之外可以被用作标识符。

（6）以数字符号#开始的关键字：#available、#column、#else、#elseif、#endif、#file、#function、#if、#line、#selector 和#sourceLocation。

上面列举的关键字，每一个都有特殊的作用。比如，if关键字用于判断一个表达式是否符合条件，enum关键字用于定义一个枚举，import关键字用于导入一个框架。这些关键字将在后面的章节中逐步地进行讲解，这里只需了解即可。

2.1.2　标识符

在编程中，经常需要定义一些符号来标记一些名称，如变量名、类名、函数名、字典名等，这些字符被称为标识符。在Swift中，标识符要遵守一定的命名规范，具体如下。

（1）标识符可以由以下的字符开始：大写或小写的字母A到Z、下划线_，基本多语言范围中的Unicode非组合字符，以及基本多语言范围以外的非个人专用区字符。

（2）首字符之后，允许使用数字和Unicode字符组合。

（3）使用保留字作为标识符，需要在其前后增加反引号`。例如，class不是合法的标识符，但可以使用`class`。反引号不属于标识符的一部分，`x`和x表示同一标识符。

（4）闭包中如果没有明确指定参数名称，参数将被隐式命名为$0、$1、$2等。这些命名在闭包作用域范围内是合法的标识符。

（5）标识符区分大小写，如"name""Name"和"NAME"是不同的标识符。

（6）标识符不能使用关键字。

（7）标识符要做到"见名知意"，以增加程序的可读性，如用"name"表示姓名，"age"表示年龄等。

在上面的规范中，除了最后一条之外，其他的都要遵守，否则程序会出错。为了让大家对标识符的命名规范有更深刻的理解，接下来列举一些合法的和不合法的标识符，具体如下。

下面是一些合法的标识符。

```
name
AGE
_ID3
`enum`
```

下面是一些不合法的标识符。

```
2a       //标识符不能以数字作为第一个字符
ab.c     //标识符不能包含.
enum     //标识符不能使用关键字
```

注意：

从Swift 2.2开始，除了inout、var和let这三个关键字以外，其他的关键字都能直接用作方法的参数名，而不需要包含在反引号（`）中。

2.2　常量和变量

每一个应用程序都要使用大量的数据，各个编程语言定义和表示这些数据的方法不同。Swift语言将数据定义分为常量和变量，其中常量在第一次赋值之后不能改变，而变量在第一次赋值后仍然可以改变。接下来，就围绕Swift中常量和变量的定义和使用进行详细的介绍。

2.2.1 常量和变量的声明

1. 常量的声明

Swift 语言中，声明常量使用 let 关键字，常量声明的格式如下。

```
let 常量名:常量类型 = 常量值
```

其中，let 是声明常量的关键字，常量类型是该常量的数据类型，如 String 是字符串类型，Int 是整型等。常量值是赋予常量的值。常量的声明方法主要有以下几种。

（1）声明常量，同时指定类型和赋值。示例代码：

```
let a:Int = 10
```

上例声明了一个名称为 a 的常量，类型为 Int，数值为 10。

（2）声明常量并赋值，省略类型。此时编译器会根据指定的常量值，自动推断常量的类型。示例代码：

```
let a = 10
```

（3）先声明常量及类型，以后再赋初值。此时，常量的类型不能省略。示例代码：

```
let a: Int
a = 10
```

（4）在一行代码中声明多个常量，以逗号分开。示例代码：

```
let a:Int = 10, b = 20, c:Int
```

上例在一行代码中声明了 3 个常量 a、b 和 c，并且分别采用了前述的 3 种声明常量的方法。

常量一经赋值，是不能再次赋值的，否则会报错，如下列代码：

```
let a = 10        //定义一个常量，并赋值为 10
a = 20            //再次给常量赋值
print(a)          //将常量的值打印到控制台
```

上述代码尝试给常量二次赋值，违反了常量的使用规则，所以无法编译成功，在编译器中会给出错误提示。在 playground 中进行测试，提示信息如图 2-1 所示。

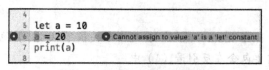

图 2-1 改变常量值的错误提示

2. 变量的声明

在 Swift 中使用 var 关键字声明变量，变量声明的格式：

```
var 变量名:变量类型 = 变量值
```

其中，var 是声明变量的关键字，变量类型是该变量的数据类型。变量值是赋予变量的值。变量的声明方法与常量的声明方法类似，主要有以下几种。

（1）声明变量，同时指定类型和赋值。示例代码：

```
var x:Int = 10
```

上例声明了一个名称为 x 的变量，类型为 Int，数值为 10。

（2）声明变量并赋值，省略类型。此时编译器会根据指定的变量值，自动推断变量的类型。示例代码：

```
var x = 10
```

（3）先声明变量及类型，以后再赋初值。此时，变量的类型不能省略。示例代码：

```
var x: Int
x = 10
```

（4）在一行代码中声明多个变量，以逗号分开。示例代码：

```
var x:Int = 10, y = 20, z:Int
```

上例在一行代码中声明了 3 个变量 x、y 和 z，并且分别采用了前述的 3 种声明变量的方法。

3. 常量和变量声明的注意事项

（1）Swift 对名称要求很宽松，可以使用字符、数字、下划线、中文、图像符号等，但是不能以数字开头。

（2）常量和变量名称不能重复，不能使用 Swift 内置的关键词。

（3）变量的值在第一次赋值之后，可以多次改变。

（4）Swift 区分大小写，大写和小写字母视为不同字符。

（5）常量和变量不能互转。

常量和变量都没有默认值，在使用之前必须先给它赋值，否则编译器会报错。具体报错信息如图 2-2 所示。

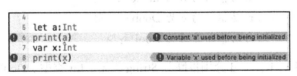

图 2-2　在使用之前必须先赋值

4. 常量和变量的选择

在实际开发中，当选择将一个数据声明为常量还是变量时，需要注意以下几个问题。

（1）应该尽量选择常量，只有在定义必须修改的值时，才使用变量。使用常量，编译器会帮助程序检查代码，避免改变了不可变的值，程序更安全。

（2）在 Xcode 7.0 以后，如果变量值没有被修改，Xcode 会提示将变量改为常量。

注意：

在 Swift 语言中，语句末尾可以没有分号（;），这是 Swift 语言的一个特点，开发时可以将语句末尾的分号省略。

但是，如果在一行中同时出现了多条语句，则每个语句之间要以分号隔开，不能省略。示例代码：

```
let a = 10; print(10)
```

 **多学一招：查看常量和变量的类型**

我们已经知道，编译器可以根据赋值类型来自动推断常量和变量的数据类型。那么如何查看常量和变量的类型呢？有一个简单且有用的方法，按住 option 键，再用鼠标单击常量或变量名称，就可以看到常量或者变量的类型，如图2-3所示。

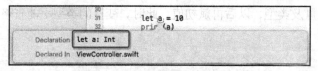

图2-3　查看常量和变量的数据类型

从图 2-3 中可看出，常量a 的类型为 Int 型，是根据声明a 时的数值来自动推断的。如果想将a 声明为浮点型，那么有两个办法。

（1）使用一个浮点值定义常量：

```
let a = 10.0
```

（2）显式定义常量的类型：

```
let a:Double = 10
```

2.2.2 类型推断和类型安全

类型推断是指 Swift 编译器可以根据常量或变量的值，自动推断它的准确数据类型。所以在编写 Swift 代码时，很少需要声明类型。示例代码：

```
let a = "abc"        //自动推断为 a 为 String 类型
let b = 10           //自动推断为 b 为 Int 类型
var c = 5.5 + 2      //自动推断为 c 为 Double 类型
var d = true         //自动推断为 d 为 Bool 类型
```

上述代码自动将 a、b、c、d 分别推断为 String 类型、Int 类型、Double 类型和 Bool 类型。由于 Swift 将整数自动推断为 Int，将小数自动推断为 Double 型，所以，如果要定义 Float 类型，必须显式声明。

但是，很少声明类型不代表 Swift 不重视数据类型，恰恰相反，Swift 是一个强类型的语言，非常注重类型的安全。在数据的类型一旦确定以后，只能给它赋予符合数据类型的值，编译器会对数据进行类型检查，如果类型不匹配则会报错，如图 2-4 所示。

图2-4　类型不匹配错误

在图 2-4 中，先声明了变量 a，由于赋值为字符串型，编译器将 a 的类型自动推断为 String 类型。后来再将数值类型赋值给 a 时，编译器就会报错，错误提示为"无法将 Int 类型的值赋给 String 类型的变量"。

另外，Swift 没有任何形式的隐式转换，所有的数据类型转换必须显式进行。并且，任何两个类型不同的变量或者常量都不允许直接计算，在开发中要注意这一点，如以下代码：

```
let a = 100
let b = 20.5
let num = a + b
```

编译器会对上述代码报错，如图 2-5 所示。

```
6  let a = 100
7  let b = 20.5
8  let num = a + b
9       ! Binary operator '+' cannot be applied to operands of type 'Int' and 'Double'
```

图 2-5　数据类型之间无法转换

错误信息表示，a 是 Int 类型，而 b 是 Double 类型，两个常量类型不同，所以不能相加。要让两个常量可以进行计算，必须对他们进行显式类型转换。针对这种情况，接下来在 playground 中创建一个案例进行说明，如例 2-1 所示。

例 2-1　显式类型转换.playground

```
1  let a = 100
2  let b = 20.5
3  let num1 = a + Int(b)        //显式地将 b 转换为 Int 类型，计算结果为 120
4  let num2 = Double(a) + b     //显式地将 a 转换为 Double 类型，计算结果为 120.5
5  print(num1,num2)
```

在例 2-1 中，第 3 行代码显式地将 b 转换为 Int 类型，保存计算结果的 num1 常量类型自动推断为 Int 型，第 4 行代码显式地将 a 转换为 Double 类型，保存计算结果的 num2 常量类型自动推断为 Double 类型。该例的输出结果如图 2-6 所示。

```
120 120.5
```

图 2-6　例 2-1 的输出结果

注意：

在 C 语言和 Objective-C 语言中，数据类型是可以自动转换的，转换原则：
● 从小范围数可自动转换成大范围数；
● 从大范围数到小范围数需要强制类型转换，并且可能造成数据精度丢失。
但是在 Swift 中，不允许任何形式的数据类型自动转换，只能强制转换。

2.2.3　输出常量和变量

在 Swift 2.0 以后，可以使用 print() 函数来输出常量或变量的值，在使用 Xcode 时，这个函数会将输出值打印到 Xcode 的控制面板上，并且默认实现了换行。它的常用用法有以下几种。

（1）直接输出值

可以通过将值传入 print 函数，来直接输出值。

```
print("hello, itcast!")
print(5)
```

（2）输出常量或变量的值

可以通过将常量或者变量传入 print 函数，来输出变量或变量的值，每个变量之间用逗号分隔。示例代码：

```
var a = "abc"
let b = 10
print(a,b)
```

（3）将常量或变量加入字符串中显示

可以将常量名或变量名作为占位符添加到字符串中，实现字符串和常量或变量的组合输出。在将常量名或变量名作为占位符时，要将名称用小括号包起来，并在括号前用反斜杠符号将它转义。示例代码：

```
let x = "itcast"
print("Welcome to \(x)!")
```

（4）多种形式组合输出

还可以将上述 3 中形式组合在一起输出，中间以逗号分隔。示例代码：

```
let x = "itcast"
let website = "http://www.itcast.cn"
print("欢迎来到\(x),","网址是",website)
```

上述代码在控制台的输出结果如图 2-7 所示。

图 2-7　输出结果

综上所述，Swift 的输出功能强大，使用简单，比 C 语言和 Objective-C 语言的输出方法都简单易用，受到广大开发者的好评。

2.3　简单数据类型

所有的编程语言都需要使用数据类型来代表不同类型的数据，Swift 语言也不例外。Swift 包括了 C 和 Objective-C 语言中的所有数据类型，还增加了自己特有的数据类型。Swift 的数据类型包括：整型（Int）、浮点型（Double，Float）、布尔类型（Bool）、字符串（String）、元组、集合、枚举、结构体和类等。

这些数据类型按照参数传递的不同分为值类型和引用类型，其中类属于引用类型，其他都属于值类型。值类型在赋值或作为函数参数传递时，会创建一模一样的副本，把副本传过去，原始数据不受影响。引用类型在赋值或作为函数参数传递时，会把值本身传过去，当函数改变了参数值时，原始值也受到了影响。

在本节中将依次介绍整型、浮点型、布尔类型和元组类型，其他类型会在本书后面的章节中详细介绍。

2.3.1 整型

整型是用来表示整数的数据类型。整数就是没有小数点的数字，如 0、25、−100 等数值。整型按照有无符号可分为两种：

- 有符号的整型，能表示正数、零和负数；
- 无符号的整型，能表示正数和零，不能表示负数。

整型按照存储位数不同又分为 8 位、16 位、32 位和 64 位的有符号和无符号的整数类型。这些整数类型和 C 语言的命名方式很像，如 8 位无符号整数类型是 UInt8，32 位有符号整数类型是 Int32。Swift 的数据类型都采用大写命名法，整型也不例外。

通过访问不同整数类型的 min 和 max 属性可以获取对应类型的最小值和最大值，如例 2-2 所示。

例 2-2 获取类型的最小值和最大值.playground

```
1    let minValue = UInt8.min              // minValue 为 0，是 UInt8 类型
2    let maxValue = UInt8.max              // maxValue 为 255，是 UInt8 类型
3    print("UInt8 的最小值为\(minValue)，最大值为\(maxValue)")
```

例 2-2 的运行结果如图 2-8 所示。

图 2-8　例 2-2 运行结果

例 2-2 中获取了 UInt8 类型的最小值和最大值，并输出到控制台。使用同样的方法，可以得到每个整数类型的取值范围。表 2-1 列出了每个整数类型的取值范围。

表 2-1　常用数据类型

数据类型	名称	数据范围
UInt8	无符号 8 位整型	0～255
UInt16	无符号 16 位整型	0～65535
UInt32	无符号 32 位整型	0～4294967295
UInt64	无符号 64 位整型	0～18446744073709551615
Int8	有符号 8 位整型	−128～127
Int16	有符号 16 位整型	−32768～32767
Int32	有符号 32 位整型	−2147483648～2147483647
Int64	有符号 64 位整型	−9223372036854775808～9223372036854775807

这些整型都是与平台无关的。在实际编程中，往往并不需要制定整数的长度，Swift 提供了两个特殊的整数类型 Int 和 UInt，它们的长度与平台相关，具体如下。

（1）有符号整形：Int。

- 在 32 位平台上，Int 等同于 Int32。
- 在 64 位平台上，Int 等同于 Int64。

（2）无符号整型：UInt。

- 在 32 位平台上，UInt 等同于 UInt 32
- 在 64 位平台上，UInt 等同于 UInt 64。

注意：

虽然有这么多的整数类型，但是 Swift 的官方文档推荐开发人员尽量使用 Int。

（1）除非需要特定长度的整数，一般情况下不要使用 Int8，Int16 等特定长度的整数，使用 Int 就足够。这可以提高代码的一致性和可复用性。

（2）尽量不要使用 UInt，即使要存储的值是整数，也尽量使用 Int。使用 Int 可以提高代码的可复用性，避免不同类型数字之间的转换，并有利于数据类型的自动推断。

 **多学一招：整型字面量**

字面量是一种直观的，便于阅读的固定值。如整型字面量有：12、5、0、-1 等。字面量可用于给常量/变量赋值，或者组成表达式等。

整型字面量可用不同的进制表示，一般有如下四种形式。

（1）十进制数，没有前缀。如 17，表示 17。十进制字面量包含数字 0~9。

（2）二进制数，前缀是 0b，如 17 的二进制数为 0b10001。二进制字面量只包含 0 或 1。

（3）八进制数，前缀是 0o，如 17 的八进制数为 0o21。八进制字面量包含数字 0~7。

（4）十六进制数，前缀是 0x，如 17 的十六进制数为 0x11。十六进制字面量包含数字 0~9 及字母 A~F（大小写均可）。

例 2-3 分别使用了多种进制的字面量为整型常量赋值，具体如下。

例 2-3　整型的四个进制.playground

```
1    let a = 17                    //十进制的 17
2    let b = 0b10001               //二进制的 17
3    let c = 0o21                  //八进制的 17
4    let d = 0x11                  //十六进制的 17
5    print(a)
6    print(b)
7    print(c)
8    print(d)
```

在例 2-3 中，分别用十进制、二进制、八进制和十六进制为四个整型常量赋值，并将整型常量的值输出到控制台。例 2-3 的执行结果如图 2-9 所示。

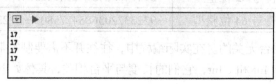

图 2-9　例 2-3 运行结果

从运行结果可以看出，a、b、c、d 的值都是 17。

2.3.2 浮点型

浮点数是带有小数部分的数字，比如 3.1415927，1.00 和 –2.00 等。浮点类型比整数类型表示的范围更大，可以存储比 Int 类型更大或更小的数字。Swift 提供了两种有符号的浮点数类型，分别是 Double 和 Float。

- Double：表示 64 位浮点数，是系统默认类型。Double 存储精度很高，当需要存储很大或者很高精度的浮点数时使用。
- Float：表示 32 位浮点数，当精度要求不高时可使用该类型。

下列代码演示了如何使用浮点型。

```
1    let pi = 3.1415
2    var score1 : Float = 80.5
3    var score2 : Double = 85
```

在上述代码中，第 1 行定义了一个常量 pi，类型是 Double 类型的，因为 Double 是系统默认的浮点类型，也是根据数值自动推断常量和变量类型的类型。如果要声明为 Float 类型，必须指定数据类型。如第 2 行代码所示，声明了一个 Float 类型的变量。第 3 行代码中，虽然数值不是浮点型，但由于指定了数据类型，所以声明的也是一个 Double 类型的变量。

在自动类型推断时，如果表达式中同时出现了整型和浮点型，则系统会将结果推算成浮点类型。如下例代码：

```
let score = 80 + 10.5
```

该例中没有显式声明类型，表达式中同时出现了整型和浮点型，所以表达式被系统自动推断为 Double 类型，因此 score 也被自动推断为 Double 类型的。

注意：

在 Swift 中，可以给整型和浮点型添加 0 或者下划线（_）用于分隔数值，提高数值的可读性，并不影响实际值。示例代码：

```
1    let a = 3_500_000
2    var b = 003.1415
```

上述代码的第 1 行中，在整型数值里添加了下划线用于分隔数值，变量 a 的值仍然是 3500000，一般每三个数字添加一个下划线。第 2 行代码中，在浮点类型的前面添加了几个 0，而它的实际值仍然是 3.1415。

📖 **多学一招：浮点型字面量**

浮点型字面量有十进制（没有前缀）和十六进制（前缀是 0x）两种形式。小数点两边必须有至少一个数字。浮点型字面量还可以用指数来表示，包括以下两种。

（1）十进制浮点数的指数通过大写或小写 e 来指定，假设十进制数的指数为 exp，那这个数相当于基数乘以 10^exp。

- 1.25e2 表示 1.25 * 10 ^ 2，等于 125。
- 1.25e-2 表示 1.25 * 10 ^ -2，等于 0.0125。

（2）十六进制浮点数通过大写或者小写的 p 来指定。假设十六进制的指数为 exp，那这个数相当于基数乘以 2^exp。

- 0xFp2 表示 15 * 2 ^ 2，等于 60.0。
- 0xFp-2 表示 15 * 2 ^ -2，等于 3.75。

2.3.3　布尔类型（Bool）

和 Objective-C 一样，Swift 也有布尔类型（Bool），用于表示逻辑上的真或者假。不同的是，Swift 中布尔类型的值只能为 true 或者 false，其中，true 表示真，false 表示假，具体示例如下：

```
let hasResult = true
var hasError = false
```

其中，hasResult 和 hasError 会被编译器推断为 Bool 类型，因为它们的初值都是 Bool 类型的字面量。此时，不需要再显式地给变量指定数据类型。

Bool 类型常用于编写条件语句，如例 2-4 所示。

例 2-4　Bool 类型用于条件语句.playground

```
1    let hasError = false
2    if hasError {
3        print("程序出错啦")
4    } else {
5        print("程序运行正常")
6    }
```

例 2-4 的运行结果如图 2-10 所示。

图 2-10　例 2-4 运行结果

如果在需要使用 Bool 类型的地方使用了非布尔值，Swift 的类型安全机制会报错。下面的例子是错误用法。

```
let hasError : Bool = 1      //错误用法！！！！
```

由于使用了 Int 类型给 Bool 类型赋值，编译器会报错，错误信息如图 2-11 所示。

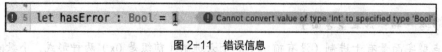

图 2-11　错误信息

注意：

在 C 语言和 Objective-C 语言中，用 0 表示假，非 0 表示真。而 Swift 与它们不同，Swift 里的逻辑表达式的值只能是 true 和 false。例如：

```
let i = 1
if i {
    // 这个例子不会通过编译，会报错
}
```

在 C 语言和 Objective-C 语言中，可以用整型作为逻辑值，但是在 Swift 里不行。所以上述例子无法通过编译。下面这个例子就可以。

```
let i = 1
if i == 1 {
    // 这个例子可以编译成功
}
```

由于表达式（i == 1）的比较结果是 Bool 类型的，可以作为逻辑值使用，所以这个例子能够编译成功。

Swift 在这方面的改变使得程序的安全和可读性更好。

2.4 元组类型

在实际开发中，经常需要存储一组相关的数据，如 HTTP 状态码（404）和提示信息（"Not Found"）等。把多个值组合成一个复合值，这个复合值就叫做元组类型（Tuples），也叫作元组。元组是 Swift 特有的语法，使用非常灵活。接下来，就针对 Swift 的元组类型进行详细的介绍。

2.4.1 元组的声明

1. 元组类型的字面量

元组的字面量是使用逗号分隔并包含在括号里的 0 至多个数值。元组内的值可以是任意类型的，每个值的类型也可以不同。元组的一个重要用途是作为函数的返回值，可以传递多个值。

元组类型的字面量格式：

（元素值 1，元素值 2，元素值 3，元素值 4，……元素值 n）

也可以采用键值对的方式，给全部或部分的元组元素取名：

（元素名称 1：元素值 1，元素名称 2：元素值 2，元素名称 3：元素值 3……）

例如，声明一个元组用于描述学生信息，包含姓名、年龄和性别信息，有以下两种声明方式。

```
("张三",18,"男")
(name:"张三",age:18,gender:"男")
```

第一种声明方式简单，代码量少，而第二种方式代码量多，但是可读性更好。

2. 声明元组类型常量和变量

除了基础类型之外，元组类型也可以声明为常量和变量。常量和变量元组类型的声明格式：

```
let 常量名 = 元组类型的字面量
var 变量名 = 元组类型的字面量
```

具体示例：

```
let student1 = ("张三",18,"男")
var student2 = (name:"张三",age:18,gender:"男")
```

3.匿名元组

除了对整个元组声明常量和变量之外，还可以对元组内的每个元素进行分解，单独声明常量和变量。此时声明的元组是匿名的。示例代码：

```
let (name,age,gender) = ("张三",18,"男")
print("姓名:\(name), 年龄:\(age), 性别:\(gender)")
```

上述代码将元组内的每一个元素单独声明了一个变量，然后组建了一个格式化的字符串。输出结果为："姓名:张三, 年龄:18, 性别:男"。

如果只需要一部分元组值，则可以将不需要的元素用下标线（_）来标记，如下所示。

```
let (name,_,_) = ("张三",18,"男")
print("学生姓名:\(name)")
```

注意:

（1）分解声明时，左边的常量或变量个数必须与右边的元组元素个数相同，否则会报错，如以下声明代码。

```
let (name,age) = ("张三",18,"男")
```

以上声明中，左边定义了 2 个常量，右边元组有 3 个元素，常量和元素之间不能一一对应，此时程序会报错。

（2）Void 是空元组类型（）的别名。

2.4.2 元组变量的访问

元组内元素的访问方法也比较灵活，主要有以下几种。

（1）通过元素的下标访问

元组内的元素是有序排列的，通过元素的下标就可以访问特定的元素，下标从 0 开始。示例代码：

```
let student = ("张三", 18, "男")
print("姓名:\(student.0), 年龄:\(student.1), 性别:\(student.2)")
```

上例定义了一个最简单的元组，使用**元组名称.下标号**的方式访问元组内部的元素。此时，要注意下标号不能超过元组的界限，否则会报错。

（2）通过元素名称访问

如果元组内的元素各自有名称，则可以使用元素名称来访问。示例代码：

```
let student = (name:"张三",age:18,gender:"男")
print("姓名:\(student.name), 年龄:\(student.age), 性别:\(student.gender)")
```

上例给元组内的元素都定义了名称，所以可以使用**元组名称.元素名称**的方式访问元组内的特定元素。由于元素有名称，这样访问的可读性比较好。

（3）通过元素的常量或变量名访问

如果对元组内的元素进行了分解，则可通过元素的常量或变量名来访问。示例代码：

```
let (name,age,gender) = ("张三",18,"男")
print("姓名:\(name), 年龄:\(age), 性别:\(gender)")
```

上例定义了一个匿名元组，并且进行分解，为元组中的每个元素都声明了一个常量来表示，所以可以直接使用元素的常量名来访问元素的值。

要注意的是，元组作为一个简单数据结构，一般用于临时组织数据，不适用于复杂的数据结构。复杂的数据结构请使用类和结构体。

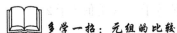 多学一招：元组的比较

在 Swift2.2 之前的版本中，元组类型是不能直接使用==操作符进行比较的。比如以下两个元组：

```
let xiaoMing = ("xiaoMing",19)
let xiaoHong = ("xiaoHong",20)
```

在 Swift2.2 之前，如果直接使用 if xiaoMing == xiaoHong 这样的方式进行比较，编译器会报错。Swift2.2 的标准库对==操作符进行了重载，使得可以直接使用==操作符对元组进行比较。但要注意以下两点。

1. 使用==操作符只能对最多含有 6 个元素的元组进行比较。这样设计考虑的是：
① 标准库的复杂度问题；
② 元组的使用场景是针对含有少量元素的值，如果元素过多，建议使用 struct 结构体来表示。
2. 在对元组值进行比较时，会忽略元组的元素名称。比如以下两个元组：

```
let xiaoMing1 = (first:"xiaoMing",last:19)
let xiaoMing2 = (name:"xiaoMing",age:19)
```

如果使用 xiaoMing1 == xiaoMing2 进行比较，得到的结果是 true。

2.5 基本运算符

在编程中，表达式是最小的程序单位。表达式由两部分组成：运算符和操作数。用于表示各种不同运算的符号运算符，指出了操作数参与的运算规则。例如，加号运算符（+）将两个数相加（如 let i = 1 + 2）。受运算符影响的值称为操作数。例如，在表达式 1 + 2 中，加号（+）是运算符，它的两个操作数是值 1 和 2。

Swift 支持大部分标准 C 语言的运算符，并且改进许多特性以减少常见的编码错误。比如，赋值运算符（=）不返回值，以防止把想要使用相等运算符（==）的地方写成了赋值运算符导致的错误。算术运算符（+、−、*、/、%等）会检测并不允许值溢出，以此避免保存变量时，由于变量超出其类型所能承载的范围时导致的异常。

本节对 Swift 中使用的基本运算符进行介绍，高级运算符将在以后的章节中介绍。

2.5.1 赋值运算符

赋值运算 a=b 中，表示用等号右边的 b 的值初始化或更新 a 的值。基本赋值运算符为等

号（＝）。示例代码：

```
let b = 10
var a = 8
a = b
```

上例中，a 的值被更新为 b 的值，所以 a 的值等于 10。

如果赋值运算符的右边是一个多元组，它的元素会分解成多个常量或变量。示例代码：

```
let (x, y) = (1, 2)
```

上例中，元组的值被分别赋值给左边的 x 和 y，所以 x 的值等于 1，y 的值等于 2。

注意：

与 C 语言和 Objective-C 语言不同的是，Swift 的赋值运算符不返回任何值。以下代码是错误的。

```
if a = b {
    //这句代码有错，因为 a = b 并不返回任何值
}
```

上述代码在编译器中会报错，因为 a=b 不会返回任何值。赋值运算符的这个特性可以避免把（==）误写成（=），前者返回值而后者不会返回值，因此编译器可以帮开发者避免这个经典错误。

2.5.2　单目负运算符

单目负运算符（－）用于切换数值类型的负正，如以下代码：

```
1    var a = 1
2    let b = -a    //b 的值为-1
3    a = -b        //负负得正，b 为-1，a 为正 1
```

在上述代码中，第 2 行使用负运算符将 a 的值切换为负，并赋值给 b，此时 b 的值为-1。第 3 行再次使用负运算符将 b 的值切换为正，并赋值给 a，此时 a 的值为 1。

单目负运算符（－）写在操作数的前面，中间没有空格。

除了单目负运算符（－）之外，还有单目正运算符（＋），但由于它不对值做任何改变，所以没有实际意义。

2.5.3　算术运算符

Swift 支持的算术运算符包括以下几种。

- 基本的四则算术运算符：加法（＋）、减法（－）、乘法（＊）、除法（／）。
- 求余运算符（％）。

1. 基本四则算术运算

Swift 中所有数值类型都支持基本四则算术运算符，示例如下。

```
2 + 1    // 等于 3
6 - 4    // 等于 2
```

```
2 * 4         // 等于 8
10.0 / 2.5    // 等于 4.0
```

要注意的是，与 C 语言和 Objective-C 语言不同，Swift 语言默认情况下不允许在数值运算中出现数值溢出的情况，编译器会检测数值溢出并报错。

加法运算符也可以用于字符串的拼接，示例代码如下。

```
var abc = "hello," + "itcast"
print(abc)              //输出 "hello, itcast"
```

2. 求余运算符

求余运算（a % b）是计算 a 除以 b 之后的余数的运算符。如 5 除以 2 的余数为 1，7 除以 4 的余数为 3。

（1）正整数求余

求余操作和除法操作是不同的，如下例的正整数求余操作。

```
let a = 5 / 2          //除法操作，a = 2
let b = 5 % 2          //求余操作，b = 1
```

（2）负数求余

负数求余数的操作示例如下。

```
let a = -9 % 2         //a = -1
let b = -9 % -2        //b = -1
let c = 9 % -2         //c = 1
```

求余操作的结果是正还是负，由求余操作符左边的被除数来决定，被除数是正，则结果也是正，反之则为负。求余操作符右边的除数的正负符号会被忽略，意味着 a % b 和 a % -b 的结果是一样的。

注意：

在 Swift3.0 中对浮点数求余不能使用 % 运算符，需要使用 truncatingRemainder(_:) 方法实现，示例代码如下：

```
let a = (7.5).truncatingRemainder(dividingBy: 2)       //a 的值是 1.5
```

在这个示例中，7.5 除以 2 等于 3，余数为 1.5，所以结果是一个 Double 类型的数值 1.5。

3. 复合赋值运算符

和 C 语言一样，Swift 中除了基础赋值运算符之外，还有一种复合赋值运算符，它由一个数学运算符和一个赋值运算符组合而成，包括 "+=" "-=" "*=" "/=" "%="，使用方法示例代码如下。

```
var a = 20
let b = 5
a += b       //相当于 a = a + b     //a 的值为 25
a -= b       //相当于 a = a - b     //a 的值为 15
a *= b       //相当于 a = a * b     //a 的值为 100
a /= b       //相当于 a = a / b     //a 的值为 4
a %= b       //相当于 a = a % b     //a 的值为 0
```

从上述代码可以看出，复合赋值运算符将算术运算和赋值运算组合进一个运算符里，同时完成两个任务。

注意：

1. 复合赋值运算符没有返回值，所以 let b = (a += 2)这样的表达式是错误的。

2. 从 Swift 2.2 开始，去掉了 C 语言中继承来的自增运算符（++）和自减运算符（--），在实际开发中，可以使用（+=）运算符和（-=）运算符来代替。

2.5.4 比较运算符

Swift 语言包含了 C 语言中所有的比较运算符。比较运算符用于计算两个操作数之间的数值大小关系，与数学意义上的比较意义相同。比较运算符包括如下 6 种。

- 等于（a == b）
- 不等于（a != b）
- 大于（a > b）
- 小于（a < b）
- 大于等于（a >= b）
- 小于等于（a <= b）

比较运算符返回值为 Bool 类型，表示表达式是否成立。示例代码：

```
1 == 1      //true，因为 1 等于 1 成立
1 != 2      // true，因为 1 不等于 2 成立
2 > 1       //true，因为 2 大于 1 成立
1 < 2       //true，因为 1 小于 2 成立
1 >= 2      //false，因为 1 并不大于等于 2，而是小于 2
2 <= 3      //ture，因为 2 小于等于 3 是成立的
```

比较运算符多用于条件语句，比如 if 条件语句，如例 2-5 所示。

例 2-5　比较运算符用于条件语句.playground

```
1    let name = "itcast"
2    if name == "itcast" {
3      print("hello, itcast")
4    } else {
5      print("对不起，我不认识你")
6    }
```

如图 2-12 所示，例 2-5 的输出结果为"hello, itcast"，因为 name=="itcast"的条件满足。

图 2-12　例 2-5 的运行结果

2.5.5　三目运算符

Swift 中只有一个三目运算符，它的特殊之处是有三个操作数。它是一个功能强大的条件运算符。它的原型是"问题？答案 1：答案 2"，即根据问题是否成立做出二选一的操作。如果问题成立，返回答案 1 的结果，如果不成立，返回答案 2 的结果。三目运算符的含义与 C语言和 Objective-C 语言是一样的。

三目条件运算符是以下代码的缩写。

```
if  a
{
    b
} else
{
    c
}
```

三目表达式由？和：运算符及三个操作数组成，它的格式为：

```
a ? b : c
```

a 表示问题，可以是表达式、常量或者变量等，a 必须返回 Bool 类型。如果 a 为 true，则表达式结果为 b，如果 a 为 false，则表达式结果为 c。

接下来用一个计算行高的例子来说明三目表达式的用法。如果有表头，行高要在行内容的高度上加 50 个点，否则只需要加 20 个点。用判断语句书写的代码如例 2-6 所示。

例 2-6　判断语句书写的代码.playground

```
1    let contentHeight = 40
2    let hasHeader = true
3    var rowHeight = contentHeight
4    if hasHeader {
5        rowHeight = rowHeight + 50
6    } else {
7        rowHeight = rowHeight + 20
8    }
```

例 2-6 的代码执行后，rowHeight 的值是 90。同样的功能，用三目运算符书写的代码如例 2-7 所示。

例 2-7　三目运算符书写的代码.playground

```
1    let contentHeight = 40
2    let hasHeader = true
3    let rowHeight = contentHeight + (hasHeader ? 50 : 20)
```

例 2-7 的代码执行完后，rowHeight 的值也是 90。例 2-6 中用第 4～8 行代码完成的判断和选择（二选一），在例 2-7 中用一个三目表达式（第 3 行）就完成了，而且例 2-7 中不需要将 rowHeight 定义为变量。通过对比可以看出，三目表达式以一个简短的形式实现了完整的二选一功能。

2.5.6 逻辑运算符

逻辑运算用来判断一个表达式"成立"还是"不成立"，或者说是"真"还是"假"。判断结果只有两个值，true 和 false。Swift 中的逻辑运算符与 C 语言一样，包含三个标准逻辑运算：

- 逻辑非（!a）
- 逻辑与（a && b）
- 逻辑或（a || b）

其中，逻辑非是单目运算符，逻辑与和逻辑或都是双目运算符。以下对这三个逻辑运算符进行分别介绍。

1. 逻辑非

逻辑非运算（!a）是对一个布尔值取反，使得 true 变成 false，false 变成 true。它是一个前置运算符，并且要紧跟在操作数前面，与操作数之间不能有空格，如例 2-8 所示。

例 2-8　逻辑非的使用.playground

```
1    let hasError = false
2    if !hasError {
3        print("没有错误，运行良好")
4    }
```

在例 2-8 中，if !hasError 语句可以读作如果非 hasError。第 2 行代码只有在!hasError 为 true，也就是 hasError 为 false 时才会执行。例 2-8 执行后输出结果为"没有错误，运行良好"，如图 2-13 所示。

图 2-13　例 2-8 的输出结果

在实际开发中，应尽量选择较易理解的布尔常量或者变量，以增加代码的可读性。要避免使用双重逻辑非运算或混乱的逻辑运算。

2. 逻辑与

逻辑与（a && b）表达了只有 a 和 b 的值都为 true 时，整个表达式的值才会是 true。只要 a 和 b 有一个值是 false，则整个表达式的值就是 false。事实上，如果第一个值是 false，那么是不会去计算第二个值的，因为它已经不可能影响整个表达式的结果了，这就叫做"短路计算"。

使用逻辑与的示例如例 2-9 所示。

例 2-9　逻辑与的使用.playground

```
1    let noError = true
2    let hasResult = false
3    if noError && hasResult {
4        print("获取结果成功")
5    } else {
```

```
6        print("失败")
7    }
```

在例2-9中，只有noError和hasResult两个布尔值都为true时，noError && hasResult 表达式的值才是true，才能够进入条件表达式。由于hasResult的值是false，所以整个表达式的值也是false。例2-9的输出结果为"失败"，如图2-14所示。

图2-14　例2-9的输出结果

3. 逻辑或

逻辑或（a || b）是一个由两个连续的|号组成的运算符，放在两个布尔表达式中间，它表示只要有一个布尔表达式为true，则整个表达式都为true。

同逻辑与类似，逻辑或也是"短路计算"的，当左边的表达式为true时不再计算右边的表达式，因为它不会对整个表达式的值产生影响，如例2-10所示。

例2-10　逻辑或的使用.playground

```
1    let isTeacher = false
2    let isStudent = true
3    if isTeacher || isStudent {
4        print("学生或者老师都可以参加活动")
5    } else {
6        print("您没有权限参加活动")
7    }
```

在例2-10中，isTeacher是false，isStudent表达式为true，所以isTeacher || isStudent 表达式的值是true，可以进入if判断语句。例2-10运行后的输出结果为"学生或者老师都可以参加活动"，如图2-15所示。

图2-15　例2-10的输出结果

4. 组合逻辑判断

多个逻辑表达式可以组合起来形成一个复合的逻辑判断。逻辑操作符（&&和||）是左结合的，意味着在复合逻辑表达式中优先计算左边的表达式，如例2-11所示。

例2-11　组合逻辑判断.playground

```
1    let hasStudentCard = true
2    let hasTeacherCard = false
3    let isTeacher = false
4    let isStudent = true
5    if hasStudentCard && isStudent || hasTeacherCard && isTeacher {
```

```
6        print("学生或者老师都可以参加活动")
7    } else {
8        print("您没有权限参加活动")
9    }
```

例 2-11 中第 5 行使用了多个逻辑操作符组成一个复合的逻辑表达式。需要注意的是，逻辑与操作符&&的优先级要高于逻辑或||的优先级，所以在组合判断的时候会先进行逻辑与操作，再进行逻辑或操作。在上例中先计算 hasStudentCard && isStudent 的值为 true，此时由于逻辑或的短路计算，不用再计算 hasTeacherCard && isTeacher 的值，就可以确定整个表达式的值是 true，可以进入分支语句。例 2-11 的运行结果如图 2-16 所示。

图 2-16　例 2-11 的输出结果

在复合逻辑表达式中加入括号可以改变表达式中各操作的运算优先级。例如，将例 2-11 中的代码第 5 行的复合逻辑表达式添加一个括号，如例 2-12 所示。

例 2-12　括号改变了优先级.playground

```
1    let hasStudentCard = true
2    let hasTeacherCard = false
3    let isTeacher = false
4    let isStudent = true
5    if (hasStudentCard && isStudent || hasTeacherCard) && isTeacher {
6        print("学生或者老师都可以参加活动")
7    } else {
8        print("您没有权限参加活动")
9    }
```

例 2-12 的第 5 行代码中，由于添加括号，改变了逻辑表达式的优先级，所以无法进入 if 语句，而是进入了 else 语句。例 2-12 的输出结果如图 2-17 所示。

图 2-17　例 2-12 的输出结果

在实际开发中，为了让逻辑表达式更易于理解，在使用复合逻辑表达式时可以使用括号来明确优先级，如例 2-13 所示。

例 2-13　括号明确优先级.playground

```
1    let hasStudentCard = true
2    let hasTeacherCard = false
3    let isTeacher = false
4    let isStudent = true
```

```
5    if (hasStudentCard && isStudent) || (hasTeacherCard && isTeacher) {
6        print("学生或者老师都可以参加活动")
7    } else {
8        print("您没有权限参加活动")
9    }
```

例 2-13 的第 5 行添加了 2 个括号，明确了逻辑运算的优先级。虽然加了这 2 个括号之后的含义与不加一样，但是看起来更明确，因而可读性更好。例 2-13 的输出结果如图 2-16 所示。

为了方便对逻辑运算符的学习，将逻辑运算符的计算规则进行归纳，如表 2-2 所示。

表 2-2　逻辑运算符的计算表

a	b	a&&b	a||b	!a
true	true	true	true	false
true	false	false	true	false
false	true	false	true	true
false	false	false	false	true

📖 多学一招：基本运算符的分类

根据运算符可运算的操作数的数量，运算符分为一元、二元和三元运算符。

● 一元运算符：对单一操作对象进行操作（如-a 和!a）。一元运算符主要是前置运算符，需紧跟在操作对象之前（如!c）。

● 二元运算符：对两个操作对象进行操作（如 2 + 3）。二元操作符出现在两个操作对象之间。

● 三元运算符：对三个操作对象进行操作。和 C 语言一样，Swift 只有一个三元运算符，就是三目运算符（a ? b : c）。

2.6　区间运算符

在实际开发中，经常需要使用一个区间的值，比如从 0~9 的值。Swift 新增了两个区间运算符用于表达区间值，分别是"闭区间运算符"和"半闭区间运算符"。区间符常用于 for-in 循环语句中。接下来就对这两个区间符进行详细的介绍。

2.6.1　闭区间运算符

闭区间运算符使用三个点连接在开始值和结束值之间，它的表达式为：

```
a...b
```

它用于定义一个包含从 a 到 b（包括 a 和 b，b 必须大于等于 a）的所有值的封闭区间。闭区间运算符在遍历一个区间内的所有值时是非常有用的，比如在 for-in 循环中，如例 2-14 所示。

例 2-14　闭区间运算符用于 for-in 循环.playground

```
1    for i in 1...5        //声明一个 1～5 的闭区间
2    {
3        print(i);          //遍历区间内每一个值，并输出到控制台
4    }
```

例 2-14 的运行结果如图 2-18 所示。

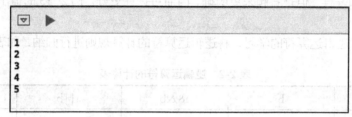

图 2-18　例 2-14 的运行结果

2.6.2　半闭区间运算符

半闭区间运算符使用两个点和一个小于号（<）连接在开始值和结束值之间，它的表达式为：

a..<b

它用于定义一个从 a 到 b 但不包括 b 的区间，之所以称为半闭区间，是因为该区间包含了区间的开始值，但是不包含结束值。

半闭区间用于 for-in 循环，非常适用于一个从 0 开始的列表（比如数组），接下来，通过一个案例来演示半闭区间运算符的使用，如例 2-15 所示。

例 2-15　半闭区间用于 for-in 循环.playground

```
1    let array = ["a","b","c","d","e"]
2    let count = array.count
3    for i in 0..<count {
4        print(array[i])
5    }
```

例 2-15 的运行结果如图 2-19 所示。

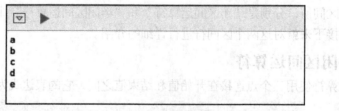

图 2-19　例 2-15 的运行结果

例 2-15 中定义的数组长度为 count = 5，而数组访问的下标从 0 开始，所以数组内的元素下标区间是 0～count－1，如果用闭区间运算符表示就是 0 ... count－1，用半闭区间运算符表示就是 0..<count。可见用半闭区间运算符表示是比较方便直观的。

2.7 Optional 可选类型

在程序中，经常会遇到一个数据可能有值，也可能没有值的情况。针对这种情况，Swift 特地增加了 Optional 可选类型。一个可选类型的常量或变量说明它可以有一个指定值，也可以是 nil。可选类型可用于声明所有的数据类型，包括基础数据类型、类、结构体等。接下来，就针对可选类型进行详细的说明。

2.7.1 可选类型的声明

在声明常量或者变量时，在类型的后面加问号（？），即表示它是可选的。可选类型的声明格式如下。

1. 可选常量

可选常量的声明格式为：

```
let 常量名:常量类型? = 常量值
```

声明可选常量必须指定常量类型，常量类型可以是任何类型。在声明时可以指定常量值，也可以不指定，等以后再赋值。示例如下：

```
let a:Int?
```

在上述代码中声明的常量 a，可以是 Int 类型的数值，也可以是 nil。

可选常量没有默认值，在使用之前必须设置初值，否则会报错，如图 2-20 所示。

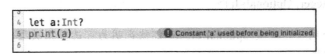

图 2-20 使用没有初始化的常量的错误信息

图 2-20 中的代码定义了一个 Int 类型的可选常量，由于没有赋值，在尝试使用它时编译器报错，错误信息是：使用了没有初始化的常量 'a'。

2. 可选变量

可选变量的声明格式为：

```
var 变量名:变量类型? = 变量值
```

声明可选变量必须指定变量类型，变量类型可以是任何类型。变量值可以省略。

（1）如果不给可选变量赋值，则它的值默认为 nil。如以下代码：

```
var y:Int?
print(y)
```

上述代码声明了一个可选变量 y，没有赋值就开始使用。这段代码可以运行，并且在控制台上打印结果为 nil，表示可选变量 y 值为 nil。

（2）给可选变量赋值以后，它的值就是实际值。如以下代码：

```
var y:Int? = 10
print(y)
```

上述代码也定义了一个可选变量 y，并且给它赋值为 10，则控制台打印 y 的值是 "Optional(10)"，表示它是一个可选类型，值为 10。

在开发中，还可以给可选项（包括可选常量和可选变量）赋值为 nil，表示它没有值。示例代码为：

```
var y:Int? = 10        //此时 y 的值为 10
y = nil                //此时 y 没有值
```

要注意的是，只有可选项可以赋值为 nil，非可选的常量和变量都不能设置为 nil。如果想要你的数据能赋值为 nil，则必须给它声明为可选类型。

注意：

Swift 的 nil 和 Objective-C 中的 nil 不一样。在 OC 中，nil 表示一个空指针，只能用于对象。在 Swift 中，没有指针的概念，nil 的含义是一个值，表示值的缺失。Swift 中的 nil 可用于任何类型的可选项，不仅限于对象。

多学一招：可选类型的标准类型

标准库中定义的可选类型是命名型类型 Optional<T>，使用后缀？是它的简写形式。也就是说，下面两个声明是等价的。

```
var optionalInteger: Int?
var optionalInteger: Optional<Int>
```

在上述两种声明下，变量 optionalInteger 都被声明为可选整型类型。要注意的是，类型和？之间不能有空格。

类型 Optional<T> 是一个枚举，有两个成员，None 和 Some(T)，用来表示可能有也可能没有的值。任意类型都可以被显式地声明（或隐式地转换）为可选类型。如果在声明或定义可选变量或属性的时候没有设置初始值，那么它的值默认为 nil。

2.7.2 解包（Unwrapping）

可选项不能直接参与计算，如以下代码：

```
var y:Int? = 10
print(y + 20)
```

该代码声明了一个可选变量 y，并给它赋值为 10。但是由于它不能直接参与运算，所以在让 y 与 20 相加时，编译器会报错，如图 2-21 所示。

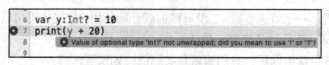

图 2-21　可选项不能直接参加计算

错误信息是：可选类型 "Int?" 没有解包，可使用 "!" 进行解包（Unwrapping）。

要使用可选项的值，必须对它进行解包。解包方法是在可选项后加叹号（!），表示取得可选项的值，如果没有值，则编译器会报错。如下列代码：

```
let y:Int? = 10
print(y! + 20)                    //对 y 进行解包，再参与计算
```

上述代码对 y 进行解包，再参与计算，由于 y 里有值，所以控制台打印结果为计算结果 30。但是如果可选项里没有值，示例代码：

```
let y:Int?
print(y! + 20)                    //对 y 进行解包时出错
```

上述代码中，由于可选变量 y 里没有值，所以在解包过程中取不到值，会导致运行时错误，错误提示信息如图 2-22 所示。

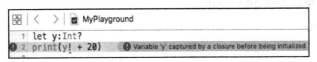

图 2-22　错误信息

所以在强制解包时，一定要确保可选项里有非 nil 的值，方法是使用 if 语句提前对它进行判断。

由此可见，可选项对于开发人员重视空值的存在是非常有意义的，在使用常量或变量时，要时刻考虑它是否为空，从而帮助避免一些人为的错误，提高程序的健壮性。

2.7.3　隐式解析可选类型

要取得可选类型的值就要解包，但是当开发人员能确定一个可选类型有值的时候，尤其是一个常量被赋值以后，每次使用都要解包就显得很麻烦，此时就可以使用隐式解析可选类型。隐式解析可选类型的声明方法是将数据类型后的问号（？）改成叹号（！）。比如下列代码声明了两个隐式解析的可选常量和可选变量：

```
let x:Int! = 5
var y:Int! = 10
```

隐式解析可选类型本质上是一个可选类型，但是可以被当作非可选类型来取值，可以把它当作一个自动解析的可选类型，而不需要每次使用的时候显式解析。下面的示例代码展示了可选类型和隐式解析可选类型的区别。

```
1    let possibleString: String? = "可选项."
2    let forcedString: String = possibleString!     // 需要惊叹号来获取值
3    let assumedString: String! = "隐式解析可选项."
4    let implicitString: String = assumedString     // 不需要感叹号
```

在上述代码中，第 1 行代码声明了一个可选常量，第 2 行代码使用感叹号强制解包来取得可选常量的值，第 3 行代码声明了一个隐式解析可选常量，第 4 行代码不需要使用感叹号就可以取得它的值。

由于隐式解析可选类型本质上是可选类型，所以除了不需要每次都强制解包取值之外，其他特征与可选类型是一样的。

（1）如果隐式解析可选类型的值为 nil，在取值时会触发运行时错误，与可选类型的强制

解包一样。

（2）仍然可以使用 if 语句判断隐式解析可选类型是否有值，与普通可选类型是一样的。比如下面的代码：

```
if assumedString != nil {
    print(assumedString)
}
```

📖 **多学一招：不要将隐式解析可选类型设为 nil**

如果变量以后可能会变成 nil，则不要使用隐式解析可选类型。以下示例代码展示了不能将隐式解析可选类型设置为 nil 的原因。

```
1    var x:Int? = 10
2    x = nil
3    print(x)                //打印值为 nil
4    var y:Int! = 10
5    y = nil
6    print(y)                //程序出错
```

在上述代码中，第 1 行声明了一个可变变量 x，第 2 行将它设为 nil，第 3 行打印 x 的值，控制台打印 nil，第 4 行声明了一个隐式解析可变变量 y，第 5 行将它设为 nil，第 6 行打印 y 的值，此时程序报错，错误信息如图 2-23 所示。

原因在于 y 是隐式解析的，对 y 取值相当于隐式解包 y 并取值，而 y 为 nil，因此报错。

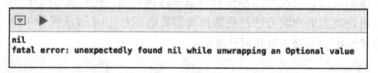

图 2-23　错误信息

所以，不能将隐式解析可选类型设置为 nil，因为使用它就相当于对 nil 值隐式解包，从而导致程序崩溃。

📖 **多学一招：空合并运算符（？？）**

可选类型的数值如果为空（nil），是不能参与运算的，所以在使用之前要对它进行判断。空合并运算符用于对可选类型进行空判断，如果包含值就对可选常量/变量进行解包，如果为 nil 则返回一个默认值。空合并运算符使用默认值替换 nil 值，处理了 nil 值的情况，保证表达式一定有值，从而提高了程序的健壮性。空合并运算符是 Swift 语言新增的运算符。

空合并运算法的语法结构为：

```
a ?? b
```

它是对以下表达式的简单表达方式：

```
a != nil ? a! : b
```

当可选类型 a 不为空时，对 a 进行强制解包，取出 a 的值。反之，当 a 为空时，返回默认值 b。其中 b 可以是字面量、常量/变量或者表达式等。

相比之下，空合并运算符使用更简洁，可读性更强。空合并运算符有两个条件：

- 表达式 a 必须是可选类型（Optional）；
- 默认值 b 的数据类型必须与 a 的值数据类型一致。

以下代码采用空合并运算符，实现了在可选变量的值和默认值之间的选择。

```
let num: Int? = nil
let result = (num ?? 0) + 10
print(result)
```

在上述代码中，常量 num 声明为一个可选 Int 类型，并赋值为 nil。由于 num 是可选类型，可以使用空合并运算符来判断它的值。由于 num 值为 nil，所以(num ?? 0)表达式返回了默认值 0，最后的计算结果是 10。

```
let num: Int? = 5
let result = (num ?? 0) + 10
print(result)
```

上述代码反映了另一种情况，可变常量 num 被赋值为 5，(num ?? 0)表达式返回 num 的实际值 5，而不是默认值 0，所以最后的计算结果是 15。

2.8　本章小结

本章的内容是 Swift 语言的基本语法，是学习整个 Swift 语言的基础，包括 Swift 语言的关键字和标识符、常量和变量的使用、重要的数据类型和运算符等。本章的内容一定要加强理解，尤其是元组类型、可选类型和各种运算符。要勤加练习，熟练使用，为以后的 Swift 学习打好基础。

2.9　本章习题

一、填空题

1. 在逻辑运算符中，表示逻辑与的运算符是＿＿＿＿＿＿，表示逻辑或的运算符是＿＿＿＿＿＿。
2. 布尔类型的两个值是＿＿＿＿＿和＿＿＿＿＿。
3. 在 Swift 中，声明常量使用＿＿＿＿＿＿关键字，声明变量使用＿＿＿＿＿＿关键字。
4. 表达式中 var d = true，变量 d 会被推断为＿＿＿＿＿类型。
5. 整型变量常用四种进制表示，分别是：十进制、＿＿＿＿＿、＿＿＿＿＿和＿＿＿＿＿。
6. Swift 中有两种浮点型类型，分别是＿＿＿＿＿和＿＿＿＿＿。
7. 在 Swift 中，可以临时地把多个值组合成一个复合值，这个复合值类型就叫做＿＿＿＿＿＿。
8. 取值可以为空的类型是＿＿＿＿＿类型。
9. 5%(−2)的值是＿＿＿＿＿＿。

二、判断题

1. Swift 的赋值运算符返回值为赋值是否成功。（　　　　）

2. Swift 语言不区分大小写。（　　　）

3. 隐式解析可选类型值为 nil 时，使用时会报错。（　　　）

4. 常量和变量可以互换。（　　　）

5. 常量和变量的默认值都是 nil。（　　　）

6. 在 Swift 中，数据类型不能自动转换，只能强制转换。（　　　）

7. Swift 语言中，语句末尾可以没有分号（;）。（　　　）

8. 0x11 表示的是一个十六进制的整数。（　　　）

9. Void 是空元组类型的别名。（　　　）

10. −3%2 和-3%(−2)的结果都是−1。（　　　）

三、选择题

1. 以下选项中，哪个是合法的标识符？（　　　）

   A. Hello_World　　　　　　　　　　B. class

   C. 123username　　　　　　　　　　D. username−123

2. 在表达式 let score = 50 + 5.5 中，score 会被推断为什么类型？（　　　）

   A. Float　　　　　B. Double　　　　C. Int　　　　　　D. UInt

3. 以下声明和使用常量的语句中，错误的是（　　　）。

   A. let a = 5　　　　　　　　　　　　B. let a : Int

   　　　　　　　　　　　　　　　　　　　　a = 10

   C. let a = 5　　　　　　　　　　　　D. let a:Int = 5, b = 10, c:Float = 10

   　　a = 10

4. 下面关于可选项的说法错误的是（　　　）。

   A. 只有可选项可以赋值为 nil，非可选项不能设置为 nil

   B. 可选变量的默认值是 nil

   C. 可选常量在使用之前必须设置初值，否则会报错

   D. 可选变量没有赋值之前，不能使用

5. 以下代码的运行结果是（　　　）。

```
let y:Int?
print(y! + 20)
```

   A. 20　　　　　　B. nil　　　　　C. 程序出错　　　　D. 随机数

6. 下面的运算符中，用于执行除法的运算符是哪个？（　　　）

   A. /　　　　　　　B. \　　　　　　C.%　　　　　　　D. *

7. 假设 let a = 5，三元表达式(a > 0) ? a+1 : 0 的运行结果是下列哪一个？（　　　）

   A. 5　　　　　　　B. 6　　　　　　C. 0　　　　　　　D. 1

8. 下列说法中，错误的是（　　　）。

   A. Swift 编译器会自动推断数据的类型，所以很少需要显式声明类型

   B. Swift 是一个强数据类型的语言

   C. Swift 不重视数据类型

   D. 一旦变量或常量的类型确定，编译器会对数据进行类型检查

9. 下列代码的运行结果是（　　　）。

```
var num:Int = 0
for i in 1..<5
{
    num += i
}
print(num)
```

    A. 5   B. 0   C. 15   D. 10

10. 下列对元组的使用项目错误的是（　　　）。

    A.

```
let student = ("小明", 15, "男")
print("姓名:\(student.0), 年龄:\(student.1), 性别:\(student.2)")
```

    B.

```
let student = (name:"小明",age:15,gender:"男")
print("姓名:\(student.name), 年龄:\(student.age), 性别:\(student.gender)")
```

    C.

```
let (name, age, gender) = ("小明",15,"男")
print("姓名:\(name), 年龄:\(age), 性别:\(gender)")
```

    D.

```
let (_, age, _) = ("小明",15,"男")
print("姓名:\(name), 年龄:\(age), 性别:\(gender)")
```

四、程序分析题

阅读下面的程序，分析代码是否能够编译通过，如果能编译通过，请列出运行的结果，否则请说明编译失败的原因。

1. 代码一

```
let a = 1
if  a = 2 {
    print("a 的值是 2")
}
```

2. 代码二

```
var b:Bool
b = 1
if b {
    print("条件满足")
} else {
    print("条件不满足")
}
```

3. 代码三

```
var y:Int! = 10
y = nil
print(y)
```

五、简答题

1. 请简述在 Swift 中，如何选择使用常量还是变量？

2. 请简述什么是可选类型？可选类型和隐式解析可选类型的区别是什么？

六、编程题

请按照题目要求编写程序并给出运行结果。

1. 请编程实现 15 和 0.2 的乘积。

提示：

（1）定义两个常量 a、b 值分别为 15、0.2；

（2）定义一个常量为 num，值为 a 和 b 的乘积；

（3）打印 num 的值。

2. 请编程实现计算 "1+2+3+4+5+……+99" 的值。

提示：

（1）定义变量 num 用于保存计算结果；

（2）使用区间运算符实现 1～99 的遍历，累加到计算结果中。

PART 3

第3章 控制流

- 理解什么是控制流语句
- 掌握条件语句的使用
- 掌握循环语句的使用

控制流语句用于控制程序正在执行的流程，在 Swift 中的控制流结构中，包括可以基于特定条件选择执行不同代码分支的 if、guard 和 switch 语句，以及可以多次执行任务的 for-in、while、repeat-while 等循环语句。接下来，本章将针对 Swift 的条件语句和循环语句进行详细的讲解。

3.1 条件语句

在实际生活中经常需要做出一些判断，比如在十字路口等待红绿灯，如果是红灯，则等待；如果是绿灯，则通行。同样，在设计程序时也经常需要根据某些条件决定程序运行的流向，这时就需要条件语句来实现。

Swift 提供三种类型的条件语句，分别是 if 语句、guard 语句和 switch 语句。通常，当条件较为简单且可能的情况很少时，使用 if 语句。guard 语句和 if 语句有点类似，guard 只会有一个代码块。当条件较复杂、可能情况较多且需要用到模式匹配的情境时，使用 switch 语句。接下来，本节将针对条件语句进行详细讲解。

3.1.1 if 条件语句

根据条件的复杂度，if 条件语句的语法格式基本上可分为三种。下面针对这三种语法格式进行详细讲解，具体如下。

1. if 语句

if 语句最简单的形式就是只包含一个条件语句，其语法格式为：

```
if 判断条件
{
    语句
}
```

在上面的格式中，if 的判断条件只有 true 和 false，当判断条件为 true 的时候，才会执行 if 语句块中的相关代码。若判断条件为 false，则不执行 if 后的代码块。if 语句的执行流程图如图 3-1 所示。

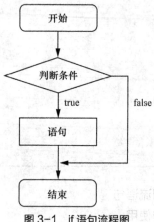

图 3-1 if 语句流程图

接下来通过一个案例来学习 if 语句的具体用法，如例 3-1 所示。

例 3-1 if 语句.playground

```
1    let price = 10
2    if price < 20
3    {
4        //如果 price 小于 20 则执行
5        print("购买此商品")
6    }
```

在例 3-1 中，第 1 行代码定义了一个常量 price，其值为 10；第 2～6 行代码是一条 if 语句，由于 price 小于 20，判断条件成立，因此，程序会执行 print 方法，输出"购买此商品"。程序的输出结果如图 3-2 所示。

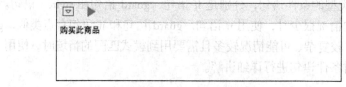

图 3-2 例 3-1 的输出结果

2. if-else 语句

if-else 语句是指如果满足某些条件，就执行相应的代码，否则执行另一种代码，比如，要判断某商品的价格是否大于 100，如果小于则购买此商品，否则不购买。if-else 语句的具体语法格式为：

```
if 判断条件
{
    语句 1
}
```

```
else
{
    语句 2
}
```

在上述语法格式中，判断条件同样也只有 true 和 false 两种情况，当判断条件为 true 时，执行语句 1，否则执行语句 2。if-else 语句的流程图如图 3-3 所示。

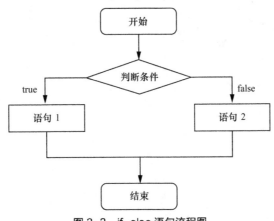

图 3-3　if-else 语句流程图

接下来通过一个案例来演示一下 if-else 语句的具体用法，如例 3-2 所示。

例 3-2　if-else 语句.playground

```
1    let time = 10
2    if time < 8
3    {
4        print("继续睡觉")
5    }
6    else
7    {
8        print("起床")
9    }
```

在例 3-2 中，定义了一个常量 time，其值为 10。由于 time 的值大于 8，判断条件的结果为 false，因此，程序进入 else 语句，输出"起床"。

程序的输出结果如图如 3-4 所示。

3. else-if 语句

如果需要判断的条件大于两个时，需要使用 else-if 语句，其语法格式为：

图 3-4　例 3-2 的输出结果

```
if 判断条件
{
    语句 1
}
```

```
else if 判断条件
{
    语句 2
}
else if 判断条件
{
    语句 3
}
    …
else if 判断条件
{
    语句 m
}
else
{
    语句 n
}
```

在上面的语法格式中，程序会从上而下依次判断判断条件的值，直到程序的判断条件为
true 时，则执行其对应的语句，执行完毕后，直接跳出 else-if 语句。如果所有的判断条件均
为 false，则执行语句 n。

else-if 语句的流程图如图 3-5 所示。

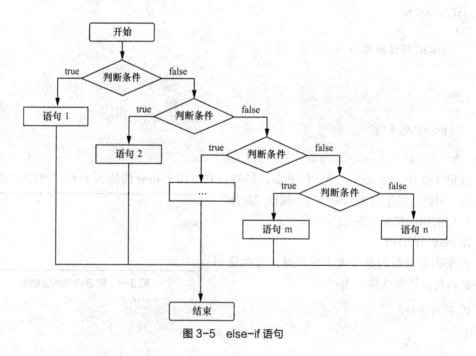

图 3-5　else-if 语句

接下来通过一个案例来演示一下 else-if 的用法，具体代码如例 3-3 所示。

例 3-3 else-if 语句.playground

```
1   let time = 10
2   if time < 10
3   {
4       print("Good morning")
5   }
6   else if time < 20
7   {
8       print("Good day")
9   }
10   else
11   {
12       print("Good evening")
13   }
```

在上面的代码中出现了多个 if 语句，如果时间小于 10 点，则输出 "Good morning"，如果时间在 10 点和 20 点之间，则输出 "Good day"，最后，如果上面两种条件都不满足，时间为 20 点之后，就输出 "Good evening"。

程序的输出结果如图 3-6 所示。

图 3-6　例 3-3 的输出结果

注意：

1. 由于 Swift 中没有 C 语言中非零即真的概念，因此，当使用 if 进行逻辑判断时，必须显式地指明具体的判断条件是 true 还是 false。

2. if 语句条件的()可以省略，但{}不能省略。

3. 当最后没任务执行的情况下，else if 中的最后的 else 可以省略。

3.1.2　if-let 语句

在程序开发的过程中，如果要使用可选值，需要先用 if 语句判断它是否有值，如果有值，才能对它强制解包进行取值，如果为 nil，则不能强制解包，否则程序会报错。这样写的程序比较烦琐，为了让代码更简洁易懂，Swift 推出了 if-let 语法。if-let 语句的语法格式为：

```
if let 常量名=可选变量名 ... {
    语句
}
```

在上述的语法格式中，首先对可选变量进行判断，如果不为 nil，则将可选值的值取出并赋值给一个常量，然后进入执行语句；如果为 nil 则直接跳过。

接下来，我们用一个简单的例子来对比 if 语句和 if-let 语句使用可选值的区别。

首先，我们来看一个 if 条件语句的用法，示例代码如下。

```
1   func test(){
2       //声明一个可选常量 oAge
3       let oAge: Int? = 20
```

```
4      if oAge == nil || oAge <= 18{
5          return
6      }
7      //使用常量 oAge
8      print(oAge!)
9  }
10  test()
```

在上述代码中，第 3 行定义了一个可选值 oAge，第 4 行使用 if 语句判断 "oAge == nil || oAge<=18"，如果 oAge 为 nil 或者其值小于等于 18 时，函数退出，否则继续执行。由于 oAge 值为 20，所以能继续执行第 8 行代码，对 oAge 进行强制解包，获取并打印 oAge 的值。程序输出结果为 20。

接下来使用 Swift 中提供的 if-let 语法完成上面代码的功能，如例 3-4 所示。

例 3-4　if-let 语句.playground

```
1  let oAge: Int?= 20
2  if let age = oAge where age > 18{
3      //使用常量 age
4      print(age)
5  }
```

在例 3-4 中，第 2 行代码使用 if-let 语句对 oAge 变量进行判断，如果 oAge 不为 nil，则取出 oAge 的值并赋值给 age 变量，这样就可以在代码块中使用 oAge 值了。

程序的输出结果如图 3-7 所示。

上面两段代码的控制流是一样的。对比上面两段代码，可以看出 if-let 的写法更加方便简洁。

图 3-7　例 3-4 的输出结果

3.1.3　guard 语句

guard 语句是在 Swift 2.0 的时候，推出的一个新特性。guard 语句与 if 语句有点类似，不同的是，它只有一个代码块，并且只会在表达式判断为 false 时执行后续代码块，否则会跳过整个 guard 语句。guard 语句的语法格式为：

```
guard let 常量名=可选变量 ... else {
    执行语句
}
```

在上面的语法格式中，首先将可选变量赋值给一个常量，若后面的表达式判断为 true，则跳过整个 guard 代码块，执行后面的代码，否则执行 guard 内的代码块。

当条件判断要排除的情况比较清晰时，使用 guard 语句会大大简化代码。接下来让我们看一下 guard 语句的写法，如例 3-5 所示。

例 3-5　guard 语句.playground

```
1  func guardCase(){
2      let oAge: Int? = 20
```

```
3        guard let age = oAge where age > 18 else{
4            print("年龄小于 18 岁")
5            return
6        }
7        //代码执行到这里，age 一定有值且 Age > 18
8        print(age)
9    }
10   guardCase()
```

在例 3-5 中，第 3 行代码将 oAge 赋值给 age，并判断 age 是否大于 18，因为 age 的值是 20，条件为 true，所以跳过 guard 代码块，并执行第 8 行代码。

程序的输出结果如图 3-8 所示。

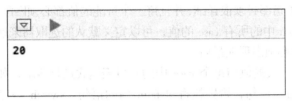

图 3-8　例 3-5 的输出结果

注意：

在 guard 语句的 else 中一定要有返回的语句，如 return、continue、break 和 throw 这种提早退出的关键字。

3.1.4　switch 语句

switch 语句也是一种常用的选择语句，与 if 语句不同的是，它通过和具体的值匹配去执行相应的代码。例如，在程序中使用数字 1~5 表示英文单词 one~five，如果想根据输入的数字来对应英文单词，可以通过下面一段伪代码来描述。

```
表示英文单词的数字
    等于 1 时，输出 one
    等于 2 时，输出 two
    等于 3 时，输出 three
    等于 4 时，输出 four
    等于 5 时，输出 five
    如果不等于 1-5，则输出 other number
```

在上面的例子中，如果我们使用 if-else 语句实现的话，将会有很多的判断条件。而 switch 语句提供了应对多种选择情况的处理来替代 if 语句，就是把某个值与一个或若干个相同类型的值做比较。

switch 的语法格式如下所示。

```
switch （表达式）
{
```

```
case 常量表达式 1:
    语句 1
case 常量表达式 2:
    语句 2
    ...
case 常量表达式 n:
    语句 n
default：
    语句 n+1
}
```

在上面的语法格式中，switch 语句包含多个 case，每个 case 表示一种情况，并且使用 case 关键字标记。switch 语句都必须很详细，并且每一个可能的值都必须匹配 switch 中的一个 case。如果不能对应到 switch 中的所有 case 的值，可以定义默认的选取器来解决。选取器用 default 关键字来表示，但是必须出现在最后。

switch 语句将表达式的值与每个 case 中的常量表达式进行匹配，如果找到了匹配的值，就会执行相应 case 后的语句，否则执行 default 后的语句。switch 语句的流程图，如图 3-9 所示。

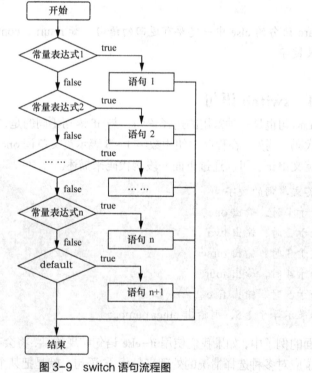

图 3-9　switch 语句流程图

接下来，通过一个案例来演示 switch 语句的用法，如例 3-6 所示。

例 3-6　switch 语句 1.playground

```
1    //定义一个坐标原点
2    let coordinate1 = (0,0)
```

```
3    switch coordinate1{
4    case(0,0):
5        print("原点")
6    case(_,0):
7        print("x 轴")
8    case(0,_):
9        print("y 轴")
10   case(-2...2,-2...2):
11       print("矩形区域")
12   default:
13       print("没有任何目标区域")
14   }
```

在例 3-6 中，第 2 行定义了一个坐标常量，第 3～14 行定义了一个 switch 语句用来匹配坐标。

程序的输出结果如图 3-10 所示。

Swift 中的 switch 一定要包含变量的所有情况，在例 3-6 中，如果将第 12 行的 default 注释掉，那么第 4～10 行代码中的 case 并没有包含整个坐标系，不会匹配到所有的坐标，将会报错，如图 3-11 所示。

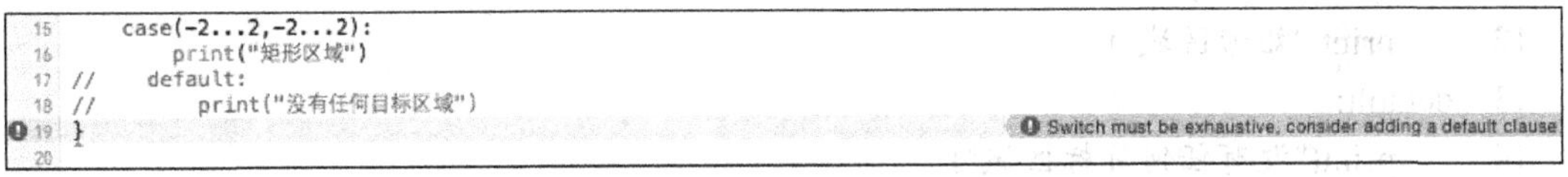

图 3-10　例 3-6 的输出结果

```
15       case(-2...2,-2...2):
16           print("矩形区域")
17   //    default:
18   //        print("没有任何目标区域")
19   }                                    ⊘ Switch must be exhaustive, consider adding a default clause
20
```

图 3-11　注释 default 出现的错误

接下来，通过一个案例来演示在 switch 语句中没有 default 的情况，如例 3-7 所示。

例 3-7 switch 语句 2.playground

```
1    //定义一个坐标常量
2    let coordinate2 = (2,2)
3    switch coordinate2{
4    case (0,0):
5        print("原点")
6    case (let x,0):
7        print("x 轴")
8    case(0,let y):
9        print("y 轴")
10   case(let x,let y):
11       print("所有区域")
12   }
```

在例 3-7 中第 2 行定义了一个坐标常量，在第 3～12 行使用 switch 语句来匹配坐标，第 10 行处的 case 包含了坐标系中所有坐标的情况，所以在这里不需要使用 default。

程序的输出结果如图 3-12 所示。

与 C 语言和 Objective-C 中的 switch 语
句不同，Swift 的 switch 没有 break 关键字，
在每个 case 后相当于隐式地加上了 break，这
使得 switch 语句更安全、更易用，也避免了
因忘记写 break 语句而产生的错误。

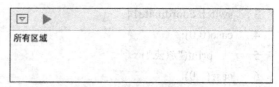

图 3-12　例 3-7 的输出结果

如果想让它既满足上面的条件又可以继续往下判断，那么，在 Swift 有一个新的关键字贯
穿（fallthrough）可以满足这个需求。下面我们来看看 fallthrough 的用法，如例 3-8 所示。

例 3-8　switch 语句-fallthrough.playground

```
1    let coordinate3 = (0,0)
2    switch coordinate3{
3    case (0,0):
4        print("原点")
5        fallthrough
6    case (_,0):
7        print("x 轴")
8        fallthrough
9    case(0,_):
10       print("y 轴")
11   case(-2...2,-2...2):
12       print("矩形区域")
13   default:
14       print("没有任何目标区域")
15   }
```

在例 3-8 中，第一行代码定义了一个坐标常量，在第 2～15 行定义了一个 switch 语句用
来匹配坐标。其中第 3 行 "case (0,0):" 匹配了 coordinate3 的值，程序本该跳出 switch 语句，
但是由于第 5 行和第 8 行是 fallthrough 关键字，所以程序会继续执行第 6 行和第 9 行的分支。

程序的输出结果如图 3-13 所示。

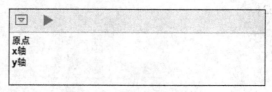

图 3-13　例 3-8 的输出结果

3.2　循环语句

在实际开发中，经常会执行某些具有规律性的重复操作，这时，可以使用循环语句来实
现。Swift 提供的循环语句包括 for-in、while 和 repeat-while 循环，接下来，本节中将对几种
循环语句进行详细的讲解。

3.2.1　for-in 循环

for-in 循环用来遍历一个范围（range）、队列（sequence）、集合（collection）或系列（porgression）里面所有元素，执行一系列语句。

for-in 循环的语法格式如下所示。

```
for index in var
{
    代码块
}
```

在上面的语法格式中，index 是一个每次循环遍历开始时被自动赋值的常量，这种情况下，index 在使用前不需要声明，只需将它包含在循环的声明中，就可以对其进行隐式的声明，无需使用 let 等关键字声明。var 表示一个集合。若这个常量存在于集合中，就执行下面的代码块，否则结束循环。

接下来看一下 for-in 循环的流程图，如图 3-14 所示。

从图 3-14 可知，for-in 循环会逐一访问集合内的所有元素，并对这些元素执行一系列操作。接下来，通过一个简单的例子来演示 for-in 循环的循环语句的使用，如例 3-9 所示。

例 3-9　for-in 循环.playground

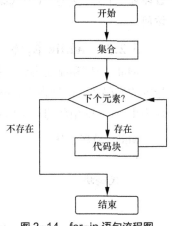

图 3-14　for-in 语句流程图

```
1    for i in 1...3
2    {
3        print(i)
4    }
```

例 3-9 使用 for-in 循环遍历区间，第 1 行代码，用来进行遍历的元素是一组使用闭区间操作符（...）表示的从 1 到 3 的数字。

第一次循环 i 被赋值为闭区间中的第一个数字 1，然后执行循环中的 print 方法。

第二次循环 i 被赋值为闭区间中的第二个数字 2，然后执行循环中的 print 方法。

图 3-15　例 3-9 输出结果

第三次循环 i 被赋值为闭区间中最后一个数字 3，然后执行循环中的 print 方法，循环结束。

程序的输出结果如图 3-15 所示。

关于 for-in 对数组/字典/字符串的循环遍历，在第 4 章的相关小节中会进行详细讲解。

注意：

1. index 常量只存在于循环的生命周期里。如果想在循环完成后访问 index 的值，或者想让 index 成为一个变量而不是常量，必须在循环之前进行声明。

2. 如果知道区间内的每一项的值，可以使用下划线（_）来替代变量名忽略对值的访问：

```
let base = 3
let power = 10
```

```
var answer = 1
for _ in 1...power
{
    answer *= base
}
print("\(base) to the power of \(power) is \(answer)")
```

这个例子计算了 base 这个数的 power 次幂（本例中是 3 的 10 次幂），使用从 1 到 10 的闭区间，循环做 3 的乘法，循环了 10 次，这个计算不需要知道计数器的值，只需要知道循环的次数即可。下划线符号_（替代循环中的变量）能够忽略具体的值，并且不提供循环遍历时对值的访问。

3.2.2　while 循环

while 循环和前面讲到的条件判断语句有些类似，都是根据判断条件来决定是否执行大括号内的代码块，区别在于，while 语句会循环进行条件判断，直到循环条件变为 false，结束循环为止。while 循环的语法格式如下。

```
while 循环条件
{
    代码块
}
```

在上面的语法格式中，若判断条件为 true，则执行 while 循环中的代码块，否则跳出 while 循环。

while 的流程图如图 3-16 所示。

在图 3-16 中，可以看到 while 循环没有初始化语句，从计算单一条件开始，如果条件为 true，循环就会一直进行下去，直到条件变为 false。

接下来通过一个蛇与梯子的游戏来练习一下 while 循环的使用，蛇与梯子的棋盘如图 3-17 所示。

游戏规则如下。

（1）游戏盘面包括 25 个方格，按特定顺序给每个方格标号，游戏目标是达到或者超过第 25 个方格。

（2）每一轮，你通过掷一个 6 边的骰子来确定你移动方块的步数，移动的路线由图 3-17 中横向的虚线所示。

（3）如果在某轮结束，你移动到的格子位于一个梯子的底部，可以顺着梯子爬到梯子最上面的格子。

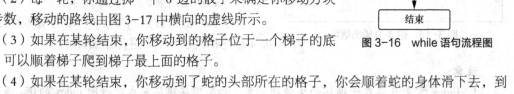

图 3-16　while 语句流程图

（4）如果在某轮结束，你移动到了蛇的头部所在的格子，你会顺着蛇的身体滑下去，到蛇尾所在的格子。

玩家由左下角编号为 0 的方格开始游戏。一般来说玩家第一次掷骰子后才会进入游戏盘面。该游戏代码如例 3-10 所示。

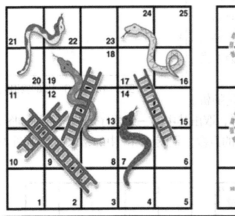 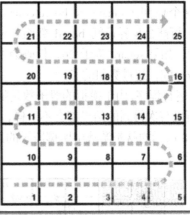

图 3-17 蛇与梯子

例 3-10 while 循环.playground

```
1    import UIKit
2    let finalSquare = 25
3    var board = [Int](repeating: 0,count: finalSquare + 1)
4    //3 号方块是梯子的底部，会让你向上移动到 11 号方格，我们使用 board[03]等于+08，其余同样
5    board[03] = +08; board[06] = +11; board[09] = +09; board[10] = +02
6    board[14] = -10; board[19] = -11; board[22] = -02; board[24] = -08
7    var square = 0
8    while square < finalSquare
9    {
10       // 使用 1~6 随机数模拟掷骰子效果
11       let diceRoll =    Int(arc4random() % 6) + 1
12       print(diceRoll)
13       // 根据点数移动角色
14       square += diceRoll
15       if square < board.count
16       {
17           // 如果玩家还在棋盘上，在蛇头则顺着蛇滑下去，在梯子底则顺着梯子上去
18           square += board[square]
19       }
20    }
```

在例 3-10 中，首先在第 2～4 行使用一个 Int 型数组来表示游戏的盘面，数组的长度由一个 finalSquare 常量储存，用来初始化数组和检测最终胜利的条件。

第 6～7 行代码中，用于设置包含蛇的头部和梯子的底部的方块要移动的格子数。

第 12 行代码使用了随机数模拟掷骰子的效果。

第 14 行根据点数移动角色，玩家向前移动 diceRoll 个方格。

第 15～19 行用于判断游戏是否结束，如果玩家移动超过了 25 个方格，游戏结束。其中，在第 15 行代码会在 square 增加 board[square]的值向前或向后移动（遇到了梯子或者蛇）之前，检测 square 的值是否小于 board 的 count 属性。如果没有这个检测（square < board.count），board[square]可能会越界访问 board 数组，导致错误。例如，如果 squarc 等于 26，代码会去尝试访问 board[26]，超过数组的长度。

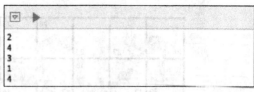

图 3-18 例 3-10 的输出结果

接下来运行程序,由于模拟的骰子数是随机 1~6 的，所以每次得到的结果都会不一样，取出其中的一组程序的输出结果如图 3-18 所示。

图 3-18 所示的就是游戏中所掷骰子的点数，把图 3-18 中的结果对应到图 3-19 中，如图 3-19 所示。

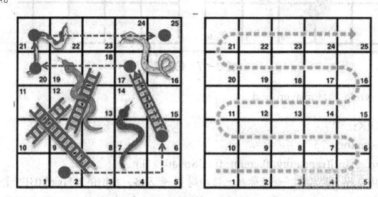

图 3-19 每次掷骰子之后到达的位置

在图 3-19 中用圆点表示每次掷骰子之后到达的位置，而在第二次掷骰子到达的第 6 格的位置，将顺着梯子到达 17 格位置。

使用 while 循环需要注意几点，while 循环条件语句中只能写一个表达式，而且是一个布尔型表达式，那么如果循环体中需要循环变量，就必须在 while 语句之前对循环变量进行初始化。

注意:
死循环是无法靠自身控制终止的循环，下面的代码是死循环的一般写法。

```
while true{
    statement(s)
}
```

3.2.3 repeat-while 循环

在 Swift 2.0 中经典的 do-while 语句改为了 repeat-while。repeat-while 循环不像 while 循环在循环体开始执行前先判断条件语句，而是在循环执行结束时判断条件是否符合。

repeat-while 循环的语法格式为：

```
repeat{
    代码块
}while 循环条件
```

在上述语法格式中，判断条件出现在循环的尾部，所以循环中的代码块会在条件被测试之前至少执行一次。如果条件为 true，控制流会跳转回上面的 repeat，然后重新执行循环中的代码块。直到给定条件变为 false 为止。

接下来看一下 repeat-while 的流程图，如图 3-20 所示。

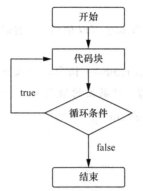

图 3-20　repeat-while 语句流程图

接下来使用 repeat-while 循环来替代 while 循环将例 3-10 的蛇和梯子的游戏进行改写，如例 3-11 所示。

例 3-11　repeat-while 循环.playground

```
1    import UIKit
2    let finalSquare = 25
3    var board = [Int](repeating: 0,count: finalSquare + 1 )
4    board[03] = +08; board[06] = +11; board[09] = +09; board[10] = +02
5    board[14] = -10; board[19] = -11; board[22] = -02; board[24] = -08
6    var square = 0
7    repeat
8    {
9        // 顺着梯子爬上去或者顺着蛇滑下去
10       square += board[square]
11       // 掷骰子
12       let diceRoll    = Int(arc4random() % 6) + 1
13       // 根据点数移动
14       square += diceRoll
15   }
16   while square < finalSquare
17   print("Game over!")
```

在例 3-11 中，首先在第 10 行检测是否在梯子或者蛇的方块上。没有梯子会让玩家直接上到第 25 个方格，所以玩家不会通过梯子直接赢得游戏。这样在循环开始时先检测是否踩在梯子或者蛇上是安全的。

第 12 行代码使用了随机数模拟掷骰子的效果。

第 14 行根据点数移动角色，玩家向前移动 diceRoll 个方格。

第 16 行用于判断游戏是否结束，如果玩家移动超过了 25 个方格，游戏结束。

循环条件（while square < finalSquare）和 while 方式相同，但是只会在循环结束后进行计算。在这个游戏中，repeat-while 表现得比 while 循环更好。repeat-while 方式会在条件判断 square 没有超出后直接运行 square += board[square]，这种方式可以去掉 while 版本中的数组越界判断。

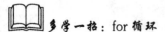 **多学一招：for 循环**

for 循环在 Swift 2.1 及其之前版本中可以使用，在 Swift 2.2 版本中使用，会提出警告，并将在 Swift 3 中移除。

for 条件递增（for-condition-increment）语句，用来重复执行一系列语句直到达成特定条件，一般通过在每次循环完成后增加计数器的值来实现。for 语句的一般格式为：

```
for initialzation; condition; increment
{
    statements
}
```

在上面的语法格式中，for 语句的执行过程如下。

（1）当程序执行 for 语句时，首先会初始化循环变量和其他变量（initialzation）。

（2）然后判断是否满足循环条件（condition），如果为 true，则执行 for 代码块中的循环体（statement），如果为 false，循环结束。

（3）在循环体执行完毕后，increment 语句执行，然后返回上一步继续执行。

接下来通过一个简单的示例来学习一下 for 循环的用法，具体代码如下。

```
for var i = 1; i < 5; i ++
{
    print("\(i)")
}
```

在上述的例子中，首先先给循环变量 i 赋值为 1，每次循环都要判断 i 的值是否小于 5，如果为 true，则执行循环体，打印 i 的值，然后 i 加 1，继续判断循环条件。上面的例子打印的结果为 1、2、3、4。

3.3　本章小结

本章主要介绍了什么是控制流语句，包括条件语句和循环语句。在条件语句中我们介绍了 if 条件语句、if-let 语句、guard 语句和 switch 语句。然后学习了循环语句的使用，主要包括 for-in 循环、while 循环和 repeat-while 循环等几种循环语句。本章的内容十分重要，掌握了本章的内容才能编写更加复杂的程序并且有助于后面章节的学习。

3.4　本章习题

一、填空题

1. if 语句的 3 种语法格式分别是_____、_____和_____。

2. Swift 的条件判断语句包括 if、if-let、guard 和_____。

3. while 循环判断条件为_____时，则执行 while 循环中的代码块，否则跳出 while 循环

4. guard 语句只有其后表达式判断为_____时才会执行之后的代码块。

5. 在 switch 语句中，_____关键字能让它既满足上面的条件又可以继续往下判断。

二、判断题

1. 使用 if 进行逻辑判断时，必须显示地指明具体的判断条件是 YES 还是 NO。（　　　）
2. guard 语句只有在表达式判断为 true 才会执行后续代码块。（　　　）
3. Swift 中的 switch 语句不能包含 break 关键字。（　　　）
4. 若 while 的循环条件一直为 true，则该循环会变成死循环。（　　　）
5. 在 repeat-while 中，如果条件为 false，控制流会跳转回上面的 repeat。（　　　）

三、选择题

1. 以下选项中，不属于 Switch 语句的关键字的是？（　　　）
   A. break   B. case   C. default   D. fallthrough
2. 下列语句中，（　　　）不属于循环语句。（多选）
   A. for 语句   B. if 语句   C. while 语句   D. switch 语句
3. 下列关于控制流的说法中错误的是（　　　）。
   A. 循环语句必须要有中止条件，否则无法编译。
   B. 若 while 循环条件为 true，会重复运行循环条件，直到条件变为 false。
   C. 若 repeat-while 循环条件为 true，控制流会跳转回上面的 repeat，然后重新执行循环中的 statement(s)，直到循环条件变为 false 为止。
   D. 在 switch 语句中，default 语句是必须有的。
4. 下列关于程序的说法中，正确的是（　　　）。

```
var x = -1
repeat{
    x = x * x
}while x == 0
```

   A. 上述代码是一个死循环   B. 上述代码会执行两次循环
   C. 上述代码会循环一次   D. 上述代码有语法错误
5. 阅读下面的代码

```
var a = 1
var b = 2
var c = 2
while(a < b || b < c){
    var t = a
    a = b
    b = t
    c-=1
    print("\(a)\(b)\(c)")
}
```

   下列关于程序的执行结果，正确的是（　　　）。
   A. 120   B. 122   C. 121   D. 211

四、程序分析题

阅读下面的程序，分析代码是否能够编译通过，如果能编译通过，请列出运行的结果。否则请说明编译失败的原因。

1. 代码一

```
var somePoint = (2,2)
switch somePoint{
case(0,0):
    print("该位置是原点")
case(_,0):
    print("该点在 X 轴上")
case(0,_):
    print("该点在 Y 轴上")
case(2,2):
    print("该点为\(somePoint)")
}
```

2. 代码二

```
//计算 10 的阶乘
var i,s: Int
repeat {
    i = 1
    s = 1
    s = s*i
    print(s)
    i+=1;
}while i<=10
```

五、简答题

1. 简述一下 guard 语句的作用。

2. 简述 while 循环和 repeat–while 循环之间的区别。

六、编程题

按照题目要求编写程序并给出运行结果。

1. "水仙花数"是指一个 n 位数，其每个位上的数字的 n 次幂之和等于它本身。例如，153 是一个水仙花数，因为 $153=1^3+5^3+3^3$。请用 Swift 语言编写程序求出三位数的水仙花数。

提示：

（1）使用循环语句循环遍历 100～999。

（2）判断个位、十位和百位的立方和是否等于它本身，若是则输出。

2. 编写程序，实现对"1+3+5+7+…+99"的求和功能。

提示：

（1）使用循环语句实现自然数 1～99 的遍历。

（2）在遍历过程中判断遍历的书是否为奇数，若是，则累加，否则不加。

第4章
字符串和集合

- 掌握字符的用法
- 掌握字符串，学会字符串的常见操作
- 掌握数组、Set和字典，会创建、修改、遍历集合的元素

在 Swift 中，字符串是如 "Hello，world" 和 "海贼王" 这样有序的字符类型的值的集合，数组和字典是类似于容器的集合，用来存储多个相同类型的值。接下来，本章将针对字符、字符串和集合的相关知识进行详细的讲解。

4.1 字符

4.1.1 字符概述

在 Swift 中，字符是字符串的基本组成单位，隶属于 Character 类型。字符可以是一个字母、数字、汉字或者符号，并使用双引号包裹住，例如 "A""1""中""*" 等。字符定义的基本格式如下所示。

```
let/var 名称: Character = "值"
```

在上述格式中，字符也是通过 let 或者 var 关键字区分是否可变。下面的示例代码定义了一个名称为 ch，值为"A"的不可变字符。

```
let ch:Character = "A"
```

值得一提的是，与 C 语言中的字符不同，Swift 的字符是使用双引号包含的，并且它的值只能是一个字母、数字、汉字或者符号。将上述示例代码中的常量 ch 使用 print 函数打印输出，代码如下：

```
print(ch)
```

程序的输出结果如图 4-1 所示。

4.1.2 转义字符

当使用双引号表示某些字符时，有时候输出的结果并不是我们所想要的样子。例如，将 4.1.1 小节中的字符 "A" 改为 "\"，Xcode 会出现编译错误，如图 4-2 所示。

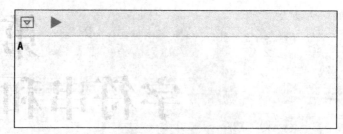

图 4-1 程序的输出结果

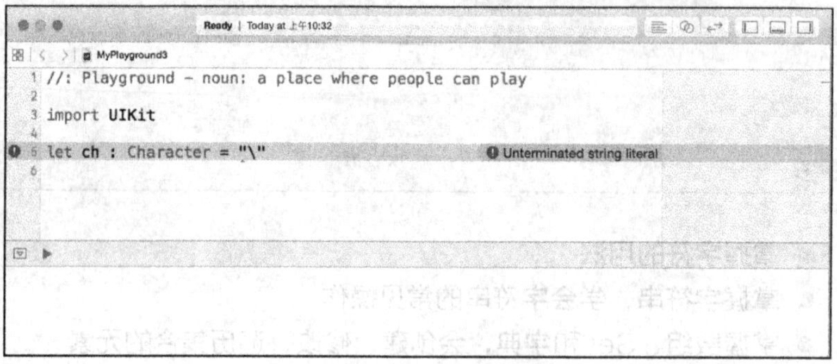

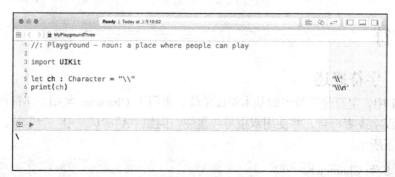

图 4-2 Xcode 出现编译错误

图 4-2 中所示的错误表示未结束的字符串，这是因为 "\" 这个字符是比较特殊的，它不能够直接使用双引号表示。这时，需要在字符 "\" 的前面插入一个转义符 "\"，即对字符 "\" 进行转义。转义后，错误信息会消失。程序的输出结果如图 4-3 所示。

图 4-3 Xcode 成功输出

除了 "\" 特殊字符外，Swift 中还有一些其他的特殊字符也需要使用 "\" 转义，这些字符都称为转义字符。接下来，通过一张表来列举常见的转义符，如表 4-1 所示。

表 4-1 常见的转义符

转义字符	说明
\t	水平制表符 tab
\n	换行
\r	回车
\"	双引号
\'	单引号
\\	反斜线

注意：

Swift 语言采用 Unicode 编码，它的字符几乎涵盖了大家所知道的一切字符，包括图片表情，如 😄、😖、😆。

4.2　字符串

程序中经常会用到字符串，它是由 N 个字符连接而成的，如多个英文字母组成的一个英文单词。在 Swift 中，字符串使用 String 类型表示，可以包含任意字符，并且这些字符必须包含在一对双引号之内。接下来，本节将针对字符串的相关内容进行详细讲解。

4.2.1　初始化字符串

在操作字符串之前，首先需要初始化字符串。在 Swift 中，我们可以通过两种方式初始化字符串，分别为字面量赋值和创建 String 实例，针对它们的详细介绍如下。

1.通过字面量赋值的方式初始化字符串

一个字符串的字面量是由双引号括起来的文本字符集，可以用于为常量和变量提供初始值，下面是一个示例代码。

```
let tempString = "this is a temp string"
```

值得一提的是，tempString 常量是通过字符串字面量进行初始化的，因此，Swift 推断该常量为 String 类型。将上述示例代码中的 tempString 常量使用 print 函数打印输出，代码如下。

```
print(tempString)
```

程序的输出结果如图 4-4 所示。

2.通过创建 String 实例的方式初始化字符串

除了直接通过字面量赋值之外，还可以通过创建一个 String 实例来进行初始化，下面是一个示例代码。

```
let anotherString = String()
```

在上述示例中，通过调用 String 的构造函数创建了一个字符串 anotherString，关于构造函数的内容后面章节会进行详细介绍。接下来，通过 print 函数打印输出，示例代码如下。

```
print("--\(anotherString)")
```

程序的输出结果如图 4-5 所示。

```
this is a temp string
```

图 4-4　程序的输出结果

```
--
```

图 4-5　程序的输出结果

从图 4-5 中可以看出，程序仅仅输出了"--"，这说明创建的新 String 实例是一个空字符串，该字符串没有任何字符。有时会有字符串不能为空的要求，如登录 QQ 时必须输入账号和密码。针对这种情况，String 类提供了一个 isEmpty 属性，用于判断字符串是否为空，示例代码如下。

```
if anotherString.isEmpty {
    print("啥都没有")
}
```

4.2.2　字符串的基本操作

与 Swift 中的其他类型一样，能否更改字符串的值取决于其被定义为常量还是变量。字符串最常见的基本操作包括获取长度、遍历、拼接、插值和格式字符串，下面针对这几种操作进行逐一介绍。

1. 获取字符串的长度

一个字符串由若干个字符组成，若要获取该字符串的长度，可以通过两种方式来实现：一种是调用 lengthOfBytes 方法，该方法用于获取字符串中字节的个数；另一种是直接计算字符的个数。接下来，通过一个案例来演示如何获取字符串的长度，如例 4-1 所示。

例 4-1　获取字符串长度.playground

```
1    import UIKit
2    let string = "HelloWorld"
3    let len1 = string.lengthOfBytes(using: String.Encoding.utf8)
4    print(len1)
5    let len2 = string.characters.count
6    print(len2)
```

在例 4-1 中，第 2 行代码创建了一个字符串；第 3 行代码调用了 lengthOfBytes 方法，并且指定了 UTF-8 编码；第 5 行代码获取了 characters 字符集合，并计算该集合中字符的个数。程序的输出结果如图 4-6 所示。

从图 4-6 中可以看出，这两个方法都能够获取字符串 "HelloWorld" 的长度。值得一提的是，字符串 "HelloWorld" 都是英文字母，程序输出的字符串长度与字符的个数是一致的。如果字符串中包含中文，输出结果会是什么呢？对例 4-1 中第 2 行的代码进行修改，将字符串的字面量修改为 "世界你好"，程序的输出结果如图 4-7 所示。

图 4-6　例 4-1 的输出结果　　　　　　图 4-7　程序的运行结果

从图 4-7 中可以看出，第 1 种方式返回的是以字节为单位的字符串长度，一个中文占用 3 个字节，所以输出长度为 12；第 2 种方式返回的是实际字符的个数，所以输出 4。由于字符串的长度通常是字符的个数，所以推荐大家使用字符串的 characters 属性的 count 属性来计算长度。

2. 字符串的遍历

String 表示特定序列的字符值的集合，每一个字符值代表一个 Unicode 字符，可利用 for-in 循环来遍历字符串中的每一个字符，具体如例 4-2 所示。

例 4-2　字符串遍历.playground

```
1    let string = "Hello World!"
2    for c in string.characters {
```

```
3        print(c)
4    }
```

在例 4-2 中，第 2 行代码通过 characters 属性获取了 string 的字符集合，并且使用 for-in 来遍历该集合的所有字符。程序的输出结果如图 4-8 所示。

3. 连接字符串和字符

我们都知道，let 定义的字符串是不可修改的，无法进行连接操作，只有 var 定义的字符串可以修改。要想对可变字符串进行连接或者追加操作，可通过如下三种方式。

（1）使用加法赋值运算符连接字符串

通过使用加法赋值运算符（+=），可以将一个字符串连接到某个已经存在的可变字符串的末尾位置。接下来，通过一个案例来演示如何使用加法赋值运算符连接字符串，如例 4-3 所示。

例 4-3　加法赋值运算符连接字符串.playground

```
1    var varString = "itcast"
2    varString += ".com"   // 使用+=运算符连接".com"
3    print(varString)
```

在例 4-3 中，第 1 行代码使用 var 关键字定义了一个可变字符串，第 2 行代码使用 "+=" 拼接了字符串 ".com"。程序的输出结果如图 4-9 所示。

图 4-8　例 4-2 的输出结果　　　　图 4-9　例 4-3 的输出结果

（2）使用加法运算符拼接字符串

除了加法赋值运算符之外，还可以使用加法运算符(+)将两个或多个字符串相加在一起，创建一个新的字符串。接下来，通过一个案例来演示如何使用加法运算符连接字符串，如例 4-4 所示。

例 4-4　加法运算符连接字符串.playground

```
1    let string1 = "Hello"
2    let string2 = "World"
3    var string3 = string1 + string2   //使用 "+" 连接字符串组成一个新字符串
4    print(string3)
```

在例 4-4 中，第 1 行和第 2 行定义了两个字符串 "Hello" 和 "World"，第 3 行代码使用 "+" 号运算符将前两个字符串进行了连接，从而组成了一个新的字符串。程序的输出结果如图 4-10 所示。

（3）调用 append 方法追加字符串

通过调用 append 方法，将一个字符附加到一个可变字符串的尾部。使用例 4-4 中的 string3

变量，调用 append 方法给 string3 追加一个字符，如例 4-5 所示。

例 4-5 使用 append 方法追加字符串.playground

```
1    let character : Character = "!"
2    string3.append(character)    // 调用 append 方法在 string3 的后面追加字符 character
3    print(string3)
```

在例 4-5 中，第 1 行代码定义了一个字符 "!"，第 2 行代码调用了 append 方法，将字符添加到 string3 的尾部。程序的输出结果如图 4-11 所示。

```
□ ▶
HelloWorld
```

图 4-10　例 4-4 的输出结果

```
□ ▶
HelloWorld!
```

图 4-11　例 4-5 的输出结果

4. 字符串插值

字符串插值是一种构建新字符串的方式，可以在其中包含常量、变量、字面量和表达式，插入的字符串字面量的每一项都在以反斜线为前缀的小括号中。接下来，通过一个案例来演示如何给字符串插值，如例 4-6 所示。

例 4-6 字符串插值.playground

```
1    let multiplier = 3
2    // 将 multiplier 插入到字符串中
3    let message = "\(multiplier)乘以 2.5 等于\(Double(multiplier) * 2.5)"
4    print(message)
```

在例 4-6 中，第 2 行代码将 multiplier 作为\(multiplier)插入到 message 中，当创建字符串执行插值计算时此占位符会被替换为 multiplier 实际的值。程序的输出结果如图 4-12 所示。

从图 4-12 中可以看出，multiplier 的值也作为字符串中后面表达式的一部分，该表达式计算 Double(multiplier) * 2.5 的值并将结果 7.5 插入到

图 4-12　例 4-6 的输出结果

字符串中。需要注意的是，插值字符串中写在括号中的表达式不能包含非转义反斜杠（\）、回车或换行符。不过，插值字符串可以包含其他字面量。

5. 格式字符串

用于表示时间的字符串，一般都要求有着固定的格式。为此，String 提供了两个常用的构造函数，将字符串按照一定的格式显示。接下来，通过一个案例来演示如何创建格式字符串，如例 4-7 所示。

例 4-7 格式字符串.playground

```
1    import UIKit
2    let hour = 8
3    let minute = 5
4    let seconds = 6
5    //按照 format 的格式来显示 arguments 的内容
```

```
6     let dateString = String(format: "%02d:%02d:%02d", arguments:
7       [hour, minute, seconds])
8     print(dateString)
9     //按照 format 的格式拼接 hour、minute、seconds 的内容
10    let dateString2 = String(format: "%02d:%02d:%02d", hour, minute, seconds)
11    print(dateString2)
```

在例 4-7 中，第 6 行和第 10 行代码分别调用了用于格式化字符串的构造函数。其中，第 6 行调用的构造函数需要传入两个参数，format 表示拼接字符串的格式，arguments 表示用于拼接的内容；第 10 行调用的构造函数与第 6 行

类似，只是第 2 个参数无须按照数组的形式传递，而是直接使用逗号将内容逐个添加到后面即可。程序的输出结果如图 4-13 所示。

图 4-13 例 4-7 的输出结果

4.2.3 字符串的高级操作

前面简单地介绍了字符串的一些基本操作，它们相对而言都是比较简单的。接下来介绍字符串的几个高级操作，包括字符串的截取和比较，下面针对这两种操作进行逐一介绍。

1. 字符串的截取

在 Swift 中，使用 String 类获取子串的语法结构相对于 NSString 类而言有些复杂。为此，可以将 String 类转换为 Objective-C 中的 NSString 类来截取子字符串。接下来，通过一个案例来演示字符串的截取，如例 4-8 所示。

例 4-8 截取字符串.playground

```
1     import UIKit
2     let string = "HelloWorld!"
3     // 将 string 转换为 OC 的字符串使用，并根据范围来截取子串
4     let subString = (string as NSString).substring(with: NSMakeRange(1, 5))
5     print(subString)
```

在例 4-8 中，第 4 行代码使用 as 关键字将 string 当作 NSString 类型的对象使用，接着调用 substring(with range: NSRange)方法，传入一个 NSRange 类型的范围，根据这个范围来截取。其中，NSMakeRange 函数要传递 2 个参数，第 1 个参数表示截取的开始位置，第 2 个参数表示截取的长度。程序的输出结果如图 4-14 所示。

```
elloW
```

图 4-14 例 4-8 的输出结果

2. 字符串的比较

关于字符串的比较，Swift 提供了 3 种方式，分别为比较字符串的内容是否相等、前缀是否相等和后缀是否相等，下面是详细的介绍。

（1）比较字符或者字符串是否相等

比较字符或者字符串可以使用等于操作符（==）和不等于操作符（!=），但是不支持===和!==运算符。接下来，通过一个案例来比较字符串和字符的内容是否相等，如例 4-9 所示。

例 4-9 比较字符串是否相等.playground

```
1     let emptyStr = ""
2     let emptyStr2 = String()
```

```
3    if emptyStr == emptyStr2 {   // 使用==判断两个字符串是否相等
4       print("相等")
5    }else {
6       print("不相等")
7    }
```

在例 4-9 中，第 1 行和第 2 行代码通过两种方式创建了两个空字符串，第 3 行代码使用
"=="操作符判断这两个字符串的内容是否相等。如果它们的内容相等，就输出"相等"，反
之则输出"不相等"。程序的输出结果如
图 4-15 所示。

（2）比较字符串的前缀或后缀

如果需要判断某个文件的类型，可以通

图 4-15　例 4-9 的输出结果

过判断扩展名来辨别。Swift 提供了 hasPrefix 和 hasSuffix 两个方法，用来检查字符串是否拥有
特定的前缀和后缀。接下来，通过一个案例来比较字符串的前缀和后缀，如例 4-10 所示。

例 4-10　比较字符串的前缀和后缀.playground

```
1    // 1.创建一个数组
2    let docFolder = ["java.docx", "JavaBean.docx", "Objective-C.xlsx", "Swift.docx"]
3    // 2.定义一个变量,用于统计 docx 文档的个数
4    var wordDocCount = 0
5    // 3.遍历数组
6    for doc in docFolder {
7        // 3.1 如果后缀为".docx"，wordDocCount 加 1
8        if doc.hasSuffix(".docx") {
9            wordDocCount += 1
10       }
11   }
12   print("Word 文档的个数为：\(wordDocCount)")
13   // 4.定义一个变量,用于统计关于 java 文档的个数
14   var javaDocCount = 0
15   // 5.遍历数组
16   for doc in docFolder {
17       // 5.1 转换为小写
18       let lowercaseStr = doc.lowercased()
19       // 5.2 如果前缀为"java"，javaDocCount 加 1
20       if lowercaseStr().hasPrefix("java") {
21           javaDocCount += 1
22       }
23   }
24   print("java 相关文档的个数为：\(javaDocCount)")
```

在例 4-10 中，第 2 行代码创建了一个包含 4 个字符串的数组。第 6～11 行代码使用 for-in
循环遍历该数组，若后缀名为".docx"，让计数变量 wordDocCount 加 1。第 16～23 行代码采

用同样的方式计算前缀名为"java"的个数。程序的输出结果如图 4-16 所示。

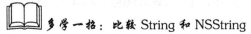

Word文档的个数为: 3
java相关文档的个数为: 2

图 4-16 例 4-10 的输出结果

📖 **多学一招：比较 String 和 NSString**

在截取字符串的子串的过程中，可能会经常见到 str as NSString 或者 str as String 来回转换字符串。有些操作用 NSString 比较方便，但是有些操作恰恰相反。String 保留了大部分 NSString 的 API，如 hasPrefix、substringWithRange 等。下面说一下两者的区别。

（1）String 是一个结构体类型，而 NSString 是一个继承自 NSObject 基类的对象。

（2）两者都可以使用自己的类名来直接进行初始化，从表面上看写法相同，但是 NSString 的意思是初始化了一个指针指向了这个字符串，但是 String 是把字符串的字面量赋值给常量或变量。

（3）String 的字符串拼接比 NSString 更加方便，NSString 需要使用 append 或者 stringWithFormat 将两个字符串拼接，而 Swift 仅仅使用 '+' 号就能够实现拼接。

（4）String 可以实现遍历输出一个字符串内部的所有字符，而 NSString 是做不到的，这是因为 String 继承了 CollectionType 协议。

（5）NSString 直接使用 length 就可以获得字符串的长度，但是 Swift 真正的类似于 length 的方法就是取出 characters 属性获得字符集合，然后使用 count 属性计算即可。

4.3 集合（Collection）

Swift 语言提供了数组、Set 和字典三种集合类型，用于存储集合数据。数组是用来按照顺序存储相同类型的数据，Set 是用来无序存储相同类型的数据，字典是用键值对的形式无序存储相同类型的数据。接下来，本节将会针对这三种类型的内容进行详细的介绍。

4.3.1 创建数组（Array）

通俗地说，数组是一组存储有序数据的集合，它使用 Array 类型表示，数组中的数据被称作元素。数组可以存储同一个类型的多个值，而且相同的值可以多次出现在数组中的不同位置。为了大家更好地理解，接下来通过一张图来描述数组的结构，如图 4-17 所示。

图 4-17 描述了一个数组的结构，该数组共包含 5 个元素，这 5 个元素是有序排列的，并且通过 Indexes 索引号来记录 Values，索引号从 0 开始。

在 Swift 中，通常使用两种形式来定义数组类型。一种是 Array<Element>的形式，Element 表示数组中唯一存在的数据类型，另外一种是[Element]这样简单的语法，示例代码如下。

Array	
Indexes	Values
0	Six Eggs
1	Milk
2	Flour
3	Baking Powder
4	Bananas

图 4-17 Array 示意图

```
var array1：Array<String>
var array2：[String]
```

在上述示例中，通过使用两种形式定义了 array1 和 array2 两个数组，它们都只能存储 String 类型的数据，两者是等价的。根据创建数组方式的不同，下面分为几种情况介绍。

1. 创建一个空数组

通过初始化函数来创建一个有特定数据类型的空数组，示例代码如下。

```
var someInts = [Int]()
```

在上述示例中，使用构造函数的方式创建了一个空数组，并且该数组只能存放 Int 类型的元素。

2. 用字面量构造数组

我们可以使用字面语句来进行数组构造，这是一种用一个或者多个数值构造数组的简单方法。字面语句是一系列由逗号分割并由方括号括住的数值，如[value 1, value 2, value 3]，可分为如下两种格式。

```
let 常量名：[类型] = [value 1，value 2，value 3，…]
let 常量名 = [value 1，value 2，value 3，…]
```

在上述格式中，第 1 种格式是直接定义的数组类型，该数组只能存放指定类型的 value；第 2 种格式是编译器通过字面语句来推导数组类型。下面分别使用这两种格式，创建两个数组，示例代码如下。

```
import UIKit
let array : [String] = ["Hello", "Hi"]
let array2 = ["zhangsan", 18]
```

在上述代码中，array 规定只有 String 这一种数据类型，array2 通过字面语句推导后得知是存放 NSObject 类型的，而且数字可以直接添加到数组中，不再需要包装成 OC 中的 NSNumber 类型。

3. 两个数组相加来创建一个新数组

我们可以使用加法操作符来组合两个已有的相同类型的数组，新数组的数据类型会从两个数组的数据类型中推断出来。接下来，通过一个案例来演示两个数组相加得到一个新的数组，如例 4-11 所示。

例 4-11 两个数组相加创建一个新数组.playground

```
1    let array1 = ["张三", "李四"]
2    let array2 = ["王五"]
3    print(array1 + array2)
```

在例 4-11 中，第 1 行和第 2 行代码分别定义了两个数组 array1 和 array2，其中 array1 包含 2 个元素，array2 包含 1 个元素。第 3 行代码使用 "+" 连接了这两个数组，并且使用 print 函数打印输出。程序的输出结果如图 4-18 所示。

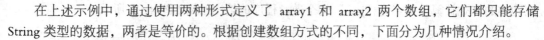

["张三", "李四", "王五"]

图 4-18　例 4-11 的输出结果

注意：

数组对于存储数据有着具体的要求，数组元素在被存储进入某个数组之前，必须明确数据类型，方法是通过显式的类型标注或者类型推断。

4.3.2 数组的常见操作

对于数组中的元素，常见的基本操作包括获取数组长度、遍历元素、增删改元素，下面针对这几种操作进行详细介绍，具体如下。

1. 获取数组的长度

Array 提供了一个 count 属性，用于获取数组中元素的总个数。接下来，通过一个案例来获取数组的长度，如例 4-12 所示。

例 4-12 获取数组的长度.playground

```
1    let season : [String] = ["春","夏","秋","冬"]
2    let length = season.count    // 获取数组元素的总个数
3    print(length)
```

在例 4-12 中，第 1 行代码定义了一个包含 4 个字符串的数组，第 2 行代码通过 count 属性获取了该数组中元素的总个数。程序的输出结果如图 4-19 所示。

2. 数组的遍历

数组同样可以使用 for-in 循环来遍历数组中的每一个元素。接下来，通过一个案例来演示如何使用 for-in 循环来遍历数组，如例 4-13 所示。

例 4-13 数组的遍历.playground

```
1    let array = [11, 22, 33, 44, 55]
2    for element in array { // 遍历数组
3        print(element)
4    }
```

在例 4-13 中，第 1 行代码定义了一个包含 5 个元素的数组，第 2 行代码使用 for-in 循环来遍历这个数组，并使用 print 函数将每个元素进行打印输出。程序的输出结果如图 4-20 所示。

图 4-19 例 4-12 的输出结果   图 4-20 例 4-13 的输出结果

3. 数组元素的增加、删除

Swift 中提供了一些用于增加和删除数组元素的方法，分别如下。

● append(newElement: Element)方法：向数组的末尾追加元素。
● insert(_ newElement: Element, at i: Int)方法：向某个索引位置插入元素。
● removeFirst()方法：删除数组的第 1 个元素。
● remove(at index: Int)方法：删除数组中指定位置的元素。
● removeLast()方法：删除数组的末尾元素。
● removeAll(keepingCapacity keepCapacity: Bool = default)方法：删除所有的元素，并且保留存储空间。

为了大家更好地理解，接下来通过一个案例来使用上面的方法实现数组元素的增加和删除，如例 4-14 所示。

例 4-14　数组的增加和删除.playground

```
1    // 定义一个可变数组
2    var array = ["zhangsan", "lisi"]
3    // 在末尾追加 1 个元素
4    array.append("wangwu")
5    print(array)
6    // 向指定位置插入 1 个元素
7    array.insert("zhaoliu", at: 2)
8    print(array)
9    // 删除第 1 个元素
10   array.removeFirst()
11   print(array)
12   // 删除最后 1 个元素
13   array.removeLast()
14   print(array)
15   // 删除指定位置的元素
16   array.remove(at: 1)
17   print(array)
18   // 删除所有的元素
19   array.removeAll(keepingCapacity: true)
20   print(array)
```

在例 4-14 中，第 2 行代码定义了包含 "zhangsan" 和 "lisi" 两个元素的数组，第 4 行代码调用 append 方法在数组的末尾追加了 1 个元素 "wangwu"，第 7 行代码调用 insert 方法在索引为 2 的位置插入了 1 个元素 "zhaoliu"，第 10 行和第 13 行代码分别调用 removeFirst()和 removeLast()方法删除了数组的首位和末位元素，第 16 行代码调用 remove 方法将索引为 1 的元素删除，第 19 行代码调用 removeAll 方法将数组的元素全部清空，并且保留了存储空间。

程序的输出结果如图 4-21 所示。

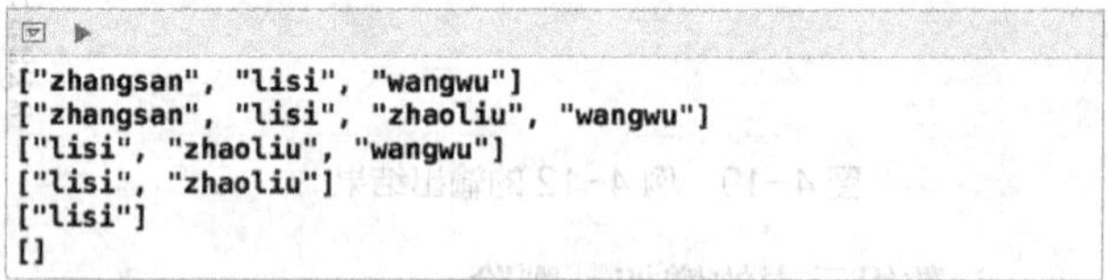

```
["zhangsan", "lisi", "wangwu"]
["zhangsan", "lisi", "zhaoliu", "wangwu"]
["lisi", "zhaoliu", "wangwu"]
["lisi", "zhaoliu"]
["lisi"]
[]
```

图 4-21　例 4-14 的输出结果

4. 使用下标语法修改数组元素

除了对数组的元素实现增加和删除以外，还可以使用下标来改变某个已有索引对应的元素。下标的语法格式比较简单，通过数组的名称和一个方括号包裹的索引值访问。例如，某个数组的名称为 array，下标语法的示例代码如下。

```
array[索引值]
```

在上述示例中，只要输入要访问的索引值，就可以访问该位置的元素。如果要修改某个索引对应的元素，直接重新赋值以覆盖该位置的原有元素就行，示例代码如下。

```
array[1] = "new"
```

需要注意的是，数组的索引值必须是存在的，否则会出现数组越界的运行时错误。由于数组越界的问题，不可以使用下标访问的形式在数组的尾部添加新的元素。

如果要修改数组中的多个索引对应的元素，可以采用区间的形式表示已经存在的多个索引值，通过下标语法来改变这些索引值对应的元素的值。接下来，通过一个案例来使用下标语法修改数组的 1 个或者多个元素，如例 4-15 所示。

例 4-15　使用下标语法修改数组.playground

```
1   // 定义一个可变数组
2   var array = ["One", "Two", "Three", "Four", "Five"]
3   // 使用下标语法修改 1 个元素
4   array[0] = "Six"
5   print(array)
6   // 使用下标语法修改多个元素
7   array[1...2] = ["Seven"]
8   print(array)
9   // 使用下标语法修改多个元素
10  array[2...3] = ["Eight", "Nine"]
11  print(array)
```

在例 4-15 中，第 2 行代码定义了一个包含 5 个元素的数组，第 4 行代码使用下标语法将索引为 0 的元素修改为 "Six"，第 7 行代码使用下标语法将索引为 1 的元素修改为 "Seven"，第 10 行代码使用下标语法将索引为 2、3 的元素分别修改为 "Eight" 和 "Nine"。值得一提的是，利用下标一次改变一系列的数据值，尽管新数据和原有数据的数量是不一样的。

程序的输出结果如图 4-22 所示。

```
["Six", "Two", "Three", "Four", "Five"]
["Six", "Seven", "Four", "Five"]
["Six", "Seven", "Eight", "Nine"]
```

图 4-22　例 4-15 的输出结果

多学一招：数组的内存分配

如果向数组内追加元素，超过了数组原有的容量，系统会自动分配最合适的容量，以容纳新添加的元素。下面通过一段代码进行验证，如例 4-16 所示。

例 4-16　数组的内存分配.playground

```
1   // 定义一个存放字符串的数组
2   var array : [String]
3   // 分配空间
4   array = [String]()
5   for element in 0..<128 {
6       array.append("张三\(element)")
7       print(array[element] + "--容量 \(array.capacity)")
8   }
```

在例 4-16 中，第 2 行代码定义了一个存放 String 的数组，第 4 行代码通过初始化函数创建了一个空数组，此时数组的容量为 0，第 5～8 行代码通过 for-in 循环添加了 128 个元素到该数组中，并且输出打印新添加的元素和数组容量。程序的输出结果截图如图 4-23 所示。

从图 4-23 中可以看出，起初添加了 1 个元素"张三 0"，数组的容量扩充为 1；添加第 2 个元素"张三 1"时，数组容量此时为 2；添加第 3 个元素"张三 2"时，数组容量扩充为 4。在添加第 32 个元素之前，数组的容量都是按两倍增长的。但是添加第 32 个元素时，容量扩充到 84，从此就不是按两倍增长了。

▽ ▶	▽ ▶	▽ ▶
张三0--容量 1	张三26--容量 32	张三78--容量 84
张三1--容量 2	张三27--容量 32	张三79--容量 84
张三2--容量 4	张三28--容量 32	张三80--容量 84
张三3--容量 4	张三29--容量 32	张三81--容量 84
张三4--容量 8	张三30--容量 32	张三82--容量 84
张三5--容量 8	张三31--容量 32	张三83--容量 84
张三6--容量 8	张三32--容量 84	张三85--容量 169
张三7--容量 8	张三33--容量 84	张三86--容量 169
张三8--容量 16	张三34--容量 84	张三87--容量 169
张三9--容量 16	张三35--容量 84	张三88--容量 169
张三10--容量 16	张三36--容量 84	

图 4-23　例 4-16 的输出结果截图

 多学一招：比较 Swift 和 Objective-C 的数组

（1）在 Objective-C 中有 NSArray 与 NSMutableArray 之分，但是在 Swift 中只有通过 let 和 var 来区分数组是否可变。

（2）Swift 中的数组是类型安全的，所以在某个数据被存入到某个数组之前类型必须明确，假如我们创建了一个 String 类型的数组，那么该数组中就不能添加非 String 的数据类型，这是 Swift 与 Objective-C 的一个很重要的区别。

（3）Swift 数组可以使用加法赋值运算符（+=）或者加法运算符直接添加拥有相同类型的数组。

（4）不管是 Objective-C 还是 Swift，数组的索引都是从 0 开始的，并且通过索引号来获取对应的值。

4.3.3　Set

Set 用来存储相同类型并且没有确定顺序的值。与数组不同的是，Set 里的元素是无序的，并且每个元素都不能重复。Set 类型的基本格式为：

```
Set<Element>
```

在上述语法格式中，Element 表示 Set 中允许存储的类型。和数组不同的是，Set 没有等价的简化形式。接下来，就对如何创建 Set 及 Set 的用法进行详细的讲解。

1. 创建 Set

（1）创建空 Set

通过 Set 的构造函数，可以创建一个特定类型的空 Set，示例代码如下。

```
var letters = Set<Character>()
```

在上述示例代码中，由于构造函数的使用，使得 letters 变量被推断为 Set<Character>类型。

（2）用数组字面量创建 Set

可以使用数组字面量来创建 Set，并且可以使用简化形式写一个或多个值作为 Set 元素。下面的例子创建了一个名为 favariteColors 的 Set 来存储 String 类型的值。

```
var favoriteColors:Set<String> = ["红色","绿色","蓝色"]
```

在上面的例子中，favoriteColors 被声明为 Set<String>类型，所以它只允许存储 String 类

型的值。用于初始化 favoriteColors 的是三个 String 类型值，并且以数组字面量的方式出现。

由于从数组字面量不能推断出 Set 类型，所以 Set 类型必须显式声明。但是，如果数组字面量的所有元素类型相同，则 Set 里元素的类型无需显式写出，可由系统自动推断。示例代码：

```
var favoriteColors:Set = ["红色","绿色","蓝色"]
```

在上述示例中，由于数组字面量中所有元素的类型都相同，所以 Swift 能自动推断出 favoriteColors 的类型是 Set<String>。

2. 访问和修改 Set

通过使用 count 属性，可以获取 Set 中元素的总个数；通过使用 Set 类型的方法，可以对 Set 实现增加、查找、删除的操作。针对这些属性和方法，下面分别进行介绍。

（1）获取 Set 中元素的数量

与数组类似，Set 也是使用 count 属性来获取 Set 中元素的数量的。接下来，通过一个简单的案例来获取元素的数量，如例 4-17 所示。

例 4-17 获取 Set 元素的数量.playground

```
1    var favoriteColors:Set = ["红色","绿色","蓝色"]
2    let count = favoriteColors.count    // 获取元素的个数
3    print("我喜欢的颜色有\(count)种")
```

在例 4-17 中，第 1 行代码定义了一个包含 3 个元素的 Set，第 2 行代码使用 Set 的 count 属性获取了 Set 元素的数量。程序的输出结果如图 4-24 所示。

（2）Set 的增删查操作

Set 常用的增删查操作包括如下几项。

我喜欢的颜色有**3**种

图 4-24 例 4-17 的输出结果

- insert(_:)方法：添加一个新元素。
- remove(_:)方法：删除一个元素，如果该值是 Set 的一个元素则删除该元素并返回被删除的元素值，如果该 Set 不包含该值，则返回 nil。
- removeAll()方法：删除 Set 的所有元素。
- contains(_:)方法：检查 Set 中是否包含一个特定的值，如果包含则返回 true，否则返回 false。

接下来，通过一个案例来演示上面几个方法的使用，代码如例 4-18 所示。

例 4-18 Set 的增删查操作.playground

```
1    var favoriteColors:Set = ["红色","绿色","蓝色"]
2    //1.添加
3    favoriteColors.insert("黄色")
4    print(favoriteColors)
5    //2.删除
6    if let removeGreen = favoriteColors.remove("绿色"){
7        print("我已经不喜欢\(removeGreen)了")
8    } else {
9        print("我从来没喜欢过这个颜色")
10   }
11   //3.检查是否包含某元素
```

```
12    if favoriteColors.contains("黑色"){
13        print("好吧，我还喜欢这个颜色")
14    } else {
15        print("黑色太沉重了，不是我的菜")
16    }
17    //4.删除所有元素
18    favoriteColors.removeAll()
19    print(favoriteColors)
```

在例 4-18 中，第 3 行调用了 insert 方法在 Set 里添加了一个新的元素"黄色"，第 6 行代码调用了 remove 方法将元素"绿色"从 Set 里删除，第 12 行代码检查 Set 里是否包含了元素"黑色"，第 18 行将 Set 里所有的元素移除，只剩下一个空 Set。例 4-17 的输出结果如图 4-25 所示。

（3）遍历 Set

可以使用 for-in 循环来遍历一个 Set 中的所有值，由于 Set 中的元素是无序的，可以先使用 sorted() 方法返回 Set 的有序集合。接下来使用一个案例来演示 Set 的遍历，如例 4-19 所示。

例 4-19   遍历 Set.playground

```
1     import UIKit
2     var favoriteColors:Set = ["red","white","black"]
3     print("-----无序 Set")
4     for color in favoriteColors {
5         print(color)
6     }
7     print("-----有序 Set")
8     for color in favoriteColors.sorted() {
9         print(color)
10    }
```

在例 4-19 中，第 4~6 行代码使用 for-in 循环遍历 favoriteColors 的每一个元素，并输出到控制台。第 8~10 行代码遍历 favoriteColors.sorted() 方法返回的有序 Set 中的每个元素，并输出到控制台。程序的输出结果如图 4-26 所示。

图 4-25　例 4-18 的输出结果　　　　　　图 4-26　例 4-19 的输出结果

从图 4-26 的运行结果可以看出，遍历无序 Set 得到的元素顺序是无序的，而遍历 Set 排序后的集合得到的元素是有序的。

3. Set 之间的操作

可以高效地完成 Set 的一些基本操作，如把两个 Set 组合在一起、判断两个 Set 的共有元素、或者判断两个 Set 是否全包含、部分包含或者不相交。

接下来，通过图来描述了两个 Set（a 和 b），以及通过阴影区域显示的 Set 各种操作的结果，如图 4-27 所示。

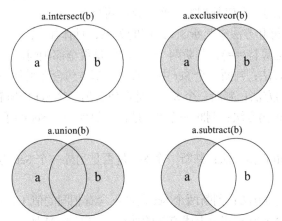

图 4-27 Set 的基本操作

图 4-27 中出现的 4 个方法，实现了它的 4 个基本操作，具体如下。

- intersection (_:)方法：根据两个 Set 中共同包含的值创建一个新的 Set。
- symmetricDifference (_:)方法：根据包含于单个 Set 且不同时包含于两个 Set 中的值创建一个新的 Set。
- union(_:)方法：根据两个 Set 包含的所有值创建一个新的 Set。
- subtracting (_:)方法：根据 a 包含但 b 不包含的值创建一个新的 Set。

接下来，使用一个具体示例介绍在 Swift 中 Set 之间的操作，如例 4-20 所示。

例 4-20　Set 操作.playground

```
1    var a:Set<Int> = [1,2,3,4,5]
2    let b:Set<Int> = [4,5,6,7,8]
3    //1.intersection 方法
4    print("intersection 方法:",a.intersection(b).sorted())
5    //2.symmetricDifference 方法
6    print("symmetricDifference 方法:",a.symmetricDifference(b).sorted())
7    //3.union 方法
8    print("union 方法:",a.union(b).sorted())
9    //4.subtracting 方法
10   print("subtracting 方法:",a.subtracting(b).sorted())
```

在例 4-20 中，第 1～2 行分别定义了两个元素为 Int 类型的 Set 实例 a 和 b，第 4～10 行分别调用 intersection、symmetricDifference、union 和 subtracting 方法对这两个 Set 进行 4 项 Set 操作，并将结果排序后输出。程序的输出结果如图 4-28 所示。

```
intersection方法: [4, 5]
symmetricDifference方法: [1, 2, 3, 6, 7, 8]
union方法: [1, 2, 3, 4, 5, 6, 7, 8]
subtracting方法: [1, 2, 3]
```

图 4-28　例 4-20 的输出结果

4. Set 之间的关系

Set 之间的关系指的是 Set 的元素之间的关系。如果一个 Set 包含了另一个 Set 的所有元素，通常称前一个 Set 为后一个 Set 的父 Set。接下来通过一张图描述 3 个 Set（a、b 和 c）的关系，重叠区域表示 Set 间共享的元素，如图 4-29 所示。

在图 4-29 中，a 是 b 的父 Set，因为 a 包含了 b 中所有的元素，相反的，b 是 a 的子 Set，因为属于 b 的元素也被 a 包含。b 和 c 彼此不关联，因为它们之间没有共同的元素。

如果两个 Set 包含的所有值都相等，通常说这两个 Set 相等。

Swift 提供了操作符和方法来判断 Set 之间的关系，具体如下。

- "是否相等" 运算符(==)：判断两个 Set 的值是否全部相同。
- isSubset(of _:)方法：判断一个 Set 中的值是否都被包含在另外一个 Set 中。
- isSuperset(of _:)方法：判断一个 Set 中是否包含另一个 Set 中所有的值。
- isStrictSubset(of _:)方法：判断一个 Set 是否是另外一个 Set 的子集合，并且两个 Set 不相等。
- isStrictSuperset(of _:)方法：判断一个 Set 是否是另外一个 Set 的父集合，并且两个 Set 并不相等。
- isDisjoint(with _:)方法：判断两个 Set 是否不含有相同的值（是否没有交集）。

接下来，使用一个案例来演示上述方法的使用，如例 4-21 所示。

例 4-21 Set 的关系.playground

```
1    let a:Set<Int> = [1,2,3,4,5]
2    let b:Set<Int> = [1,2]
3    let c:Set<Int> = [4,5,6,7,8]
4    let d:Set<Int> = [1,2]
5    print("b 是 a 的子集",b.isSubset(of: a))
6    print("a 是 b 的父集",a.isSuperset(of: b))
7    print("b 和 c 没有交集",b.isDisjoint(with: c))
8    print("b 和 d 相等",b == d)
```

在例 4-21 中，第 1~4 行定义了 4 个 Set 的实例，每个实例都包含了若干元素。第 5~7 行通过 3 个方法判断 a、b 和 c 之间的关系。第 8 行代码通过相等运算符判断 b 和 d 是否相等。

程序的输出结果如图 4-30 所示。

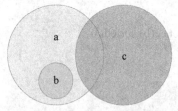

图 4-29 集合（Set）的关系

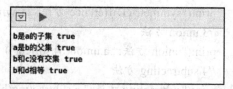

图 4-30 例 4-21 的输出结果

从图 4-30 的运行结果可知，使用这些方法和操作符准确地判断出了这几个 Set 之间的关系。

4.3.4 字典（Dictionary）

字典是一种存储相同类型多重数据的存储器，每个值都关联着独特的键，这个键就是该字典中值数据的标识符。与数组不同的是，字典中的数据并没有具体的顺序，而且通过键标识符来访问数据，类似于现实中使用字典查看字义。接下来，针对字典的定义和常见操作进行详细讲解，具体如下。

1. 字典的定义

同数组类似，字典也可以使用字面语句来构造字典，通过一个简单的语句来定义拥有一个或者多个键值对的字典集合，基本格式如下。

```
let/var 名称: Dictionary = [key 1: value 1, key 2: value 2, key 3: value 3]
```

在上述格式中，一个键值对是一个 key 和一个 value 的结合体，键和值之间以冒号分隔，这些键值对构成了一个列表，由方括号包含并以逗号分隔，下面是一个示例代码。

```
var airports : Dictionary<String, String> = ["TYO": "Tokyo", "DUB" : "Dublin"]
```

在上述代码中，airports 被定义为 Dictionary<String, String>类型，这就意味着这个字典的键和值都只能是 String 类型。

2. 字典的增加与替换

字典中使用键来访问该键所对应的值，格式为"字典名[key]"，如果该字典中存在此 key，则会覆盖其原来对应的值；反之则会增加一个键值对。接下来，通过一个案例来增加和修改字典的内容，如例 4-22 所示。

例 4-22　字典的增加和替换.playground

```
1    import UIKit
2    var dict = ["name":"zhangsan", "age":18, "height":170]
3    dict["name"] = "xiaohua"  // 将 name 对应的值进行修改
4    dict["gender"] = "Girl"      // 增加一个键为 gender 的键值对
5    print(dict)
```

在例 4-22 中，第 2 行代码定义了一个包含 3 个键值对的字典。由于该字典中存在 name 这个键，因此第 3 行代码将 name 对应的值改为"xiaohua"，由于该字典中不存在 gender 这个键，因此第 4 行代码使字典增加了一个键为 gender、值为"Girl"的键值对。程序的输出结果如图 4-31 所示。

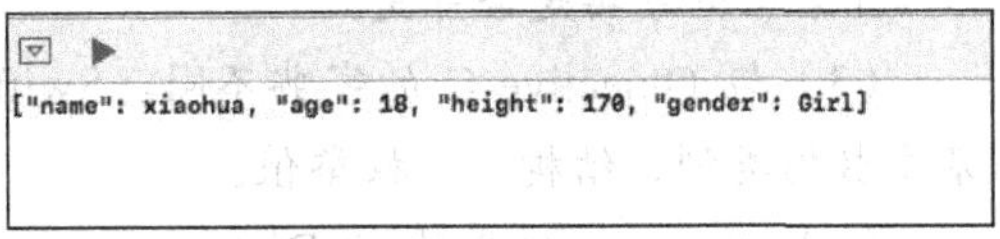

```
["name": xiaohua, "age": 18, "height": 170, "gender": Girl]
```

图 4-31　例 4-22 的输出结果

3. 字典的遍历

Dictionary 同样可以使用 for-in 循环来遍历其内部的每一个元素。接下来，通过一个案例来遍历字典的内容，如例 4-23 所示。

例 4-23　字典的遍历.playground

```
1    import UIKit
2    var dict = ["name":"zhangsan", "age":18, "height":170]
3    for (k,v) in dict {// 遍历字典
4        print("\(k)---\(v)")
5    }
```

在例 4-23 中，第 2 行代码定义了一个包含 3 个键值对的字典，接着使用 for-in 循环遍历了这个字典，for 后面跟着一个小括号括起来的两个值，k 表示 key，v 则表示 value。程序的输出结果如图 4-32 所示。

4. 字典的合并

合并字典与设置内容的时候一样，如果 key 存在，那么 value 会覆盖之前的值；如果 key 不存在，则会新增一个键值对。接下来，通过一个案例来实现两个字典的合并，如例 4-24 所示。

例 4-24　字典的合并.playground

```
1    import UIKit
2    var dict = ["name" : "小花", "age" : 18]
3    let dict2 = ["title" · "老大", "name" : "小草"]
```

```
4      // 将 dict2 的内容合并到 dict 中
5      for (k, v) in dict2 {
6          dict[k] = v
7      }
8      print(dict)
```

在例 4-24 中，第 2~3 行代码定义了两个均包含两个键值对的字典，其中 dict 是一个可变的字典，第 5~7 行代码使用 for-in 循环遍历了 dict2 的内容，并且将每次遍历的结果增加到 dict 里面。值得一提的是，如果合并的过程中 dict2 和 dict 出现了相同的键，则 dict 中的旧值会被 dict2 的新值覆盖。

程序的输出结果如图 4-33 所示。

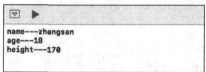
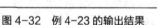
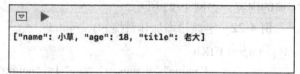

图 4-32　例 4-23 的输出结果　　　　　　图 4-33　例 4-24 的输出结果

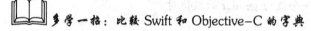 **多学一招：比较 Swift 和 Objective-C 的字典**

（1）Objective-C 中使用 '{ }' 来定义一个字典，而 Swift 中仍然使用 '[ ]' 来定义。

（2）在 Objective-C 中有 NSDictionary 与 NSMutableDictionary 之分，Swift 中也是通过 let 和 var 来区分字典是否可变。

（3）与 Objective-C 的字典不同，Swift 的字典不仅可以存储对象类型的值，还可以存储基本数据类型、结构体、枚举值。

（4）Objective-C 中的 NSDictionary 是一个继承自 NSObject 基类的对象，而 Swift 中的字典是一个结构体。

4.4　本章小结

本章首先介绍了字符的内容，接着介绍了字符串的初始化和使用，最后介绍了数组、Set 和字典的内容，包括数组、Set 和字典的创建和使用。通过本章的学习，一定要掌握字符串和集合的操作技巧，能够灵活地运用它们。

4.5　本章习题

一、填空题

1. 有序的字符类型的值的集合叫做_____。

2. _____是字符串的基本组成单位。

3. 在 Swift 中，字符使用_____类型表示。

4. 字符串类型在 Swift 中使用_____表示。

5. 用键值对的形式无序存储相同类型的数据的集合类型是_____，用_____表示。

6. 集合类型_____用于按照顺序存储相同类型的数据，用_____表示。

7. 字典的每个元素都有一个_____和一个_____组成。

二、判断题

1. 用双引号包裹字符串，用单引号包裹字符。（　　　）

2. 表达式 let a = "A"定义了一个字符类型的常量 a。（　　　）

3. 只有 var 定义的字符串可以修改。（　　　）

4. 集合（Set）用于无序存储不同类型的数据。（　　　）

5. 数组只能存储基本数据类型，不能存储引用数据类型。（　　　）

6. 在定义 Set 变量时，从数组字面量不能推断出 Set 类型，所以必须显示声明 Set 类型。（　　　）

7. 使用 var 修饰的字典是可变类型的，而使用 let 修饰的字典是不可变类型的。（　　　）

8. 与 Objective-C 中的字典一样，Swift 的字典只能存储对象类型的值。（　　　）

9. Swift 中的字典是一个结构体。（　　　）

10. 可以使用加号"+"拼接字符串。（　　　）

三、选择题

1. 以下选项中，哪个不是合法的字符？（　　　）

　　A. "A"　　　　　　B. "我"　　　　　　C. "#"　　　　　　D. 5

2. 以下选项中，哪个是回车的转义字符？（　　　）

　　A. \t　　　　　　B. \r　　　　　　C. \n　　　　　　D. \\

3. 以下代码的执行结果是（　　　）。

```
import UIKit
let string = "SwiftIsGood!"
let subString = (string as NSString).substring(with: NSMakeRange(1, 3));
print(subString)
```

　　A. wif　　　　　　B. Swi　　　　　　C. Swift　　　　　　D. Swif

4. 以下哪一个不是集合类型？（　　　）

　　A. 数组　　　　　　B. 字典　　　　　　C. 元组　　　　　　D. Set

5. 以下代码的输出结果是（　　　）。

```
var array = [String]()
for element in 0..<5 {
    array.append("element\(element)")
}
print(array.capacity)
```

　　A. 2　　　　　　B. 4　　　　　　C. 5　　　　　　D. 8

6. 对于数组 var array=[1,2,3,4,5]，以下哪一项是 array[3]的值？（　　　）

　　A. 2　　　　　　B. 3　　　　　　C. 4　　　　　　D. 5

7. 如果要存储一组不许重复，而且没有顺序的值，应该用哪个数据类型？（　　　）

　　A. 数组　　　　　　B. Set　　　　　　C. 字典　　　　　　D. 元组

8. 以下代码的输出结果为（　　　）。

```
let a:Set<Int> = [2,3,4,5,6]
let b:Set<Int> = [5,6,7,8,9]
print(a.intersection(b).sorted())
```

A. [5,6]　　　　　　　　　　　　　B. [2,3,4,5,6,7,8,9]

C. [2,3,4]　　　　　　　　　　　　D. [7,8,9]

9. 以下代码的输出结果错误的是（　　　）。

```
var dict = ["name":"zhangsan","age":"18","height":"170"]
dict["name"] = "xiaohua"
dict["gender"] = "Girl"
print(dict)
```

A. "height": "170"　　　　　　　　　B. "age": "18"

C. "gender": "Girl"　　　　　　　　　D. "name": "zhangsan"

10. 如下所示的两个字符串常量 str1 和 str2，使用哪个操作符比较，结果为 true？（　　　）

```
let str1 = ""
let str2 = String()
```

A. ==　　　　　　B. !=　　　　　　C. ===　　　　　　D. !==

四、程序分析题

阅读下面的程序，分析代码是否能够编译通过。如果能编译通过，请列出运行的结果，否则请说明编译失败的原因。

1. 代码一

```
import UIKit
let string = "Hello 传智播客"
let len1 = string.lengthOfBytes(using: String.Encoding.utf8)
print(len1)
let len2 = string.characters.count
print(len2)
```

2. 代码二

```
var array = ["zhangsan","lisi"]
array.append("wangwu")
array.append(15)
for element in array{
    print(element)
}
```

3. 代码三

```
var favoriteColors:Set = ["红色","绿色","蓝色"]
favoriteColors.insert("黄色")
if let removeGreen = favoriteColors.remove("绿色"){
    print(favoriteColors.count)
} else {
    print(favoriteColors.count)
```

```
}
if favoriteColors.contains("黑色"){
    print(favoriteColors.count)
} else {
    print(favoriteColors.count)
}
favoriteColors.removeAll()
print(favoriteColors.count)
```

4. 代码四

```
var dict1 = ["name" : "zhangsan", "age" : "18"]
let dict2 = ["name" : "lisi", "title" : "老大"]
for (k, v) in dict2 {
    dict1[k] = v
}
print(dict1)
```

五、简答题

1. 请简述 String 和 NSString 的区别。

2. 请简述 Array、Set 和 Dictionary 有什么区别。

六、编程题

请按照题目要求编写程序并给出运行结果。

1. 创建一个字符串数组，添加 10 个元素，然后遍历每个元素并将元素值输出。

提示：

（1）可以创建空字符串，然后使用 append 方法添加元素，也可以使用字符串字面量直接创建数组；

（2）使用 for-in 循环遍历数组的元素。

2. 创建一个整型的 Set，并随机添加 10 个数字，然后将 Set 中的元素按顺序打印出来。

提示：

（1）使用 arc4random_uniform(a)函数得到比 a 小的随机整数；

（2）使用 insert 方法将元素添加到 Set 中。

3. 创建一个字典，往里添加 5 位学员的学号和姓名，然后将这些键值对打印出来。

提示：五位学员的学号分别是从 1 ~ 5，姓名分别是 Lucy、John、Smith、Aimee、Amanda。

PART 5

第 5 章
函数、闭包和枚举

● 掌握函数的定义和使用
● 掌握闭包的定义和使用
● 掌握枚举的定义，会使用 switch 语句匹配枚举

大家都学过 C 语言，想必对函数和枚举这两个概念非常熟悉。函数是用来完成特定任务的独立的代码块，使用一个合适的名字标识，当要执行的时候使用这个名字调用即可。枚举为一组相关的值定义了一个共同的类型，能够在代码中以类型安全的方式使用。闭包与 C 语言的代码块非常相似。本章将针对函数、闭包和枚举的相关内容进行详细介绍。

5.1 函数

实际生活中解决问题的时候，经常会把一个大的任务分解成多个小任务，由多人分工协作完成。同样的道理，当面对程序的成千上万行代码的时候，一般会将它分解为若干个程序模块，每个模块用来实现一个特定的功能，这个小模块就相当于一个函数。

函数是执行特定任务的一段代码，并指定了一个函数名，在需要的时候可以多次调用这个代码。因此，函数是代码复用的重要手段。本节将针对函数的相关内容进行详细介绍。

5.1.1 函数的定义和调用

要想使用函数，必须先定义后再调用。Swift 中使用 func 关键字来定义函数，每一个函数都有一个函数名，用于描述函数要执行的任务，有的函数也包括参数或者返回值。下面是一个函数的基本格式，具体如下。

```
func 函数名(参数名 1：参数类型，参数名 2：参数类型...) ->返回值类型 {
    函数体...
    return 返回值
}
```

为了让大家更好地理解函数的组成部分，接下来对上面的基本格式进行简要地说明，具体如下。

● func：表示函数的关键字。

- 函数名：表示函数的名称，用来简要地描述该函数的功能。
- 参数名：用于接收调用函数时传入的数据。
- 参数类型：用于限定调用函数时传入参数的数据类型。
- 返回值类型：用于限定函数返回值的数据类型。

值得一提的是，小括号内部表示参数列表，可以传入多个参数。如果返回值类型不为空，花括号内部一定要有 return 关键字对应。下面定义一个计算两个数的和的函数，示例代码如下。

```
func sum(x : Int, y : Int) -> Int {
    return x + y
}
```

在上述示例中，定义了一个用于计算和的 sum 函数，该函数需要传递两个 Int 类型的参数 x 和 y，而且需要返回一个 Int 类型的结果。在花括号的内部有一个对应的 return 关键字，它返回了 x 和 y 相加的结果。

函数定义完成之后，就可以调用函数来完成任务了。调用函数的格式比较简单，直接使用函数名跟上一个小括号。如果需要传递参数，就将参数的值跟到括号内参数名的后面就行。下面是调用函数的基本格式。

```
函数名(参数名 1：值 1，参数名 2：值 2…)
```

在上述格式中，参数名与值是一一对应的，而且是以冒号分隔的。如果函数无需传递参数，小括号是不能省略的。接下来，调用上面定义的 sum 函数，示例代码如下。

```
sum(x: 10, y: 20)
```

在上述示例中，调用了 sum 函数来计算两个数的和，并且传递了 10 和 20 两个参数值。接下来，将上述代码使用 print 函数打印输出，验证是否成功实现了求和的功能，示例代码如下。

```
print(sum(x: 10, y: 20))
```

程序的输出结果如图 5-1 所示。

图 5-1　程序的运行结果

5.1.2　函数的参数和返回值

在 Swift 中，函数的参数与返回值使用极其灵活，能够定义任何类型的函数，包括无参函数、多参数函数、无返回值函数、多返回值函数，囊括了从没有参数的简单函数到带有表达性参数名的复杂函数的所有情况。接下来，针对这 4 种情况进行详细介绍。

1.无参函数

没有参数的函数比较简单，它仅仅需要使用函数名称调用，并且在函数名的后面跟上一对小括号。接下来，通过一个案例来演示无参函数的定义和使用，如例 5-1 所示。

例 5-1　无参函数.playground

```
1    func sayHelloWorld() -> String {
2        return "Hello, World！"
```

```
3    }
4    print(sayHelloWorld())
```

在例 5-1 中，第 1~3 行代码定义了一个名称为 sayHelloWorld 的函数，该函数无需传入任何参数。当该函数被调用的时候，会返回一个固定的字符串"Hello, World!"。程序的输出结果如图 5-2 所示。

值得一提的是，尽管这个函数没有参数，但是在定义和调用函数时，函数名后面的圆括号是不能省略的。

2. 多参数函数

函数的参数列表中也可以输入 1 个或者多个参数，这些参数被包裹在函数名后面的括号中，并且以逗号分隔。下面定义一个包含两个参数的函数，用于判断某个人是否打过招呼，并且根据不同的情况返回合适的问候语，如例 5-2 所示。

例 5-2 多参函数.playground

```
1    func sayHello(name : String, alreadyGreeted: Bool) -> String{
2        if alreadyGreeted {
3            return "Hello again, \(name)"
4        }else{
5            return "Hello, \(name)"
6        }
7    }
8    print(sayHello(name: "Tom", alreadyGreeted:true))
```

在例 5-2 中，sayHello 函数需要传递一个 String 类型和一个 Bool 类型的参数值。值得一提的是，调用超过一个参数的函数时，每个参数都会根据其对应的参数名称标记。程序的输出结果如图 5-3 所示。

图 5-2 例 5-1 的输出结果　　　　　　图 5-3 例 5-2 的输出结果

3. 无返回值函数

函数可以没有返回值，也就是说返回值类型为 Void。无返回值函数的格式比较随意，可以在箭头后面跟着 Void 或者小括号，也可以直接省略箭头及其后面的内容。接下来，通过一个案例来演示无返回值函数的定义和调用，如例 5-3 所示。

例 5-3 无返回值函数.playground

```
1    func test1() {
2        print("哈哈")
3    }
4    func test2() -> Void {
5        print("呵呵")
6    }
7    func test3() -> () {
```

```
8        print("嘻嘻")
9    }
10   test1()
11   test2()
12   test3()
```

在例 5-3 中，使用 3 种格式定义了 3 个无参数无返回值的函数。其中，第 2 个函数是正规的写法，直接将返回值类型写成 Void；第 3 个函数将返回值类型使用小括号代替；第 1 个函数省略了箭头及其后面的类型。第 10～12 行代码分别调用了这 3 个函数，程序的输出结果如图 5-4 所示。

4. 多返回值函数

使用元组类型作为函数的返回值，可以让多个值作为一个复合值返回。下面定义了一个多返回值的函数，用于返回一个字符串中元音和辅音字母的数量，如例 5-4 所示。

例 5-4　多返回值函数.playground

```
1    func count(string : String) -> (vowels : Int, consonants : Int, others: Int) {
2        var vowels = 0, consonants = 0, others = 0
3        for character in string.characters{
4            switch String(character).lowercased() {
5            case "a", "e", "i", "o", "u":  // 元音
6                vowels += 1
7            case "b", "c", "d", "f", "g", "h", "j", "k", "l", "m", "n",
8            "p", "q", "r", "s", "t", "v", "w", "x", "y", "z": // 辅音
9                consonants += 1
10           default:
11               others += 1
12           }
13       }
14       return (vowels, consonants, others)
15   }
16   let total = count(string: "welcome to itcast")
17   print("\(total.vowels) 个元音字母和 \(total.consonants) 个辅音字母")
```

在例 5-4 中，第 1~15 行代码定义了一个 count 函数，该函数需要传递 1 个字符串。通过使用该函数，可以对任意字符串进行字符统计，以检索该字符串中特定字符的个数。其中，第 3 行代码使用 for-in 循环遍历了字符串的所有字符，第 4~12 行代码使用 switch 语句来筛选，通过比较字符来统计元音、辅音和其他字母的个数，第 14 行代码使用 return 关键字返回了一个元组。程序的输出结果如图 5-5 所示。

图 5-4　例 5-3 的输出结果　　　　　　　　　图 5-5　例 5-4 的输出结果

需要注意的是，元组的成员不需要在元组从函数中返回时命名，因为它们的名字已经在

函数返回类型中指定了。

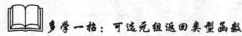 多学一招：可选元组返回类型函数

如果函数返回的元组类型可能整个元组都没有值，那就可以使用可选的元组返回类型来反映元组是 nil 的事实，通过在元组类型的右括号后面放置一个问号来定义一个可选元组，如（Int，Int）？。接下来，通过一个案例来定义一个可选元组返回类型的函数并且使用它，如例 5-5 所示。

例 5-5　可选元组返回类型的函数.playground

```
1    func minMax(array: [Int]) -> (min: Int, max: Int)? {
2        if array.isEmpty { return nil }
3        // 定义两个变量，用于记录最大值和最小值
4        var currentMin = array[0]
5        var currentMax = array[0]
6        for value in array[1..<array.count] {
7          if value < currentMin {
8            currentMin = value
9          } else if value > currentMax {
10           currentMax = value
11         }
12       }
13       return (currentMin, currentMax)
14   }
15   if let bounds = minMax(array: [8, -6, 2, 109, 3, 71]) {
16       print("min is \(bounds.min) and max is \(bounds.max)")
17   }
```

在例 5-5 中，第 1 ~ 14 行代码定义了一个 minMax 函数，用于记录某个数组的最大值和最小值。该函数返回一个包含两个 Int 值的元组。其中，第 2 行代码处理了数组为空的情况，第 6 ~ 12 行代码使用 for-in 循环遍历 array 中除索引 0 以外的所有元素，如果元素的值比 currentMin 要小，将该元素的值赋给 currentMin；如果比 currentMax 的值要大，则赋值给 currentMax。第 15 行代码使用 bounds 接收了调用 minMax 函数的结果，第 16 行代码访问了元组的 min 和 max 两个成员值并且打印输出。使用可选绑定来检查该函数返回的是一个实际的元组值还是 nil，程序的输出结果如图 5-6 所示。

min is -6 and max is 109

图 5-6　例 5-5 的输出结果

注意：

返回值是可以被忽略的，有时不会被用到。但是定义了有返回值的函数必须返回一个值，如果在函数定义底部没有返回任何值，将导致编译错误。

5.1.3　局部参数名和外部参数名

对于有参函数而言，它们都有一个局部参数名和一个外部参数名。局部参数名就是定义函数时参数列表中的名称，在函数的实现内部使用。外部参数名就是在局部参数名称的前面

指定的名称，在函数调用时标注传递给函数的参数使用。接下来，针对这两个参数名称的使用进行详细介绍。

1. 局部参数名

前面介绍的函数都为其参数定义了参数名，但是这些参数名只能在函数本身的主体中使用，无法在调用函数时使用，这种参数类型名称称为局部参数名，示例代码如下。

```
1    func someFunction(firstParameterName: Int, secondParameterName: Int) {
2        // 函数体
3    }
4    someFunction(firstParameterName: 1, secondParameterName: 2)
```

在上述代码中，第 4 行代码调用 someFunction 函数时，第 1 个和第 2 个参数均使用其局部参数名作为外部参数名使用。

值得一提的是，所有参数必须有独一无二的局部参数名，尽管多个参数可以有相同的外部参数名，但不同的外部参数名会让代码更有可读性。

2. 外部参数名

所谓外部参数名，是指在参数名的前面再增加一个参数名。如果为参数指定了外部形参名，调用的时候就必须显式地使用，下面是带有外部参数名的基本格式。

```
func 函数名(外部参数名 1 参数名 1：参数类型，外部参数名 2 参数名 2：参数类型...) ->
返回值类型 {
    函数体...
    return 返回值
}
```

在上述格式中，一个参数包含有 2 个名字，这样就方便调用函数的程序员，更加明确每个参数的意义，使上下文更加清晰，示例代码如下。

```
1    func compare(num1 x : Int, num2 y : Int) -> Int {
2        return x > y ? x : y
3    }
```

当调用 compare 函数时，Xcode 会出现智能提示，如图 5-7 所示。

图 5-7　调用 compare 函数的智能提示

从图 5-7 中可以看出，函数使用外部参数名进行智能提示，程序员明了地知道，第 1 个参数和第 2 个参数就是两个 Int 类型的数值。调用上面例子中的 compare 函数并传入参数，示例代码如下。

```
compare(num1: 10, num2: 20)
```

程序的输出结果如图 5-8 所示。

图 5-8　程序的输出结果

5.1.4　函数参数的其他用法

关于函数的参数还有其他的用法，包括定义一个默认的参数值、指定可变参数和 In-Out 参数，下面进行详细的介绍。

1.默认参数值

给参数定义一个默认值作为函数定义的一部分，如果已经定义了默认值，调用该函数时就能够省略这个参数，示例代码如下。

```
1    func sayHi(message : String, name : String = "小明") {
2        print("\(name), \(message)")
3    }
```

在上述代码中，参数列表的末尾是 name 参数，其被赋了一个默认值"小明"。调用该函数，示例代码如下。

```
sayHi(message: "欢迎来到 itcast")
```

值得一提的是，函数参数列表的末尾放置带默认值的形参，这就确保了所有函数调用都使用顺序相同的无默认值参数。运行程序，程序的输出结果如图 5-9 所示。

从图 5-9 的输出结果中可以看出，程序输出时 name 使用了默认的值，假设调用该函数时传入 name 参数，示例代码如下。

```
sayHi(message: "欢迎来到 itcast", name: "小芳")
```

程序的输出结果如图 5-10 所示。

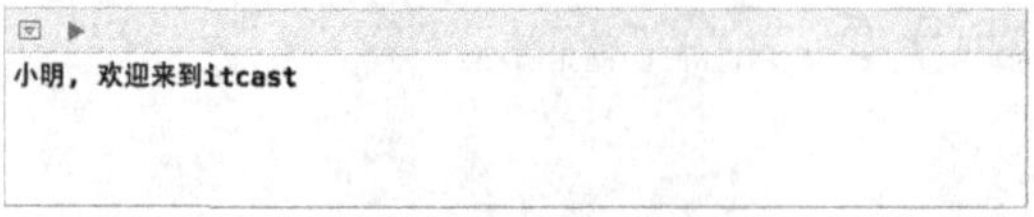

图 5-9　程序的输出结果

图 5-10　程序的输出结果

从图 5-10 的输出结果中可以看出，程序输出时使用的是传入的参数。需要注意的是，name 参数可以在外部使用，这是因为 Swift 中带有默认值的参数是有外部参数名的，如果要忽略的话，将 name 改成下划线即可。

2.可变参数

一个可变参数可以接受零个或者多个指定类型的值。函数调用时，使用可变参数来指定函数参数可以被传入不确定数量的输入值，通过在变量类型名后面加入 '...' 的方式来定义可变参数。下面是一个示例代码，如例 5-6 所示。

例 5-6　可变参数.playground

```
1    // 计算平均数
2    func arithmeticMean(numbers: Double...) -> Double {
3        var total: Double = 0
4        for number in numbers {
5            total += number
6        }
7        return total / Double(numbers.count)
8    }
9    print(arithmeticMean(numbers: 1, 2, 3, 4, 5))
10   print(arithmeticMean(numbers: 3, 8.25, 18.75))
```

在例 5-6 中，第 2 行代码定义了一个叫做 numbers 的 Double...类型的可变参数，第 9～10 行代码调用 arithmeticMean 函数时传入了一组 Double 类型的数值，这表示可变参数的传入值在函数体中变为此类型的一个数组。程序的输出结果如图 5-11 所示。

图 5-11　例 5-6 的输出结果

需要注意的是，一个函数最多只能有一个可变参数。如果函数有一个或多个带默认值的参数，而且还有一个可变参数，那么可变参数应该位于参数列表的末尾。

3.In-Out（输入输出）参数

一般参数仅仅是在函数内可以改变的，当这个函数执行完后变量就会被销毁，如果想要通过一个函数可以修改参数的值，并且让这些修改在函数调用结束后仍然存在，这时可以将这个参数定义为输入输出参数即可。定义一个输入输出函数时，只要在参数类型前面加上 inout 关键字即可，示例代码如下。

```
1    func swapTwoInts(a: inout Int, b: inout Int) {
2        let temporaryA = a
3        a = b
4        b = temporaryA
5    }
```

在上述代码中，swapTwoInts 函数用于实现简单地交换 a 与 b 的值。调用该函数，代码如下。

```
1    var someInt = 3
2    var anotherInt = 107
3    swapTwoInts(a: &someInt, b: &anotherInt)
4    print("someInt is now \(someInt), and anotherInt is now \(anotherInt)")
```

在上述代码中，第 3 行代码调用了 swapTwoInts 函数，传入了 someInt 和 anotherInt 两个参数，并且在参数的前面加上了&前缀。程序的输出结果如图 5-12 所示。

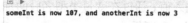
```
someInt is now 107, and anotherInt is now 3
```

图 5-12　程序的输出结果

从图 5-12 的输出结果中可以看出，someInt 和 anotherInt 的值发生了交换，这表示这两个参数的值在函数体中被修改，尽管它们定义在函数体外。需要注意的是，输入输出参数和返回值是不一样的，上面的 swapTwoInts 函数并没有定义任何返回值，但仍然修改了 someInt 和 anotherInt 的值，这表明输入输出参数是一个函数的另一个影响函数体范围之外的方式。

注意：
inout 修饰的参数是不能有默认值的，也不能是有范围的参数集合，另外，一个参数一旦被 inout 修饰，就不能再被 let 修饰了。

5.1.5　嵌套函数

前面定义的函数都是全局函数，它们定义在全局作用域中，除此之外，还可以把函数定义在其他函数体中，称为嵌套函数。默认情况下，嵌套函数是对外界不可见的，但是可以被其外围函数所调用，下面是一个嵌套函数的案例，如例 5-7 所示。

例 5-7　嵌套函数.playground

```
1    func calculate(opr : String) -> (Int, Int) -> Int {
2        // 定义加法函数
3        func add(a : Int, b : Int) -> Int {
4            return a + b
5        }
6        // 定义减法函数
7        func sub(a : Int, b : Int) -> Int {
8            return a - b
9        }
10       // 定义一个局部变量
11       var result : (Int, Int) -> Int
12       switch (opr) {
13       case "+" :
14           result = add
15       case "-" :
16           result = sub
17       default :
18           result = add
19       }
20       return result
```

```
21    }
22    let f1:(Int, Int) -> Int = calculate(opr: "+")
23    print("10 + 5 = \(f1(10, 5))")
24    let f2:(Int, Int) -> Int = calculate(opr: "-")
25    print("10 - 5 = \(f2(10, 5))")
```

在例 5-7 中，第 1～21 行代码定义 calculate 函数，用于根据运算符来进行数学运算，该函数有一个 opr 参数，并且返回值类型是(Int, Int) -> Int 类型。第 3～9 行代码定义了两个嵌套函数，分别用于加法运算和减法运算。第 12～19 行

代码使用 switch 语句进行判断，若 opr 为 "+" 或者其他，result 表示加法计算；若 opr 为 "–"，result 表示减法计算。程序的输出结果如图 5-13 所示。

```
10 + 5 = 15
10 - 5 = 5
```

图 5-13　例 5-7 的输出结果

5.2　闭包

前面介绍了全局函数和嵌套函数，它们就是特殊的闭包。闭包是一个功能性自包含模块，可以在代码中被当作参数传递或者直接使用，它类似于 C、Objective-C 语言中的 block 或其他一些语言中的匿名函数。本节将针对闭包的内容进行详细的介绍。

5.2.1　闭包的概念和定义

一段程序代码通常由常量、变量和表达式组成，之后使用一对花括号 "{ }" 来表示闭合并包裹着这些代码，由这对花括号包裹着的代码块就是一个闭包。闭包的表达式语法的一般形式为：

```
{
    ( 参数名 1：参数类型，参数名 2：参数类型… ) -> 返回值类型  in
    闭包函数体
    return  返回值
}
```

在上述的语法格式中，闭包是可以定义参数和返回值，其中，参数类型可以是常量、inout 类型参数、可变参数、元组类型，但是不能在闭包参数中设置默认值，而且定义返回值与函数返回值的规则相同。in 关键字表示闭包的参数和返回值类型定义已经完成，这些参数和返回值将在下面的函数体中得到处理。下面是一个闭包的示例代码。

```
1    let sumFunc = {
2        (x : Int, y : Int) -> Int
3        in
4        return x + y
5    }
6    print(sumFunc(10,20))
```

上述代码中，第 6 行代码调用了闭包 sumFunc。需要注意的是，与调用函数不同，在调用闭包时，闭包参数并不会出现外部参数名。

程序的输出结果如图 5-14 所示。

如果一个闭包没有参数和返回值，那么基本格式中的参数列表、返回值、in 都可以省略掉，这就是最简单的闭包，示例代码如下。

图 5-14　程序的输出结果

```
1    let simpleFunc = {
2        print("这是最简单的闭包")
3    }
```

5.2.2　使用尾随闭包

在 Swift 开发中，尾随闭包是一个书写在函数括号之后的闭包表达式，函数支持将其作为最后一个参数调用，下面是一个示例代码。

```
1    func calculate(opr: String, funN: (Int, Int) -> Int) {
2        switch(opr) {
3        case "+":
4            print("10 + 5 = \(funN(10, 5))")
5        default:
6            print("10 - 5 = \(funN(10, 5))")
7        }
8    }
```

在上述代码中，calculate 函数需要传入两个值，最后一个参数 funN 是(Int, Int) -> Int 函数类型，该参数可以接收闭包表达式。调用 calculate 函数，示例代码如下。

```
1    calculate(opr: "+", funN: {(a:Int, b:Int) -> Int in return a + b})
2    calculate(opr: "-"){(a:Int, b:Int) -> Int in return a - b}
```

在上述代码中，第 1 行代码传入的 funN 参数比较长，为此，可以通过第 2 行代码的调用方式，将小括号提前到闭包表达式前面，闭包表达式位于括号的外面，这种形式就是尾随闭包。程序的输出结果如图 5-15 所示。

```
10 + 5 = 15
10 - 5 = 5
```

图 5-15　程序的输出结果

注意:

要使用尾随闭包，则闭包必须是参数列表的最后一个参数，如果不是最后一个的话，是无法使用尾随闭包写法的。

5.2.3　使用闭包表达式

Swift 中闭包的表达式相当灵活，针对某些情况，它提供了多种闭包的简化写法，下面介绍一下这几种不同的形式。

1. 根据上下文推断类型

类型推断是 Swift 的强项，Swift 可以根据上下文环境推断出参数类型和返回值类型，下面是一个标准形式的闭包，代码如下。

```
{(a : Int, b : Int) -> Int in
    return a + b
}
```

值得一提的是，Swift 能够推断出参数 a 和 b 都是 Int 类型的，返回值也是 Int 类型的。上面代码的简化形式如下。

```
{a, b in return a + b}
```

接下来，使用这种简化形式，编写一个示例代码，具体如下。

```
1   func calculate(opr : String) -> (Int, Int) -> Int {
2       var result : (Int, Int) -> Int
3       switch(opr) {
4       case "+" :
5           result = {a, b in return a + b}
6       default:
7           result = {a, b in return a - b}
8       }
9       return result
10  }
```

在上述代码中，calculate 函数用于加法或者减法运算。其中，第 5 行和第 7 行代码是闭包的简化形式。调用该函数，代码如下。

```
1   let f1:(Int, Int) -> Int = calculate(opr: "+")
2   print("10 + 5 = \(f1(10, 5))")
3   let f2:(Int, Int) -> Int = calculate(opr: "-")
4   print("10 - 5 = \(f2(10, 5))")
```

程序的输出结果如图 5-16 所示。

2. 单行闭包表达式可以省略 return 关键字

如果在闭包内部的语句组中仅仅只有一条语句，如 return a + b 等，那么这种语句就是返回语句，前面的关键字 return 是可以省略的，省略后的代码形式如下所示。

图 5-16　程序的输出结果

```
{a, b in a + b}
```

接下来，使用这种简化形式，修改上面的示例代码，代码如下。

```
1   func calculate(opr : String) -> (Int, Int) -> Int {
2       var result : (Int, Int) -> Int
3       switch(opr) {
4       case "+" :
5           result = {a, b in a + b}
6       default:
```

```
7          result = {a, b in a - b}
8      }
9      return result
10  }
11  let f1:(Int, Int) -> Int = calculate(opr: "+")
12  print("10 + 5 = \(f1(10, 5))")
13  let f2:(Int, Int) -> Int = calculate(opr: "-")
14  print("10 - 5 = \(f2(10, 5))")
```

在上述代码中，第 5 行和第 7 行的闭包省略了 return 关键字。值得一提的是，省略的前提是闭包中只有一条 return 语句，如果有多条语句是不允许的。程序的输出结果如图 5-17 所示。

```
10 + 5 = 15
10 - 5 = 5
```

图 5-17　程序的输出结果

3. 参数名称缩写

前面的闭包已经变得很简洁了，不过还可以继续进行简化，Swift 提供了参数名称缩写功能。用$0、$1、$2 来表示调用闭包中参数，$0 指代第 1 个参数，$1 指代第 2 个参数，以此类推，$n 指代第 n+1 个参数，参数名称缩写后如下所示。

```
{$0 + $1}
```

除此之外，还可以省略参数列表的定义，这是因为 Swift 可以推断出缩写参数的类型。同时，in 关键字也可以省略。使用这些简化方式，修改上面的示例代码，代码如下。

```
1   func calculate(opr : String) -> (Int, Int) -> Int {
2       var result : (Int, Int) -> Int
3       switch(opr) {
4       case "+" :
5           result = {$0 + $1}
6       default:
7           result = {$0 - $1}
8       }
9       return result
10  }
11  let f1:(Int, Int) -> Int = calculate(opr: "+")
12  print("10 + 5 = \(f1(10, 5))")
13  let f2:(Int, Int) -> Int = calculate(opr: "-")
14  print("10 - 5 = \(f2(10, 5))")
```

在上述代码中，第 5 行和第 7 行代码采用了参数名称缩写的形式，使闭包看起来更加简单，程序的输出结果如图 5-18 所示。

4. 使用闭包返回值

闭包实质上是函数类型，是有返回值的，可以直接在表达式中使用闭包的返回值。接下来，通过一个示例代码来演示，具体如下。

```
1   let c1 : Int = {(a : Int, b : Int) -> Int in
2               return a + b
```

```
3                      }(10, 5)
4      print("10 + 5 = \(c1)")
5      let c2 : Int = {(a : Int, b : Int) -> Int in
6                      return a - b
7                      }(10, 5)
8      print("10 - 5 = \(c2)")
```

在上述代码中，第 1~3 行代码是给常量 c1 赋值，等号后面是一个闭包表达式，由于 c1 是 Int 类型，闭包表达式不能直接赋值给 c1，这就需要闭包的返回值。在闭包末尾的花括号后面跟上一对小括号，通过这个小括号给闭包传递参数。第 5~7 行代码也是相同的道理，程序的输出结果如图 5-19 所示。

```
10 + 5 = 15
10 - 5 = 5
```

图 5-18　程序的输出结果

```
10 + 5 = 15
10 - 5 = 5
```

图 5-19　程序的输出结果

值得一提的是，通过这种方式可以为变量和常量直接赋值，在某些场景中使用非常方便。

5.2.4　捕获

嵌套函数或者闭包可以在其定义的上下文中捕获常量或变量，即使定义的这些常量或变量的原作用域已经不存在，仍然可以在闭包函数体内引用和修改这些常量或变量，这种机制被称为捕获。比如，嵌套函数就可以捕获父函数的常量和变量，闭包可以捕获其上下文中的常量和变量，下面是一个示例代码。

```
1      func makeArray() -> (String) -> [String] {
2          var array: [String] = [String]()
3          func addElement(element: String) -> [String] {
4              array.append(element)
5              return array
6          }
7          return addElement
8      }
```

在上述代码中，第 1 行代码定义了一个函数 makeArray，该函数的返回值是(String) -> [String]函数类型。第 2 行代码声明并初始化了数组变量 array，它的作用域是 makeArray 函数体。第 3~6 行代码定义了一个嵌套函数 addElement，其中第 4 行代码改变了 array 的值，该变量相对于函数 addElement 是上下文中的变量。调用 makeArray 函数，代码如下。

```
1      let f1 = makeArray()
2      print("---f1---")
3      print(f1("张三"))
4      print(f1("李四"))
5      print(f1("王五"))
6      print("---f2---")
```

```
7     let f2 = makeArray()
8     print(f2("刘备"))
9     print(f2("关羽"))
10    print(f2("张飞"))
```

在上述代码中，第 1 行代码创建了一个 addElement 函数的实例。需要注意的是，f1 每次调用的时候，变量 array 都能够被保持。程序的输出结果如图 5-20 所示。

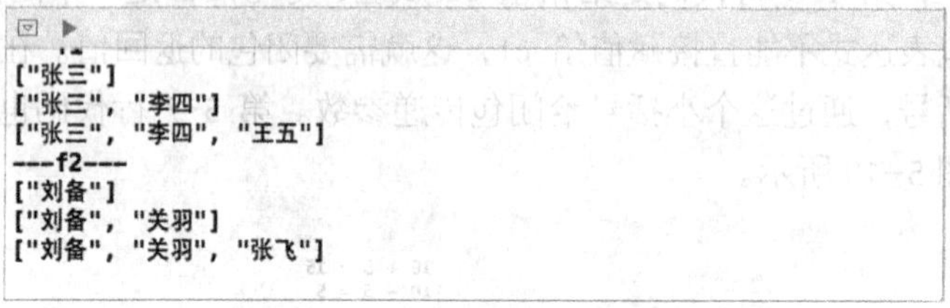

```
["张三"]
["张三", "李四"]
["张三", "李四", "王五"]
---f2---
["刘备"]
["刘备", "关羽"]
["刘备", "关羽", "张飞"]
```

图 5-20　程序的运行结果

5.3　枚举

枚举为一系列相关联的值定义了一个公共的组类型，同时可以在类型安全的情况下去使用这些值。在 C 语言中枚举类型就是一系列具有被指定有关联名称的整数值，而在 Swift 中，枚举类型更加灵活，并且不必给枚举类型中的每个成员都赋值。本节将针对枚举的内容进行详细的介绍。

5.3.1　枚举的定义和访问

在 Swift 中，也使用 enum 关键词来创建枚举，并且将它们的整个定义放在一对大括号内。下面是枚举的语法格式，具体如下。

```
enum 枚举名 {
    // 枚举定义放在这里
}
```

在上面的语法格式中，枚举名就是该枚举类型的名称，它应该是有效的标识符，而且遵守了面向对象的命名规范，示例代码如下。

```
enum CompassPoint {
    case North//北
    case South//南
    case East//东
    case West//西
}
```

在上述代码中，CompassPoint 枚举名以大写字母开头，该枚举中使用 case 关键字定义了 4 个值，这些值代表这个枚举的成员值。如果多个成员值可以出现在同一行，需要使用逗号隔开，示例代码如下。

```
enum WeekDays {
    case Monday, Tuesday, Wednesday, Thursday, Friday
}
```

值得一提的是，Swift 中的枚举更加灵活，在被创建时枚举成员不会被赋予一个默认的整型值。如果给枚举成员提供一个值，这个值被称为原始值，而且该值的类型可以是字符串、字符、整型值或者浮点数。

若要访问枚举的成员值，可以通过完整的"枚举类型.成员值"的形式，也可以省略枚举类型通过".成员值"的形式。这种省略形式能够访问的前提是，Swift 能够根据上下文环境推断类型。下面是一段示例代码。

```
var day = WeekDays.Friday
```

day 的类型可以在 WeekDays 的某个值初始化时推断出来，一旦 day 被声明为 WeekDays 类型，就能够使用更加简短的点语法将其设置为另一个值，示例代码如下。

```
day = .Monday
```

当 day 的类型为已知时，再次为其赋值时可以省略枚举类型名。在使用具有显式类型的枚举值时，这种写法让代码具有更好的可读性。

5.3.2 使用 Switch 语句匹配枚举值

枚举类型可以与 switch 语句很好地配合使用，通过使用 switch 语句来匹配单个枚举值，而且可以没有 default 分支，这在使用其他类型时是不允许的。接下来在一个方法中根据传入的参数匹配周一到周五，示例代码如下。

```
1   func writeGreeting(day : WeekDays) {
2       switch day {
3       case .Monday:
4           print("星期一")
5       case .Tuesday:
6           print("星期二")
7       case .Wednesday:
8           print("星期三")
9       case .Thursday:
10          print("星期四")
11      case .Friday:
12          print("星期五")
13      }
14  }
```

从上述代码可以看出，定义了一个函数 writeGreeting，该函数内容使用了 switch 语句，并以枚举的成员值作为 case 分支的值。值得一提的是，在判断一个枚举类型的值时，switch 必须穷举所有的情况，这确保了枚举成员不会被意外遗漏。调用该函数，示例代码如下。

```
1    var day = WeekDays.Wednesday
2    day = .Monday
3    writeGreeting(day:day)
```

程序的输出结果如图 5-21 所示。

图 5-21　程序的运行结果

前面的第 11 行代码可以使用 default 关键字，它也可以表示某个枚举值，这样 default 关键字代表 Friday 枚举值。

5.3.3　原始值

出于业务上的需要，要为每个成员提供某种具体类型的默认值，为此，可以为枚举类型提供原始值声明，这些原始值的类型可以是字符、字符串、整数、浮点数等。原始值枚举的语法格式如下。

```
enum 枚举名：数据类型
{
    case 成员名 = 默认值
    ......
}
```

从上述格式看出，枚举名的后面跟上了"："和"数据类型"，就可以声明原始值枚举的类型，之后在定义 case 成员的时候需要提供默认值，下面是一个示例代码。

```
1    enum WeekDays : Int {
2        case Monday      = 0
3        case Tuesday     = 1
4        case Wednesday   = 2
5        case Thursday    = 3
6        case Friday      = 4
7    }
```

从上述代码可以看出，WeekDays 枚举类型的原始值类型为 Int，这就需要给每个成员赋值，这个值只能是 Int 类型的，而且每个分支是不能重复的。除此之外，还可以采用如下简便的写法。

```
1    enum WeekDays : Int {
2        case Monday = 0, Tuesday, Wednesday, Thursday, Friday
3    }
```

从上述代码可以看出，只给第一个成员赋值，后面的成员值会依次加 1。

5.4　本章小结

　　本章首先介绍了与函数相关的内容，包括函数的定义和使用、参数和返回值，接着由嵌套函数引出了闭包，介绍了闭包的概念、定义方式，以及尾随闭包的相关内容，最后介绍了枚举的内容，包括枚举的定义和访问、使用 switch 语句匹配枚举值等。通过本章的学习，要掌握函数、闭包、枚举的基本使用，能够灵活地使用这些技术。

5.5　本章习题

一、填空题

1. Swift 中函数由 func、函数名、_____、_____、_____几部分组成。
2. Swift 中的函数使用_____关键字来定义。
3. 把函数定义在其他函数体中，称为_____函数。
4. 闭包可以被当作_____传递或者直接使用。
5. Swift 可以根据上下文环境推断出闭包的_____类型和_____类型。
6. 单行闭包表达式可以省略_____关键字。
7. 嵌套函数或者闭包可以在其定义的上下文中捕获_____或_____。
8. 在 Swift 中使用_____关键词来创建枚举。
9. 外部参数名，是指在参数名的前面再增加一个_____。
10. 无返回值函数可以在箭头后面跟着_____或者_____。

二、选择题

1. 下列函数中定义错误的是（　　　）。

　A.

```
func test1(string: String){}
```

　B.

```
func test2(string: String) -> (){}
```

　C.

```
func test3(string: String) -> void{}
```

　D.

```
func test4(String: String) -> String{
    return string
}
```

2. 定义一个函数 sum：

```
func sum(x: Int,y: Int) -> Int{
    return x + y
}
```

下列调用语句正确的是（　　　）。

A. sum(1,2)　　　　B. sum(x: 1,y: 2)　　　　C. sum(1,y:2)　　　D. sum(x:1,2)

3. 阅读下面的代码。

```
func addNumbers(c: Int,b: Int) -> Int{
    var a = c
    func multiplication(){
        a = a * b
    }
    multiplication()
    return a + b
}
print(addNumbers(c: 1, b: 2))
```

下列关于程序的执行结果，正确的是（　　　）。

A. 3　　　　　　　　B. 4　　　　　　　　C. 1　　　　　　　D. 2

4. 下列选项中使用闭包表达式实现两个数相加的是（　　　）。

A.

```
var sumFunc1: (Int,Int)->Int = {
        (a,b)
        return a + b
}
```

B.

```
var sumFunc: (Int,Int)->Int = {
        (a: Int,b: Int) -> Int in
        return a + b
}
```

C.

```
var sumFunc1: (Int,Int)->Int = {
    (a,b) in
    return a + b
}
```

D.

```
var sumFunc: (Int,Int)->Int = {
    (a: Int,b: Int) -> Int in
}
```

5. 下列关于闭包表达式描述错误的是（　　　）。

A. Swift 可以根据上下文环境推断出参数类型和返回值类型

B. 单行闭包表达式可以省略 return 关键字

C. Swift 的闭包提供了参数名称缩写功能

D. 在 Swift 中，不可以直接在表达式中使用闭包的返回值

三、判断题

1. Swift 中带有默认值的参数是有外部名的。（　　　）

2. 一个函数最多只能有一个可变参数。（　　　）

3. 元组的成员需要在元组从函数中返回时命名。（　　　）

4. 定义了有返回值的函数必须返回一个值。（　　　）

5. inout 修饰的参数可以有默认值，一个参数一旦被 inout 修饰，就不能再被 var 和 let 修饰了。（　　　）

6. 嵌套函数就可以捕获其上下文中的常量和变量。（　　　）

7. 在 Swift 中，枚举类型就是一系列具有被指定有关联名称的整数值。（　　　）

8. 通过使用 switch 语句来匹配单个枚举值，可以没有 default 分支。（　　　）

9. 闭包参数中不可以设置默认值。（　　　）

10. 尾随闭包必须是参数列表的最后一个参数。（　　　）

四、简答题

1. 简述一下什么是闭包。

2. 简述一下什么是捕获机制。

五、程序分析题

阅读下面的程序，分析代码是否能够编译通过。如果能编译通过，请列出运行结果，否则请说明编译失败的原因。

代码 1：

```
func strFunc(str1: String, string2 str2:String,string3 str3:String = " ") -> String{
    return str1 + str3 + str2
}
print(strFunc(str1: "Hello", string2: "World", string3: "-"))
print(strFunc(str1: "Hello", string2: "World"))
```

代码 2：

```
let mul:Int = {(a:Int, b:Int) -> ()-> Int
    return a * b
}(1,2)
print(mul)
```

六、编程题

1. 编写一个求圆的面积的函数，并调用该函数求一个半径为 10 的圆的面积。

2. 编写一段程序，在程序中设计一个函数，并调用这个函数，实现输出 8 的 n 次方的值。

第6章
面向对象（上）

在现在的一些计算机语言中，面向对象编程是非常重要的特性，Swift也提供了对面向对象编程的支持。Swift中不仅类具有面向对象的特性，结构体也具有部分面向对象特性，接下来，本章将针对面向对象的一些基本知识进行详细讲解。

6.1 面向对象概述

面向对象（Object Oriented）技术是软件工程领域中的重要技术，这种软件开发思想比较自然地模拟了人类对客观世界的认识，成为当前计算机软件工程学的主流。

在现实世界中存在各种不同形态的事物，这些事物之间存在着各种各样的联系。在程序中使用对象来映射现实中的事物，使用对象间的关系来描述事物之间的联系，这种思想就是面向对象。

提到面向对象，自然会想到面向过程。面向过程是一种以时间为中心的编程思想。面向过程就是分析出解决问题的步骤，然后用函数把这些步骤一一实现，使用的时候一个一个依次调用即可。面向对象则是把解决问题的事物分解成多个对象，而建立对象的目的也不是为了完成一个个步骤，而是为了描述某个事物在解决整个问题的过程中所发生的行为。下面举一个五子棋的例子说明面向过程和面向对象编程的区别。

首先使用面向过程：

```
1.开始游戏
2.黑子先走
3.绘制画面
4.判断输赢
5.轮到白子
6.绘制画面
7.判断输赢
```

8.返回步骤2

9.输出最后结果

上面的步骤分别用函数实现，问题就解决了。

面向对象的设计则是从另一种思路来解决问题，整个五子棋可以分为三类对象：

1.黑白双方：这两方的行为一样

2.棋盘系统：负责绘制画面

3.规则系统：负责判断诸如犯规、输赢等

其中，第一类对象（黑白双方）负责接受用户的输入，并通知第二类对象（棋盘系统）绘制棋盘上的棋子，同时第三类对象（规则系统）对棋局进行判定。

面向对象保证了功能的统一性，从而可以使代码更容易维护。比如，我们现在要加入悔棋的功能，如果要改动面向过程的设计，那么从输入到判断到显示的一系列步骤都需要改动，甚至步骤之间的循环都需要大规模的调整。如果要是面向对象的话，只需要改动棋盘对象就可以了，棋盘对象保存了黑白双方的棋谱，只需要简单的回溯，而显示和规则不用变化，同时整个对象功能的调用顺序也不会发生变化，它的改动只是局部的。由此可见，面向对象编程更方便后期代码的维护和功能的扩展。

6.2 类和结构体

类和结构体是人们构建代码所用的一种通用且灵活的构造体。在Swift中类和结构体类似，可以把结构体理解成是一种轻量级的类，所以在本节中将通过类和结构体的对比，详细地讲解类和结构体的相关内容。

6.2.1 类和结构体的定义

类是一种复杂的数据类型，它是将不同类型的数据和与这些数据的相关操作封装在一起的集合体，"数据的相关操作"就是我们平常经常看到的"方法"。因此，类具有更高的抽象性。

结构体（struct）和类相似，是用于封装具有相同类型或不同类型的一系列数据，也叫做结构。但是在其他的面向对象语言中，如C++和Objective-C，结构体功能单一，很少使用。但是Swift中的结构体不仅可以定义成员变量，还可以定义成员方法。Swift中非常重视结构体的使用，并对结构体提供了非常强大的面向对象支持。

类和结构体具有类似的定义方式，分别使用关键字class和struct来表示，并在大括号中定义其内容。接下来，看一下类和结构体的语法格式。

类的语法格式为：

```
class 类名
{
    // 在这里定义类的内容
}
```

结构体的语法格式为：

```
stuct 结构体名称
```

```
{
    //这里定义结构体的内容
}
```

从语法格式上看，Swift 中类和结构体定义的语法格式相似，而且定义格式类似于 Java 语法，而不需要像 Objective-C 那样把声明和实现分别放到不同的文件中，Swift 中类和结构体的名称都以大写字母开头。类的方法和属性使用小写字母开头。接下来，针对类和结构体的定义分别进行详细讲解，具体如下。

1. 使用关键字 class 定义一个类

Swift 中的类使用 class 关键字定义，它可以定义的内容包含属性和方法，属性表示类的一些特征，方法是类的某个功能的具体实现。Swift 给我们提供了声明类，而无需用户创建接口和实现文件的功能。

类的声明用于描述对象的特征和行为，接下来，通过例 6-1 来演示。

例 6-1　声明类.playground

```
1    class Student{                    //定义学生类
2        var number:Int = 0            //定义学生编号属性
3        var name:String = ""          //定义学生姓名属性
4        var height:Int = 0            //定义学生身高属性
5        var weight:Int = 0            //定义学生体重属性
6        func demo(){                  //定义一个 demo 方法
7            print("Student")
8        }
9    }
10   let stu = Student()               // 创建了一个 Student 类的实例
11   stu.name = "小明"                 // 为 name 属性赋值
12   stu.demo()                        // 调用 Student 类的 demo 方法
13   print(stu.name)
```

在例 6-1 中，第 1~9 行定义一个学生类 Student，在这个类中定义了一些属性，如学生编号、学生姓名、学生身高和学生体重；第 10 行用于对 Student 类进行实例化；第 11~13 行使用.（点号连接符）来访问实例的属性和方法。关于属性和方法的相关知识将在后面进行详细讲解，这里只对类的定义了解即可。

程序的输出结果如图 6-1 所示。

从图 6-1 中可以看出，程序输出了 "Student" 和 "小明"，其中，"Student" 是通过调用 Student 类的 demo 方法中的 print 方法打印出来的，"小明" 是在第 12 行打印 stu 的 name 属性得到的。

图 6-1　例 6-1 运行结果

2. 使用 Xcode 创建一个类

Swift 2.2 开发必须使用 Xcode 7.3 版本以上的开发工具，Xcode 作为 Swift 开发的一款强大工具，对类的创建更加规范化。为了让大家更清晰明了地学习如何使用 Xcode 创建新的类，接下来分步骤讲解如下。

（1）创建工程

打开 Xcode 工具，创建一个名为 Person 的工程，在"Language"一栏里选择 Swift，创建完成后如图 6-2 所示。

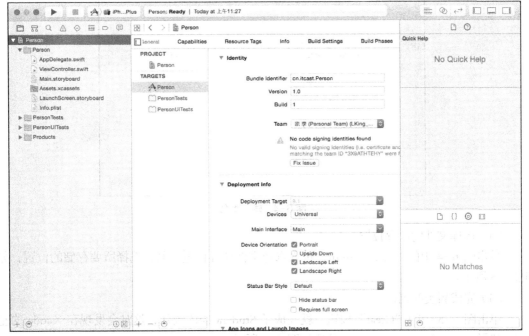

图 6-2 创建好的工程

（2）创建类文件

选中图 6-2 所示的工程中的 Person，右击选择"New File"选项，在弹出的新文件窗口中选择 Source，并在右侧选择 Cocoa Touch Class，如图 6-3 所示。

图 6-3 选择类文件

（3）输入类名

单击图 6-3 中所示的"Next"按钮，进入到输入类名的界面，将该类命名为 Student，并在下面的"Subclass of"中将其父类指定为 NSObject，在下面的"Language"一栏中选择 Swift，如图 6-4 所示。

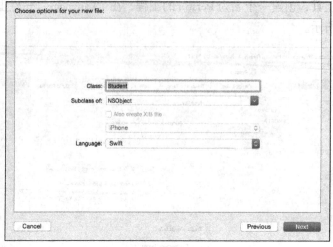

图 6-4　输入类名

（4）选择文件的储存位置

单击图 6-4 中的"Next"按钮，进入选择文件储存位置界面，选择所要存储的位置，如图 6-5 所示。

（5）完成新类的创建

单击图 6-5 中的"Creat"按钮，就完成了 Student 类的创建，这时会发现在 Xcode 的左侧新建了一个文件 Student.swift。具体如图 6-6 所示。

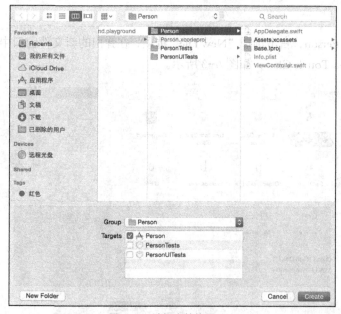

图 6-5　选择文件位置

图 6-6　创建好的 Student 类

3.结构体的定义

结构体使用 struct 关键字来定义，swift 中的结构体是一种轻量级的类，与类一样可以在结构体中定义属性和方法。

接下来，通过一个案例来演示如何定义结构体，具体如例 6-2 所示。

例 6-2　结构体的定义.playground

```
1    struct Person
2    {
3        var name:String = "张三"
4        var age:Int = 20
5    }
6    let per = Person()
7    print("名字：\(per.name)")
8    print("年龄：\(per.age)")
```

在例 6-2 中，第 1~5 行定义了一个
Person 类型的结构体，其中，第 3~4 行分别
定义了姓名属性和年龄属性。第 6 行创建了
一个 Person 结构体的实例，第 7~8 行访问并
输出结构体实例的 name 和 age 属性。程序的
输出结果如图 6-7 所示。

图 6-7　例 6-2 运行结果

6.2.2　类和结构体的实例

在 6.2.1 小节已经简单介绍过如何创建类和结构体的实例，为了帮助大家更好地理解，接
下来，针对类和结构体的实例进行详细讲解。

1. 类的实例及访问

假如要描述一个特定的学生，并生成一个学生实例，具体示例如下。

```
1    class Student{
2        var age:Int = 0
3        var name:String = ""
4    }
5    var stu = Student()
6    stu.name = "小明"
7    stu.age = 18
```

上述代码中，第 5 行的"Student()"表示使用构造函数创建了一个 Student 实例，这是
创建实例最简单的一种方式，即在结构体或者类的类型名称后跟随一对空括号。通过这种方
式所创建的类实例，其属性均会被初始化为默认值。第 6~7 行代码使用了点语法对 stu 实
例的 name 和 age 属性进行赋值。其语法规则是，实例名后面紧跟属性名，两者通过点号(.)
连接。

在 Swift 中类是引用类型的，与值类型不同，引用类型在被赋予到一个变量、常量或者被
传递到一个函数时，其值不会被拷贝。因此，引用的是已存在的实例本身而不是其拷贝。

2.结构体的实例及访问

Swift 要求实例化一个结构体时，所有成员变量都必须有初始值，构造函数的意义就是用
于初始化所有成员变量的，与 Objective-C 不同的是，内存分配是系统帮我们做的。如果在定
义结构体时，所包含的属性都有默认值，如 6.2.1 中定义的 Person 结构体，那么可以直接使用

()来构造一个结构体实例。

```
var per = Person()
```

如果要访问结构体的属性，同样使用点语法。例如，下面的输出方法访问了 Person 结构体中的 name 和 age 属性。

```
print("姓名：\(per.name)---年龄：\(per.age)")
```

如果结构体中的属性没有设置默认值，那么必须使用结构体的构造函数来实例化结构体，所有结构体都有一个自动生成的逐一成员构造函数，用于初始化新结构体实例中成员变量的属性，接下来定义一个没有设置默认值的结构体 Student，具体代码如下。

```
1    struct Student
2    {
3         var name: String
4         var age: Int
5    }
6    var stu = Student(name: "小明", age: 10)
```

在上面的代码中，第 6 行使用了逐一构造函数为 Student 结构体属性赋值。需要注意的是，为结构体属性赋值时，所赋值的顺序必须要和结构体中的成员顺序一致。

在 Swift 的结构体中，不止可以定义属性，还可以在结构体中定义方法。

```
struct Teacher
{
    var name: String
    var age: Int
    var knowledge: String
    func teachStudent()->String
    {
        return knowledge
    }
}
```

在结构体中定义的方法属于该结构体，结构体的方法必须使用某个实例调用，结构体的成员方法可以访问成员属性。

在结构体中成员方法和某个实例是绑定在一起的，所以谁调用，方法中访问的属性就属于谁，示例代码如下。

```
var teacherOne = Teacher(name: "David" ,age: 35 ,knowledge: "English")
print(teacherOne.teachStudent())
var teacherTwo = Teacher(name: "lilei", age: 25, knowledge: "Chinese")
print(teacherTwo.teachStudent())
```

在 Swift 中结构体是属于值类型的，其实，在之前的章节中，已经大量地使用了值类型。实际上，在 Swift 中：整数（Integer）、浮点数（Double，Float）、布尔值（Booleans）、字符串

（String）、数组（Array）和字典（Dictionary），都是值类型，并且都是以结构体的形式实现。

在 Swift 中，只有类类型是引用类型，其余的一切都是值类型。所以结构体的实例，以及实例中所包含的任何值类型属性，在代码中传递的时候都会被复制。

为了便于更好地理解结构体是值类型，接下来，通过一个案例来演示，如例 6-3 所示。

例 6-3　结构体是值类型.playground

```
1    //定义结构体 StudentInfo
2    struct StudentInfo
3    {
4        var name: String
5        var age: Int
6        func showStudentInfo() ->Void
7        {
8            print("姓名：\(name)---年龄：\(age)")
9        }
10   }
11   //实例化 StudentInfo 结构体
12   var stu1 = StudentInfo(name: "张三", age: 17)
13   var stu2 = stu1
14   stu1.showStudentInfo()
15   stu2.showStudentInfo()
```

在例 6-3 中，第 13 行声明了一个 stu2 的变量，其值为之前声明的 stu1 但是由于 StudentInfo 是一个结构体，所以 stu2 的值其实是 stu1 拷贝的一个副本，而不是 stu1 本身。虽然在打印的结果中，stu1 和 stu2 的姓名和年龄的属性相同，但是在后台中，它们是两个完全不同的实例。程序的输出结果如图 6-8 所示。

下面我们用代码来验证。我们修改一下 stu1 的值，看一下 stu2 的属性是否还和 stu1 一样，修改后的代码如下所示。

```
stu1.name = "李四"
stu1.showStudentInfo()
stu2.showStudentInfo()
```

程序的输出结果如图 6-9 所示。

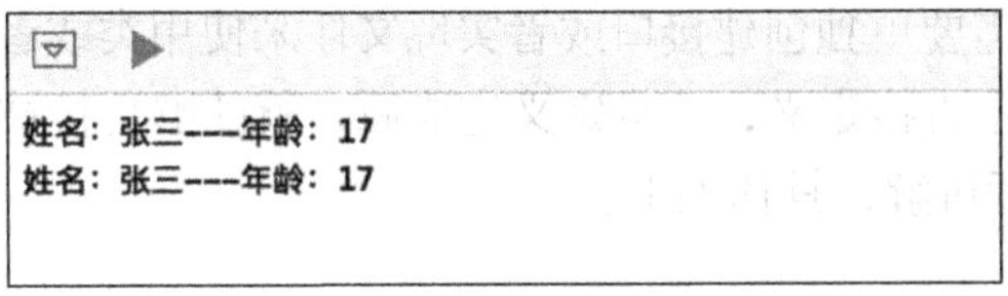

▽ ▶
姓名：张三---年龄：17
姓名：张三---年龄：17

图 6-8　例 6-3 输出结果

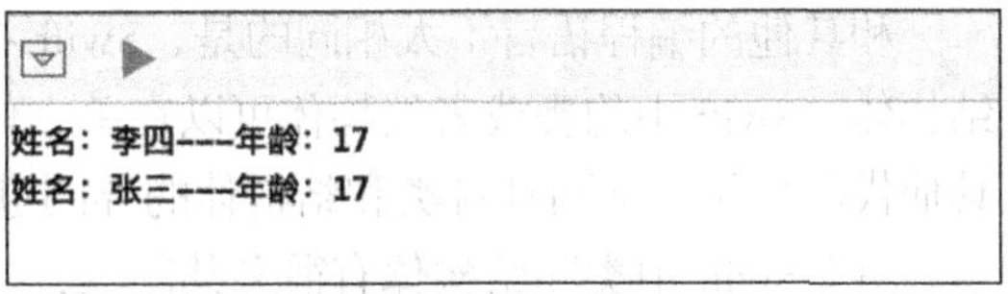

▽ ▶
姓名：李四---年龄：17
姓名：张三---年龄：17

图 6-9　例 6-3 程序运行结果

从图 6-8 和图 6-9 可以看出，结构体之间的赋值其实是 stu1 拷贝到 stu2 中的，所以它们是两个不同的实例。

多学一招：恒等运算符

我们已经知道，类是引用类型，结构体是值类型。所以对于类来说，有可能多个常量和变量在后台同时引用同一个类实例。但是对于结构体来说，由于他们是值类型的，在被赋予到常量、变量或者传递到函数时，其值总是会被拷贝。

Swift 提供了两个恒等运算符（===和!==）用来检测两个常量或者变量是否引用同一个类实例：

● 等价于（===）
● 不等价于(!==)

下面是一个使用恒等运算符的例子，具体代码如例 6-4 所示。

例 6-4　恒等运算符.playground

```
1    class Person{
2    }
3    var per1 = Person()
4    var per2 = Person()
5    let per3 = per1
6    let per4 = per2
7    if (per1 === per3){
8        print("引用同一个实例")
9    }
10   if (per3 !== per4){
11       print("引用不同的实例")
12   }
```

在上述代码中，第 7 行过代码使用恒等运算符"==="判断 per1 和 per2 是否引用同一个实例，第 10 行代码使用恒等运算符"!=="判断 per3 和 per4 是否引用同一个实例。

程序的输出结果如图 6-10 所示。

图 6-10　例 6-4 的运行结果

6.2.3　类和结构体对比

类与结构体是编程人员在代码中会经常用到的代码块。在类与结构体中可以像定义常量，变量和函数一样，定义相关的属性和方法以此来实现各种功能。

和其他的编程语言不太相同的是，Swift 不需要单独创建接口或者实现文件来使用类或者结构体。Swift 中的类或者结构体可以在单文件中直接定义，一旦定义完成后，就能够直接被其他代码使用。下面针对类和结构体的异同进行讲解，具体如下。

（1）Swift 中类和结构体有很多共同点：

① 定义属性用于存储值；

② 定义方法用于提供功能；

③ 定义下标用于通过下标语法访问值；

④ 定义构造函数用于生成初始化值；

⑤ 通过扩展以增加默认实现的功能；

⑥ 符合协议以对某类提供标准功能。

（2）与结构体相比，类还有一些结构体不具备的特性：

① 继承允许一个类继承另一个类的特征；

② 类型转换允许在运行时检查和解释一个类实例的类型；

③ 取消构造函数允许一个类实例释放任何其所被分配的资源；

④ 引用计数允许对一个类的多次引用。

注意：

结构体总是通过被复制的方式在代码中传递，因此请不要使用引用计数。

6.3 属性

属性用于描述特定类、结构或者枚举的值。在 Swift 中属性可以分为存储属性、计算属性和类型属性三种。本节将针对 Swift 中的三种属性和属性观察器等进行详细讲解。

6.3.1 存储属性

Swift 中的存储属性就是存储特定类的一个常量或者变量。常量存储的属性使用 'let' 关键字定义，变量存储的属性使用 'var' 关键字定义。接下来看一段代码：

```
struct PersonInfo
{
    let name: String
    var age: Int
}
var person = PersonInfo(name: "zhangsan",age:18)
//打印 person 的 name 属性结果为 zhangsan
print(person.name)
//只有定义是 var 变量才可以对里面的变量进行修改
person.age = 19
```

在上面的例子中 name 的值使用 let 定义，所以被初始化之后是不可以被改变的，否则就会报错，如将 name 的值修改为 lisi，程序会报错，具体如图 6-11 所示。

```
4  struct PersonInfo
5  {
6      let name: String
7      var age: Int
8  }
9  var person = PersonInfo(name:"zhangsan",age:18)
10 //打印person的name属性结果为zhangsan
11 print(person.name)
12 //只有定义是var变量才可以对里面的变量进行修改
13 person.age = 19
14 person.name = "lisi"        ⊗ Cannot assign to property: 'name' is a 'let' constant
```

图 6-11　程序报错

如果创建一个结构实例 person，并将其赋给一个常量（let），那么即使这个结构中的属性（如 age）是变量属性也不可以被改变，否则会报错，如图 6-12 所示。

上面的错误之所以出现是因为结构体是值类型。当一个值类型实例作为常量而存在，它的所有属性也将会作为常量而存在。而这个特性对类并不适用，因为类是引用类型。如果将引用类型的实例赋值给常量，依然能够改变实例的变量属性。

```
4 struct PersonInfo
5 {
6     let name: String
7     var age: Int
8 }
9 let person = PersonInfo(name:"zhangsan",age:18)
10 person.age = 19                    ● Cannot assign to property: 'person' is a 'let' constant
```

图 6-12　程序报错

6.3.2　懒存储属性

Swift 提供了所谓的"懒存储属性"，懒存储属性是指当被第一次调用的时候才会计算其初始值的属性，一个懒存储属性通过在属性声明的前面加上 lazy 来标识。

当属性初始值因为外部原因，在实例初始化完成之前不能确定，或者当属性初始值需要复杂、大量的计算时，就可以使用懒存储属性。

接下来通过一个案例来演示懒存储属性的使用，如例 6-5 所示。

例 6-5　懒存储属性.playground

```
1    class PersonInfo
2    {
3        /**
4        PersonInfo 是一个将外部文件中数据导入的类
5        这个类初始化需要消耗很多时间
6        */
7        var personFileName = "personInfo.txt"
8        //这里会提供数据导入功能
9    }
10   class PersonDataManager
11   {
12       lazy var personInfo = PersonInfo()
13       var data = String()
14       //这里会提供数据管理功能
15   }
16   let manager = PersonDataManager()
17   manager.data += "some data"
18   manager.data += "Some more data"
19   print(manager.data)
20   print(manager.personInfo.personFileName)
```

例 6-5 使用懒加载存储属性加载 personInfo.txt 文件。第 1~9 行定义了一个 PersonInfo 类，用来提供数据导入功能，第 10~15 行定义了一个 PersonDataManager 类，包含一个名为 data 的存储属性。PersonDataManager 的一个功能是导入数据，该功能由 PersonInfo 类提供，而 PersonInfo 类在初始化的时候需要一些时间，因为它的实例在初始化的时候可能需要打开 personInfo.txt 这个文件，还要读取文件的内容到内存，但是实际使用中可能用不到 personInfo.txt 文件名和文件里的内容也可能不需要从文件中导入数据，所以在 PersonDataManager 的实例被创建时，没必要马上创建一个 PersonInfo 实例，而是使用懒存储在用到 PersonInfo 的时候才创建。第 20 行访问了 PersonInfo 的 personFileName 属性，所以 PersonInfo 实例的 personFileName 属性被创建。

程序的输出结果如图 6-13 所示。

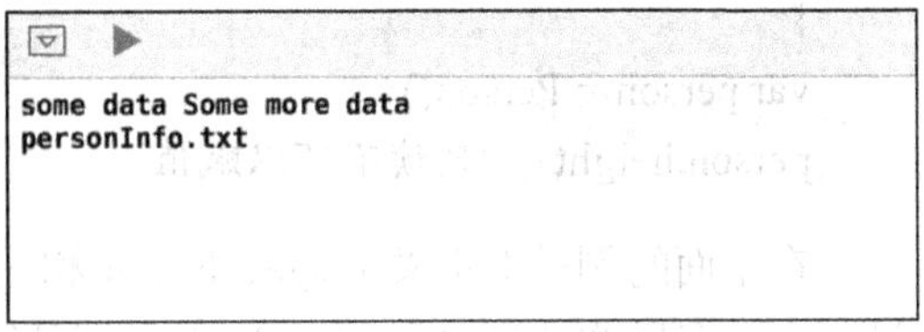

```
some data Some more data
personInfo.txt
```

图 6-13　例 6-5 输出结果

注意：

必须将懒存储属性声明成变量（使用 var 关键字），因为属性的值在实例构造完成之前可能无法得到。而常量属性在构造过程完成之前必须要有初始值，因此无法声明成懒存储属性。

6.3.3　计算属性

计算属性不存储值，而是提供了一个 getter 和 setter 来分别进行获取值和设置其他属性的值。getter 使用 get 关键字进行定义，setter 使用 set 关键字进行定义。

下面是一个简单的计算属性的写法。

```
//如果计算属性的 setter 方法没有将被设置的值定义一个名称，会默认使用 newValue 名称代替
class Person
{
    var length: Int = 10
    var age: Int
    {
        get
        {
            return length * 2
        }
        set
        {
            length = newValue / 2
        }
    }
    //只读计算属性
    var height: Int
    {
        get
        {
            return length * 4
        }
    }
    //只读可以直接省略 get
    var height2: Int
    {
        return    length * 4
    }
```

```
}
var person = Person()
person.height   //只读不可以赋值
```

在上面的例子中定义了 age、height 和 height2 三个属性，age 变量和 height 变量都可以通过 length 变量的计算得到。height 是只读计算属性，只读计算属性只带有一个 getter 方法，通过点操作符，可以访问属性值，但是无法修改它的值。从上面的例子中定义的 height 和 height2 属性可以看出来，只读计算属性在定义的时候可以直接省略 get 和大括号。

注意：

计算属性必须使用 var 关键字定义，包括只读计算属性，因为它们的值是不固定的。let 关键字只用来声明常量存储的属性，表示初始化以后再也无法修改的值。

6.3.4 属性观察器

属性观察器可以用来监控和响应初始化的属性值变化，当属性的值发生改变的时候，可以调用事先写好的代码额外执行一些操作并对此做出响应。

属性观察器包括 didSet 和 willSet，其中属性值改变前会触发 willSet，属性值改变后会触发 didSet。

下面来介绍一下属性观察器的一些特点。

（1）给属性添加观察器必须要声明清楚属性类型，否则编译器报错。

（2）willSet 可以带一个 newName 的参数，没有的话，该参数默认命名为 newValue。

（3）didSet 可以带一个 oldName 的参数，表示旧的属性，不带的话默认命名为 oldValue。

（4）属性初始化时，willSet 和 didSet 不会调用。只有在初始化上下文之外，当设置属性值时才会调用。另外，在 didSet 的实现体内给属性赋值，也不会再次调用属性的。

（5）即使是设置的值和原来值相同，willSet 和 didSet 也会被调用。

接下来，通过一个案例来演示属性观察器的使用，如例 6-6 所示。

例 6-6 属性观察器.playground

```
1    class Person{
2        //普通属性
3        var name: String?
4        var age: Int = 0
5        {
6            //在 age 属性发生变化之前做点什么
7            willSet
8            {
9                print("将要设置年龄的值为  \(newValue) ")
10           }
11           //在 age 属性发生变化之后，更新一下 name 这个属性
12           didSet
13           {
14               if age < 10
15               {
```

```
16              name = "lucy"
17          }else
18          {
19              name = "lily"
20          }
21          print("\(name!)的年龄从 \(oldValue) 改为\(age)")
22      }
23      }
24  }
25  let per = Person()
26  per.age = 0
27  per.age = 20
```

在例 6-6 中，第 4～23 行代码在 Person 类中定义了一个 Int 型的属性 age，它是一个存储属性，包含 willSet 和 didSet 监视器，第 26～27 行代码用于为 age 设置新值。

程序的输出结果如图 6-14 所示。

从图 6-14 输出的结果可以看到，当为 age 设置新值时，age 的 willSet 和 didSet 观察器都会被调用，甚至新设置的值和原来的值相同时也会被调用。

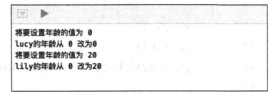

图 6-14　例 6-6 运行结果

注意：

如果在 didSet 观察器里为属性赋值，这个值会替换观察器之前设置的值。

📖 **多学一招：全局变量和局部变量**

在前面介绍了计算属性和属性观察器，它们所描述的模式也是可以用于全局变量和局部变量，所谓的全局变量是在函数、方法、闭包或任何类型之外定义的变量，局部变量是在函数、方法或闭包内部定义的变量。

全局变量和局部变量都属于存储型变量，跟存储属性类似，它提供特定类型的存储空间，并允许读取和写入，具体示例如下所示。

```
import UIKit
let str1 = "Swift"
class Person{
    let str2 = "Open "
    func printStringFirst()
    {
        let str3 = "Source"
    }
}
```

在上面的代码中 str1 属于全局变量，在整个工程中都可以访问到，str2 是类局部变量，其作用域是 Person 类内部，str3 属于函数局部变量，作用域只是在 printStringFirst 方法内部。

在使用存储属性、局部变量和全局变量时一定要注意它们的作用域，如果一个变量超出了它的作用域，程序就会出现错误，如例6-7所示。

例6-7　作用域.playground

```
1    let str = "Swift"
2    class NewClass{
3        let str1 = "Open"
4        func printStringFirst()
5        {
6            let str2 = "Source"
7            print(str)
8            print(str1)
9            print(str2)
10        }
11       func printStringSecond()
12       {
13           print(str)
14           print(str1)
15           print(str2) // Use of unresolved identifier 'str2'
16       }
17   }
```

在上面的代码中 str2 是一个定义在 printStringFirst() 方法中的局部变量，所以它的有效范围就是在此方法中。在此方法外使用会出现错误，在此代码中将 str2 又使用在了 printStringSecond() 方法中。导致程序出现了图 6-15 所示的错误。

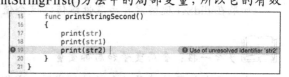

图 6-15　例 6-7 程序报错

注意:

全局的常量或变量都是延迟计算的，跟延迟存储属性相似，不同的地方在于，全局的常量或变量不需要标记 lazy 特性；局部范围的常量或变量不会延迟计算。

6.3.5　类型属性

假设有一个 Student 类，它有 3 个属性，分别是 livingcost（生活费），tuition（学费）和 name（姓名）。在这个类中，由于不同的人的生活费不一定相同，因此 livingcost 和 name 的值是不同的，但所有人的 tuition 都是相同的。tuition 属性与个体无关，不需要对类进行实例化就可以使用，这种属性被称为类型属性。

类型属性使用关键字 static 来定义，结构体、枚举和类都可以定义类型属性，接下来，针对这三种类型的类型属性进行详细讲解，它们的语法格式如下。

1. 结构体类型属性的语法格式

```
struct 结构体名 {
    static var 存储属性   = "xxx"
```

```
static var 计算属性名 : 属性数据类型 {
        return 计算后属性值
    }
}
```

2. 枚举类型属性的语法格式

```
enum 枚举名 {
    static var 存储属性  = "xxx"
    static var 计算属性名 : 属性数据类型 {
            return 计算后属性值
    }
}
```

3. 类类型属性的语法格式

```
class 类名 {
    static var 存储属性 = "xxx"
    static var 计算属性名 : 属性数据类型 {
        return 计算后属性值
    }
    class var 子类对父类实现支持重写: 属性数据类型 {
        return 重写后属性值
    }
}
```

在为类定义类型属性时，可以使用关键字 class 来替代 static 关键字。

接下来，通过一个案例来演示结构体类型属性的使用，如例 6-8 所示。

例 6-8　结构体类型属性.playground

```
1    struct Student {
2        var livingCost : Double = 0.0
3        var owner : String = ""
4        static var tuition : Double = 11668
5        static var tuitionProp : Double {
6            return tuition + 100
7        }
8        var totalCost: Double {
9            return Student.tuition + livingCost
10       }
11   }
12   //访问静态属性
13   print(Student.tuitionProp)
14   var aStudent = Student()
15   //访问实例属性
16   aStudent.livingCost = 1_000
```

```
17    //访问实例属性
18    print(aStudent.totalCost)
```

例 6-8 定义了一个 Student 结构体，第 4 行代码定义了静态存储属性 tuition，第 5～7 行
定义了一个静态计算型属性 tuitionProp，第 8～10 行定义了实例计算属性 totalCost，在其属性
体中能访问静态属性 tuition，第 13 行代码也访问静态属性，第 16 行和第 18 行访问实例属性。

接下来，通过一个案例来演示枚举类型属性的使用，如例 6-9 所示。

例 6-9　枚举类型属性.playground

```
1    enum Student {
2        case iOS
3        case Java
4        case PHP
5        case nodejs
6        static var tuition : Double = 11668
7        static var tuitionProp : Double {
8            return tuition
9        }
10       var instanceProp : Double {
11           switch (self) {
12           case iOS:
13               Student.tuition = 11667
14           case Java:
15               Student.tuition = 11669
16           case PHP:
17               Student.tuition = 11666
18           case nodejs:
19               Student.tuition = 11668
20           }
21           return Student.tuition + 1_000
22       }
23   }
24   //访问静态属性
25   print(Student.tuitionProp)
26   var aStudent = Student.iOS
27   //访问实例属性
28   print(aStudent.instanceProp)
```

例 6-9 定义了 Student 枚举类型，其中第 2～5 行代码定义了枚举的 4 个成员，第 6 行代
码定义了静态存储属性 tuition，第 7～9 行代码定义了静态计算属性 tuitionProp，在其属性体
中可以访问 tuition 等静态属性，第 10～22 行代码定义了实例计算属性 instanceProp，其中第
11～20 行代码使用 switch 语句判断当前实例的值，获得不同的学科信息，第 11 行代码中使用
了 self，它指代当前实例本身，第 21 行代码是返回计算的结果，第 25 行代码是访问静态属性，

第 28 行代码是访问实例属性。

接下来,通过一个案例演示类的类型属性的使用,如例 6-10 所示。

例 6-10 类类型属性.playground

```
1    class Student {
2        var livingcost : Double = 0.0
3        var name : String = ""
4        static var tuition : Double = 11668
5        static var tuitionProp : Double {
6            return tuition
7        }
8        var totalCost: Double {
9            return Student.tuition + livingcost
10       }
11   }
12   //访问静态属性
13   print(Student.tuition)
14   var aStudent = Student()
15   //访问实例属性
16   aStudent.livingcost = 1_000
17   //访问实例属性
18   print(aStudent.totalCost)
```

例 6-10 定义了一个 Student 类,第 4 行代码定义了静态存储属性 tuition,第 5~7 行定义了一个静态计算型属性 tuitionProp,第 8~10 行定义了实例计算属性 totalCost,在其属性体中能访问静态属性 tuition,第 13 行代码也访问静态属性,第 16 行和第 18 行访问实例属性。

注意:

跟实例的存储属性不同,类型的存储属性必须指定默认值。因为类型本身无法在初始化过程中使用构造器给类型属性赋值。

6.4 方法

方法其实就是定义在类中的函数,在 Objective-C 中,只可以在类中定义方法。而在 Swift 中,方法可以在类、结构体和枚举中定义,更加灵活。Swift 中的方法根据使用方式的不同分为实例方法和类型方法两种。接下来,分别讲解一下实例方法和类型方法的使用。

6.4.1 实例方法

实例方法由类的特定实例调用。实例方法和函数一样,分为有参方法和无参方法。

接下来,通过一个改变人数的例子来演示实例方法的使用,具体代码如例 6-11 所示。

例 6-11 实例方法.playground

```
1    class person {
2        //声明一个表示人数的常量 personCount
3        var personCount = 0
4        //声明一个方法，让 personCount 加 1
5        func personCountAdditive(){
6            personCount += 1
7            print(personCount)
8        }
9        //让 personCount 加上一个指定的数量
10       func personCountAdditiveNumber(amount: Int){
11           personCount += amount
12           print(personCount)
13       }
14       //将 personCount 重置为 0
15       func reset(){
16           personCount = 0
17           print(personCount)
18       }
19   }
20   //实例 person 类，然后通过实例的点语法使用 person 类的实例方法。
21   let per = person()
22   per.personCountAdditive()
23   per.personCountAdditiveNumber(amount: 20)
24   per.reset()
```

例 6~11 中，首先在第 1~19 行定义了一个 Person 类，其中第 3 行声明了一个表示人数的常量 personCount。

第 5~8 行定义了一个不带参数的方法 personCountAdditive()，让 personCount 加 1。

第 10~13 行定义了一个有参数的方法 personCountAdditiveNumber(amount: Int)，将传入的整数作为 personCount 的增量。

第 15~18 行定义了一个将 personCount 的值置为 0 的方法 reset()。

第 21 行对 Person 类进行实例化。

第 22~24 行分别调用了 Person 类的三个实例方法。
程序的输出结果如图 6-16 所示。

图 6-16 例 6-11 运行结果

6.4.2 类型方法

从 6.4.1 小节可以知道，实例方法是由特定实例调用的方法。当然，也可以定义由类型（类、结构体和枚举）自身调用的方法，这种方法被称为类型方法。如果在类、结构体或枚举类型中定义类型方法时，需要在 func 关键字前加上 static 关键字来声明。除此之外，类中定义类型方法时，可以使用 class 关键字替换 static。

接下来，通过一个案例来演示如何定义类型方法，具体如例 6-12 所示。

例 6-12　类型方法.playground

```
1    //定义类型方法
2    class Weather
3    {
4        class func winter(){
5            print("冬天到了,春天还会远吗?")
6        }
7    }
8    //调用类型方法
9    Weather.winter()
```

在例 6-12 中，第 4 行使用了 class 关键字定义了一个类型方法 winter，第 9 行调用了类型方法。需要注意的是，类型方法的调用语法和实例方法的调用方法很像。但是，只能通过类来调用类型方法，而不是通过这个类的实例来调用。

程序的输出结果如图 6-17 所示。

接下来，通过一个案例来演示结构体和枚举中类型方法的使用，如例 6-13 所示。

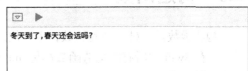

图 6-17　例 6-12 的输出结果

例 6-13　结构体和枚举的类型方法.playgroud

```
1    //定义结构体类型方法
2    struct Person
3    {
4      // 定义结构体类型方法
5      static func personName(name: String)->String
6      {
7          return name
8      }
9    }
10   //调用 Person 结构体的 personName 方法
11   print(Person.personName(name: "张三"))
12   //定义枚举类型方法
13   enum Animal
14   {
15       case dog
16       case cat
17       case mouse
18       case elephant
19       // 定义枚举类型方法
20       static func animalLifeHabits(){
```

```
21        print("动物的生活习性")
22      }
23    }
24    Animal.animalLifeHabits()
```

在例 6-13 中，第 2 行定义了一个 Person 结构体，第 5 行代码定义了一个结构体类型方法 personName(name: String)->String，在第 11 行调用了 Person 结构体中定义的类型方法。然后在第 13 行定义了一个 Animal 枚举，并在第 20 行定义了一个枚举的类型方法 animalLifeHabits，最后在 24 行调用了 Animal 枚举中定义的类型方法 animalLifeHabits。

程序的输出结果如图 6-18 所示。

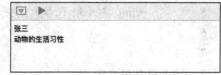

图 6-18　例 6-13 的输出结果

6.5　构造函数

构造函数是一种特殊的函数，主要用来在创建对象时初始化对象，为对象的属性设置初始值。在 Swift 中所有的构造函数都是 init 方法，并且支持构造函数重载。接下来，本节将针对构造函数进行详细讲解。

6.5.1　构造函数基础

Swift 中的构造函数是用来对类型实例化的，它可以在实例化过程中给所有的存储型属性设置初始值，为程序提供必要的准备并执行初始化任务。

为了让初学者更好理解构造函数，接下来通过几个示例进行分步讲解。

首先新建一个 Person 类：

```
class Person
{
    var name: String
    var age: Int
}
```

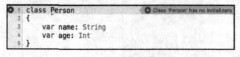

图 6-19　程序报错

以上代码会报错，如图 6-19 所示。

图 6-19 之所以会报错，是因为 Swift 中类实例化之后，所有的存储型属性必须有值。接下来，通过两个方法来解决上述问题，具体如下。

方法一：在定义属性时赋初始值，如例 6-14 所示。

例 6-14　定义属性时赋值.playground

```
1    class Person
2    {
3        //声明属性时赋值
4        var name: String = "张三"
5        var age: Int = 20
```

```
6    }
7    //实例化类
8    var per1 = Person()
9    //实例化类
10   var per2 = Person()
11   print("姓名：\(per1.name)---年龄：\(per1.age) ")
12   print("姓名：\(per2.name)---年龄：\(per2.age) ")
```

上例 6-14 中，第 4 行代码在定义 name 属性时，将其初始值赋为一个 String 类型的 "张三"。第 5 行定义 age 属性时，将其初始值赋为一个 Int 类型的 20。

程序的输出结果如图 6-20 所示。

方法二：将属性设置为 Optional。

在定义属性时可以直接通过赋值的方式初始化，但是从图 6-20 可以看出，程序输出结果中的 name 属性值都是一样的，这样显然是不合理的。针对这种情况，可以将属性设置为 Optional 来解决没有初始化的问题，具体如例 6-15 所示。

例 6-15　设置为 Optional.playground

```
1    class Person
2    {
3        var name: String?
4        var age: Int?
5    }
6    var per1 = Person()
7    per1.name = "张三"
8    per1.age  = 20
9    var per2 = Person()
10   per2.name = "李四"
11   per2.age  = 18
12   print("姓名：\(per1.name)---年龄：\(per1.age) ")
13   print("姓名：\(per2.name)---年龄：\(per2.age) ")
```

在例 6-15 中，第 3～4 行定义的 name 和 age 属性都为可选类型的，即在属性后面加上 "?"。第 6～8 行声明了一个 per1 实例并为其属性赋值。第 9～11 行声明了一个 per2 实例，并为其属性赋值。第 12～13 行打印这两个实例的属性。

程序的输出结果如图 6-21 所示。

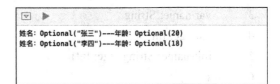

```
姓名: 张三---年龄: 20
姓名: 张三---年龄: 20
```

```
姓名: Optional("张三")---年龄: Optional(20)
姓名: Optional("李四")---年龄: Optional(18)
```

图 6-20　例 6-14 的输出结果　　　　图 6-21　例 6-15 的输出结果

从上面的运行结果可以看到，使用可选项声明属性，打印出来的结果都会带有 Optional。如果不想强制解包，且属性有默认值，可以使用系统默认提供的 init 构造函数，在类的实例化过程中，给存储型属性设置指定的值。实例化以后直接拿来用，或者在类实例化时指定存储属性的值。接下来通过一个案例来讲解如何使用 init 函数为属性初始化，如例 6-16所示。

例 6-16　使用 init 函数初始化.playground

```
1    import UIKit
2    class Person: NSObject
3    {
4        var name: String
5        var age: Int
6        //重写默认的构造函数
7        //父类提供了这个函数，而子类需要对父类的函数进行扩展，叫做重写
8        //特点：可以 super.xxx 调用父类本身的方法
9        override init() {
10           name = "张三"
11           age = 18
12           //调用父类的构造函数
13           super.init()
14       }
15   }
16   let per = Person()
17   print("姓名：\(per.name)---年龄：\(per.age)")
```

在例 6-16 中，第 4～5 行代码声明了两个属性，第 9～14 行使用 init 构造函数对属性进行初始化。程序的输出结果如图 6-22 所示。

图 6-22　程序运行结果

6.5.2　重载构造函数

在一个类中可以定义多个构造函数，以便提供不同初始化的方法，供用户选用。这些构造函数具有相同的名字，而参数的个数、名称或类型不相同，这称为构造函数的重载。

接下来通过一个案例来演示如何重载构造函数，具体如例 6-17 所示。

例 6-17　函数重载.playground

```
1    class Person
2    {
3        var name: String
4        var age: Int
5        init(name: String, age: Int)
6        {
7            self.name = name
8            self.age   = age
9        }
```

```
10   }
11   var per = Person(name: "张三", age: 20)
12   print("姓名：\(per.name)---年龄：\(per.age)")
```

在例 6-17 中，第 5～9 行代码就是重载的构
造函数，只要是构造函数就需要给属性设置初始
值。第 11 行代码对 Person 类创建实例，并赋初
始值。程序的输出结果如图 6-23 所示。

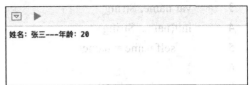

图 6-23　程序运行结果

注意：

如果重写了构造函数，系统默认的提供的构造函数就不能再被访问。

6.5.3　指定构造函数与便利构造函数

在构造函数中可以使用构造函数代理帮助完成部分构造工作。类构造函数代理分为横向
代理和向上代理，向上代理发生在继承的情况下，在子类构造过程中，要先调用父类构造函
数初始化父类的存储属性，这种构造函数称为指定构造函数（designated）。横向代理只能在发
生在同一类内部，这种构造函数称为便利构造函数（convenience）。接下来针对指定构造函数
和便利构造函数进行详细讲解。

1. 指定构造函数

指定构造函数（designated initializers）是类中最主要的构造函数。一个指定构造函数将初
始化类中提供的所有属性，并根据继承链往上调用父类的构造函数来实现父类的初始化。

指定构造函数的语法格式如下所示。

```
init(参数) {
    //声明
}
```

指定构造函数必须调用其直接父类的指定构造函数，由于本节还没有介绍继承，关于指
定构造函数的使用将在后面的章节进行讲解。

2. 便利构造函数

便利构造函数（convenience initializers）是类中比较次要的、辅助型的构造函数。可以定
义便利构造函数来调用同一个类中的指定构造函数，并为其参数提供默认值。也可以定义便
利构造器来创建一个特殊用途或特定输入值的实例。

便利构造函数的语法格式如下所示。

```
convenience init(参数) {
    //声明
}
```

便利构造函数具有以下几个特点。

（1）只有便利构造函数中可以调用 self.init()。

（2）便利构造函数不能被重写或者使用 super 调用父类的构造函数。

（3）不能被继承。

接下来，通过一个案例来学习便利构造函数的使用，如例 6-18 所示。

例 6-18 便利构造函数.playground

```
1    import UIKit
2    class Person {
3        var name: String
4        init(name: String) {
5            self.name = name
6        }
7        convenience init() {
8            self.init(name: "UnNamed")
9        }
10   }
11   let person1 = Person(name: "张三")
12   let person2 = Person()
13   print(person1.name)
14   print(person2.name)
```

在例 6-18 中，第 4~6 行定义了一个指定构造函数，第 7~9 行定义了一个便利构造函数，便利构造函数必须调用同一类中定义的其他指定构造函数或者便利构造函数。例如，在第 8 行代码调用了第 4~6 行的指定构造函数。程序的输出结果如图 6-24 所示。

需要注意的是，便利构造函数可以根据给定参数判断是否创建对象，而不像指定构造函数那样必须要实例化一个对象出来。在实际开发中，可以对已有类

图 6-24　例 6-18 的输出结果

的构造函数进行扩展，利用便利构造函数，简化对象的创建。

6.6　析构函数

析构函数（destructor）与构造函数相反，在一个类的实例被释放之前，析构函数会被调用。析构函数使用关键字 deinit 来定义，类似于初始化函数用 init 来定义。析构函数 deinit 没有返回值，也没有参数，不需要参数的小括号，所以不能重载。

在类的定义中，每个类最多只能有一个析构函数。析构函数不带任何参数，在写法上不带括号，具体示例如下。

```
deinit {
    // 执行析构过程
}
```

接下来通过一个计算圆周长和面积的案例来演示析构函数的使用，如例 6-19 所示。

例 6-19　析构函数.playground

```
1    class Circle{
2        let π = 3.145926
3        var r: Double
```

```
4       init(r: Double){
5           self.r = r
6       }
7       deinit{
8           print("调用析构函数")
9       }
10  }
11  var circle: Circle? = Circle(r: 3)
12  print("圆的面积为：\(circle!.π * circle!.r * circle!.r)")
13  circle = nil
14  var circle1 = Circle(r: 10)
15  print("圆的周长为：\(2 * circle1.π * circle1.r)")
```

在例 6-19 中，第 7~9 行定义一个析构函数，该析构函数在第 13 行实例 circle 被赋值为 nil 的时候被调用，表示 circle 需要释放内存，并在释放之前先调用析构函数。对于 circle1，因为它的值不是 nil，实例的内存不会被释放，也就调用不到析构函数了。

程序的输出结果如图 6-25 所示。

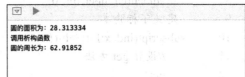

图 6-25 例 6-25 的输出结果

在 Swift 中，析构函数只适用于类，不能适用于枚举和结构体。由于 Swift 采用自动引用计数机制（ARC）管理内存，因此通常当实例被释放的时候不需要手动去清理内存。但是，也有一些自己使用的资源需要进行额外的清理。例如，如果创建了一个自定义的类来打开一个文件，并写入一些数据，可能需要在类实例被释放之前关闭该文件。

6.7 下标脚本

下标脚本是访问对象、集合或者序列的快速方式。开发者不需要调用实例特定的赋值和访问语法，就可以直接访问所需要的数值。例如，数组 perArray[index]、字典 perDictionary[key] 都使用了下标脚本。接下来，本节将对下标脚本的相关内容进行详细讲解。

6.7.1 下标脚本语法

下标脚本的语法类似于实例方法和计算型属性的混合，与定义实例方法类似，下标脚本使用 subscript 关键字定义，其定义形式如下。

```
subscript(参数名称1:数据类型,参数名称2:数据类型,...) ->返回值的数据类型 {
    get {
        //返回与参数类型匹配的类型的值
    }
    set(参数名称) {
        //执行赋值操作
    }
}
```

在上面的格式中，get 为读取方法，set 是设置方法。在定义 set 时，传入的参数类型必须和 subscript 函数的返回值类型相同。与计算属性里的 set 方法相同，set 后面如果没有声明参数，那么就使用默认的 newValue。

6.7.2 下标脚本的使用

前面说过下标脚本通常是用来访问对象、集合或序列（sequence）的快捷方式，可以针对特定的类或结构体的功能自由的以最恰当的方式实现下标。

接下来通过一个计算学校人数总和的案例来演示下标脚本的使用，如例 6-20 所示。

例 6-20　下标脚本.playground

```
1    importUIKit
2    class NumberOfPeople {
3        //声明一个表示校长的人数变量 principalNumber
4        var principalNumber:Int=0
5        //声明一个表示教师的人数变量 teacherNumber
6        var teacherNumber:Int=0
7        //声明一个表示学生的人数变量 studentNumber
8        var studentNumber:Int=0
9        //定义下标脚本
10       subscript(index:Int)->Int{
11           //设置 get 方法
12           get{
13               switch index{
14               case 0:
15                   return principalNumber
16               case 1:
17                   return teacherNumber
18               case 2:
19                   return studentNumber
20               default:
21                   return 0
22               }
23           }
24           //设置 set 方法
25           set{
26               switch index{
27               case 0:
28                   return principalNumber = newValue
29               case 1:
30                   return teacherNumber = newValue
31               case 2:
32                   return studentNumber = newValue
33               default:
34                   return
35               }
36           }
```

```
37        }
38    }
39    // 实例 NumberOfPeople 类
40    var personNumber = NumberOfPeople()
41    //使用下标脚本来设置属性的值
42    personNumber[0] = 1
43    personNumber[1] = 30
44    personNumber[2] = 100
45    //声明一个储存人数的变量 sum
46    var sum:Int = 0
47    //使用 for-in 遍历求和
48    for i in 0...2{
49        sum += personNumber[i]
50    }
51    print(sum)
```

在例 6-20 中，首先在第 4~8 行声明三个变量，分别用于表示校长人数、老师人数和学生人数，在第 10~37 行定义一个下标脚本，第 12~23 行代码用于设置 get 方法，第 25~36 行用于设置 set 方法。第 40 行代码实例化 NumberOfPeople 类，第 42~44 行代码为之前声明的三个变量赋值，在第 46 行代码声明了一个 sum 变量用来存储学校总人数，在第 48~50 行代码使用 for-in 循环遍历求和，计算出总人数。

程序的输出结果如图 6-26 所示。

图 6-26　例 6-20 运行结果

例 6-20 是下标脚本的读写的形式，接下来使用只读的形式实现使用下标访问属性值的功能，如例 6-21 所示。

例 6-21 下标脚本的只读属性.playground

```
1     import UIKit
2     class NumberOfPeople {
3         //声明三个变量储存学校校长、老师和学生的人数
4         var principalNumber:Int=1
5         var teacherNumber:Int=30
6         var studentNumber:Int=100
7         //定义下标脚本
8         subscript(index:Int)->Int{
9             get{
10                switch index{
11                case 0:
12                    return principalNumber
13                case 1:
14                    return teacherNumber
15                case 2:
16                    return studentNumber
17                default:
```

```
18            return 0
19          }
20        }
21      }
22  }
23  var personNumber = NumberOfPeople()
24  //遍历输出属性值
25  for i in 0...2{
26      print(personNumber[i])
27  }
```

在例 6-21 中，第 9～20 行代码设置了 get 方法，说明只能获取属性值，不能对其属性进行赋值，第 25～27 行使用了 for-in 循环获取它的属性值。程序的输出结果如图 6-27 所示。

图 6-27　例 6-21 输出结果

6.8　本章小结

本章首先介绍了什么是面向对象编程，然后讲解了类和结构体，包括类和结构体的定义、类和结构体的实例，以及它们之间的对比。接着介绍了属性，属性包括存储属性、计算属性和类型属性等，最后介绍构造函数的使用，包括构造函数的基础、重载构造函数、指定构造函数和便利构造函数、析构函数。本章内容是面向对象编程的基础，希望大家能够熟练掌握。

6.9　本章习题

一、填空题

1. 面向过程和_____是两种常用的编程思想。

2. 属性是描述特定类、结构或者枚举的值，在 Swift 中属性分为_____，_____和_____三种。

3. 在 Swift 中，类使用_____关键字声明，结构体使用_____关键字声明。

4. 在 Swift 中，常量存储的属性使用_____关键字定义，变量存储的属性使用_____关键字定义。

5. 在 Swift 中，懒存储属性是指当被第一次调用的时候才会计算其初始值的属性，一个懒存储属性通过在属性声明的前面加上_____来标识。

6. 变量根据作用域的不同，可分为_____和_____。

7. 析构函数使用关键字_____来定义，类似于初始化函数用 init 来定义。

8. 如果在一个构造函数的前面有关键字 convenience，我们称其为_____。

9. _____不直接存储值，而是提供一个 getter 和一个可选的 setter 来间接获取和设置其他属性或变量的值。

10. 一个_____就是存储在特定类或结构体的实例里的一个常量或变量。

二、判断题

1. Swift 中，枚举、类和结构体都支持计算属性。（　　　）
2. Swift 中，枚举、类和结构体都支持存储属性。（　　　）
3. Swift 中，枚举、类和结构体都是值类型的。（　　　）
4. 计算属性可以用 let 和 var 声明。（　　　）
5. 存储属性可以用 let 和 var 声明。（　　　）
6. 在 Swift 中，允许一个结构体继承自另一个结构体。（　　　）
7. 在 Swift 中，允许一个类继承自另一个类。（　　　）
8. 在 Swift 中，支持函数重载。（　　　）
9. 虽然析构函数没有返回值，没有参数，但是析构函数仍然支持重载。（　　　）
10. 在实例计算属性中能访问实例属性，也能访问静态属性。（　　　）

三、选择题

1. 以下选项中，哪些数据类型具有面向对象特征（　　　）。
   A. 枚举　　　　　　B. 类　　　　　　C. 结构体　　　　　　D. 元组
2. 以下选项中，关于类和结构体的对比错误的是（　　　）。
   A. 类和结构体都可以定义初始化器用于生成初始化值
   B. 类和结构体都拥有继承的特性
   C. 类和结构体都可以定义方法用于提供功能
   D. 类和结构体都可以定义属性用于存储值
3. 下面关于属性的说法中，正确的是（　　　）。
   A. Swift 中的计算属性可以存储特定类的一个常量或者变量
   B. 计算属性提供了一个 getter 和 setter 来分别进行获取值和设置其他属性的值
   C. 只有在类中可以定义类型属性
   D. 类型的存储属性不用指定默认值
4. 下列关于构造函数的说法中，错误的是（　　　）。
   A. 在 Swift 中所有的构造函数都是 init 方法
   B. 在一个类中只可以定义一个构造函数
   C. 可以定义便利构造函数来调用同一个类中的指定构造函数
   D. 指定构造函数根据父类链往上调用父类的构造函数来实现父类的初始化
5. 下列选项中，关于下标脚本的说法正确的是（　　　）。
   A. 下标脚本使用 struct 关键字定义
   B. 下标脚本定义 get 时，传入的参数类型必须和 subscript 函数的返回值类型相同
   C. 下标脚本的 set 后面如果没有声明参数，那么就使用默认的 newValue
   D. 使用下标脚本，还需要调用实例特定的赋值和访问语法，访问所需要的数值

四、程序分析题

阅读下面的程序，分析代码是否能够编译通过。如果能编译通过，请列出运行的结果，

否则请说明编译失败的原因。

1. 代码一

```
struct Student
{
    let name: String
    var age: Int
}
let stu = Student (name:"zhangsan",age:18)
stu.age = 18
```

2. 代码二

```
class Person
{
    var name: String
    var age: Int
}
```

3. 代码三

```
var y:Int! = 10
y = nil
print(y)
```

4. 代码四

```
var a = 1
let b = a++        //b 值为 1，a 值为 2
let c = ++a        //c 值为 3，a 值为 3
```

五、简答题

1. 对比 Swift 中类还是结构体的相同之处和不同之处。

2. 请简述什么是存储类型？什么是计算属性？

六、编程题

在 Playground 中设计一个继承自 NSObject 的 Person 类，要求如下。

（1）在类中声明 name 和 age 属性，并使用 init 函数对其进行初始化。

（2）在 Person 类中定义一个 personInfo 方法用于打印 name 和 age 的信息。

（3）实例 Person 类并调用 personInfo 方法。

PART 7

第 7 章
面向对象（下）

7.2 继承和重写

学习目标

- 理解面向对象的三大特性
- 掌握类的继承和重写
- 掌握构造函数的继承和重写
- 理解和熟练使用可选链
- 理解和熟练使用类型检查和转换、嵌套类型

在上一章，我们介绍了面向对象的基本知识，在这一章里，接着介绍 Swift 中的面向对象高级特性及相关用法，包括继承和重写、可选链的使用、类型检查和转换及类型嵌套等内容。

7.1 面向对象的三大特性

面向对象的三大特性是封装、继承和多态。接下来针对这三种特性进行简单的介绍。

1. 封装

封装是面向对象方法的一个重要原则，把对象的属性和行为封装起来，不需要让外界关心内部的具体实现细节，外界只能用过接口使用该对象，而且不能通过任何形式修改对象内部的实现。使用封装能隐藏对象的实现细节，使代码更容易维护，同时因为不能直接调用、修改内部的私有信息，在一定程度上保证了系统的安全。

接下来我们举一个关于封装的例子，比如封装了一个计算圆面积的函数，对外只提供一个简单的函数接口，传入圆的半径即可计算。当需要计算圆面积的时候，只需要调用封装好的函数接口，传入参数就可以完成圆面积的计算。不需要关心圆的面积是怎样计算出来的，也不能修改圆面积的计算方式。

2. 继承

面向对象编程语言的一个主要的功能就是继承，继承主要描述的是类与类的关系，通过继承，可以在不必重写类的情况下，使用原有的类的功能和进行扩展。例如，有一个轮船类，轮船具有吨位、时速、吃水线等属性和行驶、停泊等服务，客轮类继承自轮船类，拥有轮船类的全部属性和行为，还可以增加客轮类自己的特殊属性（如载客量）和行为（如供餐）。继承不仅增强了代码的复用性，还提高了开发效率，而且为程序后期的维护提供了便利。

3.多态

多态与继承紧密相关，是面向对象编程中另一个突出的特征。对象的多态性是指在父类中定义的属性或方法被子类继承之后，可以使同一个属性或方法在父类及其各个子类中具有不同的含义，这称为多态性。如动物都有吃饭的方法，但是老鼠的吃饭方法和猫的吃饭方法是截然不同的。简单来说：一种行为产生多种效果。

总的来说，封装可以隐藏实现细节同时包含私有成员，使得代码模块化并增加安全指数；继承可以扩展已存在的模块，目的是为了代码重用；多态则是为了保证类在继承和重写的时候，继承体系中任何类的实例都被正确调用，实现了接口重用。

7.2 继承和重写

如前所述，继承是面向对象的三大特性之一，Swift 语言也支持类的继承。接下来，就针对 Swift 中的继承进行详细的介绍。

7.2.1 继承的概念

现实世界中的事物是有多种联系的，通常将具有相同特征和行为的事物划分为一个种类，如动物、植物、水果、人类等。相同种类的事物之间也存在着各种关系，从属关系就是其中的一种。比如生物包含动物和植物，动物里又包含哺乳动物和鸟类、鱼类等，哺乳动物里包含了猫、狗等。

图 7-1 反映了动物相关的层级关系，从生物到猫，向下经历了 4 个层级。低层级的动物具备了高层级动物的所有特性和行为，并且还增加了高层级不具备的、自己特有的特征和行为。所有的哺乳动物都是动物，但是动物却不一定是哺乳动物。从高层级到低层级是一个从抽象到具体的过程，从低层级到高层级则是一个从具体到抽象的过程。

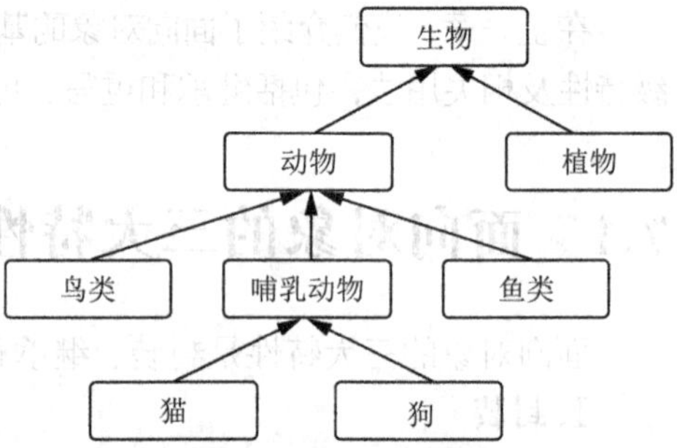

图 7-1 动物分类层级图

在面向对象编程里，所有的事物都对应着一个类，包括生物类、动物类、哺乳动物类、猫类、狗类等。每个事物都有自己的特征和行为，对应着类的属性和方法。高层级的事物和低层级的事物之间的从属关系，对应着父类和子类的继承关系，其中高层级事物叫做父类（比如动物），低层级事物叫做子类（比如哺乳动物）。低层级类具有高层级类的所有特征和行为，对应着子类继承了父类的所有属性和方法。

一个类可以继承另一个类的方法、属性和其他特性，当一个类继承自其他类时，继承类叫子类，被继承类叫超类或者父类。比如，类 B 继承自类 A，则类 B 为子类，类 A 叫做超类，或者父类。在 Swift 中，继承是类区别于其他数据类型的基本特征。Swift 只允许单继承，即一个子类只能有一个父类，但是一个父类可以有多个子类。子类继承了父类的所有特性和方法，并且可以进一步完善，添加新的特性和方法。

不继承自其他类的类，称为基类。

下面定义一个生物类（Life），定义代码如下。

```
class Life {
    var name:String?              //名称属性
```

```
    func breathe(){                          //呼吸方法
        print("\(self.name ?? "我")会呼吸")
    }
}
```

接下来定义一个子类，定义子类的写法是在类名后面添加冒号（:）和基类名称。下面的代码定义了一个动物类（Animal），继承自生物类。

```
class Animal : Life {                        //继承自 Life 类
}
```

如果一个子类只能继承一个父类，这叫做单继承。但有时，一个子类可以继承自多个不同的父类，这种情况叫做多重继承。在 Swift 中，类的继承只能是单继承，但可以遵守多个协议，从而达到多重继承的效果。

注意：

在 Objective-C 中，所有的类都继承自 NSObject，但是 Swift 不同，Swift 中的类并不都从一个通用的类继承而来，如果在定义类时不给它指定父类，则这个类自己就成为了基类。

7.2.2　继承的实现

定义一个子类继承自父类之后，在父类的属性、方法和下标脚本都会被子类继承，从而实现了子类对父类的继承。接下来依次对子类继承父类的属性、方法和下标脚本进行介绍。

1. 属性的继承

子类可以继承父类的属性，包括存储属性、计算属性和类型属性。

接下来在 playground 中创建一个案例来介绍子类对父类属性的继承，如例 7-1 所示。

例 7-1　属性的继承.playground

```
1    class Person {
2        //存储属性
3        var age = 20
4        //计算属性
5        var description :String {
6            return "我的年龄是\(age)"
7        }
8        //类型属性
9        static var kind = "人类"
10   }
11   //定义子类 Student，继承自基类 Person
12   class Student: Person{
13   }
14   //定义 Student 对象
15   let newStudent = Student()
16   newStudent.age = 18                      //在子类中访问存储属性
```

17	print(newStudent.age)	//输出存储属性值
18	print(newStudent.description)	//输出计算属性值
19	Student.kind = "学生"	//在子类中访问类型属性
20	print(Student.kind)	//输出类型属性值

在例 7-1 中，第 1~10 行定义了一个基类 Person，并给它定义了一个存储属性 age、一个计算属性 description（在计算属性中使用了 age 的值）和一个类型属性 kind。

第 12~13 行定义了一个子类 Student，继承自基类 Person，Person 成为了 Student 类的父类。子类并没有增加自己的属性或方法。

第 15 行定义了一个子类的对象 newStudent，它继承了父类的所有属性，所以第 16~17行可以访问和输出 newStudent 对象的存储属性 age，第 18 行输出它的计算属性 description，第 19~20 行访问和输出了 newStudent 对象的类型属性 kind。

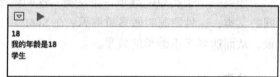

图 7-2　例 7-1 的运行结果

程序的输出结果如图 7-2 所示。

从运行结果可以看出，子类完全继承了父类的属性，并且可以在子类中使用这些属性。

2. 属性观察器的继承

子类不仅可以继承父类的属性，还可以继承父类的属性观察器，如例 7-2 所示。

例 7-2　属性观察器的继承.playground

```
1    class Person {
2        //存储属性
3        var age = 20 {
4            willSet{
5                print("新的年龄是\(newValue)")
6            }
7            didSet{
8                if (age > oldValue) {
9                    print("比原来多了\(age - oldValue)岁")
10               } else {
11                   print("比原来少了\(oldValue - age)岁")
12               }
13           }
14       }
15   }
16   //定义子类 Student，继承自基类 Person
17   class Student: Person{
18   }
19   //定义 Student 对象
20   let newStudent = Student()
21   newStudent.age = 18            //更改属性的值
22   newStudent.age = 22            //更改属性的值
```

在例 7-2 中，第 1～15 行定义了一个基类 Person，并且为 Person 的存储属性 age 添加了属性观察器。

第 17～18 行定义了一个子类 Student，继承自父类 Person，子类没有增加任何内容。

第 20 行定义了一个 Student 类型的常量 newStudent，第 21 和 22 行改变了 newStudent 的存储属性 age 的值。程序的输出结果如图 7-3 所示。

从运行结果可以看出，由于子类 Student 继承了父类 Person 的属性观察器，所以在子类中改变了 age 的属性值以后，属性观察器观察到了属性值的变化，并将变化结果输出到控制台。

图 7-3 例 7-2 的输出结果

3. 下标脚本的继承

除了继承父类的属性，子类还可以继承父类的下标脚本，也就是说，在父类中定义的下标脚本，在子类中可以直接使用，如例 7-3 所示。

例 7-3 下标脚本的继承.playground

```
1    class Person {
2        var oldName = "I like Swift"
3        var newName = "I like Objective-C"
4        var currentName = "I like C"
5        subscript(index:Int)->String{
6            switch index{
7            case 0:
8                return oldName
9            case 1:
10                return newName
11            case 2:
12                return currentName
13            default:
14                return "I like Itcast"
15            }
16        }
17    }
18    //定义子类 Student，继承自基类 Person
19    class Student: Person {
20    }
21    //定义 Student 对象
22    let newStudent = Student()
23    print(newStudent[0])
24    print(newStudent[5])
```

在例 7-3 中，第 1～17 行定义了一个基类 Person，并且定义了三个字符串类型的存储属性：oldName、newName、currentName，然后定义了一个只读下标脚本，用于访问这三个存储属性。

第 19～20 行定义了一个子类 Student，继承自父类 Person。子类没有任何新增内容。

第 22 行定义了一个 Student 类型的常量 newStudent，并调用了下标脚本访问它的属性。程序的输出结果如图 7-4 所示。

从程序运行结果可知，由于 Student 类继承了 Person 类的下标脚本，所以当调用 newStudent 对象的下标脚本时，程序通过这些脚本取得了对应的属性值，并在控制台打印出执行结果。

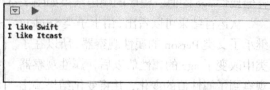

图 7-4 例 7-3 的运行结果

4. 方法的继承

子类可以继承父类的方法，包括实例方法和类型方法。例 7-4 是一个子类继承父类方法的案例，如下所示。

例 7-4 方法的继承.playground

```
1    class Person {
2        //定义类型属性
3        static var name:String = "程序员"
4        //定义类型方法
5        static func introduce(){
6            print("请叫我\(name)")
7        }
8        //定义实例方法
9        func read(name:String, byTimes:Int){
10           print("我看了\(byTimes)遍《\(name)》")
11       }
12   }
13   //定义子类 Student，继承自基类 Person
14   class Student: Person {
15   }
16   //定义 Student 对象
17   let newStudent = Student()
18   newStudent.read(name: "Swift 项目开发基础教程", byTimes: 5)       //调用实例方法
19   Student.introduce()          //调用类型方法
```

在例 7-4 中，第 1～12 行定义了一个基类 Person，并且定义了一个类型属性 name，一个类型方法 introduce（在该方法中用到了类型属性 name），一个实例方法 read。

第 14～15 行定义了一个子类 Student，继承自父类 Person。子类没有任何新增内容。

第 17 行定义了一个 Student 类型的常量 newStudent，并调用了它的实例方法和类型方法。程序的输出结果如图 7-5 所示。

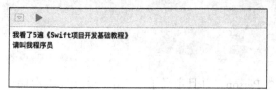

图 7-5 例 7-4 的运行结果

从程序运行结果可知，由于 Student 类继承了 Person 类的实例方法和类型方法，所以当调用 newStudent 对象的 read 方法和 Student 类的 introduce 方法时，程序执行了这些方法，并在控制台打印出执行结果。

5．增加新属性和方法

子类除了继承父类的属性和方法之外，还可以增加自己的属性和方法。

接下来使用一个示例说明，如例 7-5 所示。

例 7-5　增加新属性和方法.playground

```
1    //定义基类
2    class Life {
3        var name:String?                    //名称属性
4        func breathe(){                      //呼吸方法
5            print(self.name ?? "我", "会呼吸")
6        }
7    }
8    //定义子类继承自基类
9    class Animal : Life {                    //继承自 Life 类
10       var legs = 0                         //增加 legs 属性
11       func move (){                        //增加了 move 方法
12           print(self.name ?? "我","会移动")
13       }
14   }
15   //创建基类的对象
16   let life = Life()                        //定义一个 life 对象
17   life.name = "生物"                        //给对象的 name 属性赋值
18   life.breathe()                           //调用对象的呼吸方法
19   //创建子类的对象
20   let cat = Animal()                       //定义一个 Animal 对象
21   cat.name = "猫"                           //给对象的 name 属性赋值
22   cat.legs = 4                             //给对象的 legs 属性赋值
23   cat.breathe()                            //调用呼吸方法
24   cat.move()                               //调用移动方法
25   print(cat.name ?? "","有\(cat.legs)条腿")   //输出动物有几条腿
```

在例 7-5 中，第 2～7 行定义了一个基类生物类（Life），它有一个名称属性（name），一个呼吸方法（breathe）。在 breathe 方法里会输出当前对象的名称，如果名称为空，则输出"我会呼吸"。

第 9～14 行定义一个子类，定义子类的写法是在类名后面添加冒号（:）和基类名称。子类叫做动物类（Animal），继承自生物（Life）类。动物类继承了生物类的年龄属性和呼吸方法，并且增加了 legs 属性，用于说明动物有几条腿。增加了 move 方法，在该方法中使用了基类中定义的 name 属性，并判断 name 是否为空，如果为空则输出"我会移动"。

第 16～18 行使用 let 关键字定义一个 Life 类型的对象，名称为 lite（由于 Swift 是一个区

分大小写的语言，所以会将 Life 和 life 当作两个不同的名称）。然后给 life 对象的名称赋值为"生物"，再调用 breathe 方法。

第 20 ~ 25 行代码使用 let 关键字定义一个 Animal 对象 cat，给 cat 的名称设置为"猫"，然后调用它的 breathe 方法和 move 方法，其中 move 方法是它新增的，而它的父类并不具有。最后输出它有几条腿。

程序的输出结果如图 7-6 所示。

从结果可以看出，Animal 作为子类，继承了父类 Life 的所有属性和方法，并且增加了 legs 属性和 move 方法，在 move 方法里也可以访问继承过来的属性。

图 7-6　例 7-5 的输出结果

7.2.3　重写

子类可以继承父类的属性、方法、下标脚本，但是有些情况下，子类希望对父类提供的属性、方法和下标脚本进行修改，提供自己的实现，这种行为就叫重写（overriding）。

如果要重写某个特性，就需要在定义前面加上 override 关键字，这样就表明子类要提供一个重写版本，而不是重复定义。缺少 override 关键字的重写会在编译时报错。

子类可以重写父类的很多特性，包括属性、方法和下标脚本，接下来一一进行介绍。

1. 属性的重写

不管父类的属性是计算属性还是存储属性，是实例属性还是类型属性，子类都可以通过重写父类属性的 set 方法和 get 方法实现对属性的重写，如例 7-6 所示。

例 7-6　属性的重写.playground

```
1    //定义基类
2    class Animal {
3        var legs = 2//存储属性
4        //只读计算属性
5        var description:String{
6            return "动物"
7        }
8        //类型属性
9        class var kind:String {
10           return "动物类"
11       }
12   }
13   //定义子类 Cat，继承自 Animal
14   class Cat: Animal {
15       //重写存储属性
16       override var legs : Int {
17           get{
18               return 4
19           }
20           set {
21               self.legs = newValue
```

```
22            }
23       }
24       //重写计算属性
25       override var description:String{
26            return "猫"
27       }
28       //重写类型属性
29       override class var kind:String{
30            return "猫类"
31       }
32  }
33  //定义基类的变量
34  let animal = Animal()
35  print("\(animal.description)有\(animal.legs)条腿，属于\(Animal.kind)")
36  //定义子类的变量
37  let cat = Cat()
38  print("\(cat.description)有\(cat.legs)条腿，属于\(Cat.kind)")
```

在例 7-6 中，第 2～12 行定义了一个基类 Animal，它有一个存储属性 legs，一个只读计算属性 description，一个只读的类型属性 kind。

第 14～32 行定义了一个子类 Cat，它继承自 Animal 类，并且在第 16～23 行通过提供 setter 和 getter 方法，重写了父类的存储属性 legs，在第 25～27 行重写了父类的计算属性 description，第 29~31 行重写了父类的类型属性 kind。

第 34～35 行定义了一个 Animal 类型的常量，并输出 Animal 的计算属性、存储属性和类型属性的值。

第 37～38 行定义了一个 Cat 类型的常量，并输出 Cat 的计算属性、存储属性和类型属性的值。

程序的输出结果如图 7-7 所示。

由运行结果可以看出，由于 Cat 类重写了 Animal 类的属性，所以输出的 Cat 类的属性值，与 Animal 类的属性值不同。

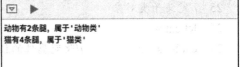

动物有2条腿，属于'动物类'
猫有4条腿，属于'猫类'

图 7-7　例 7-6 的输出结果

在重写属性时，需要注意的是以下几点。

（1）无论继承的属性是存储属性还是计算属性，子类都可以通过提供 getter 和 setter 对属性进行重写，但是重写时一定要显式地写出属性的名字和类型，这样，编译器才会将重写的属性与分类中同名同类型的属性相匹配。

（2）可以将一个继承来的属性重写为一个读写属性，只需要在重写版本里提供 getter 和 setter 即可。

（3）不可以将继承来的读写属性重写为一个只读属性。

（4）如果在重写属性时提供了 setter 方法，那么一定要提供 getter 方法。

2.属性观察器的重写

子类可以通过重写为继承来的属性添加属性观察器，这样，当属性值发生改变时，子类就可以得到通知，如例 7-7 所示。

例 7-7 属性观察器的重写.playground

```
1    //定义基类
2    class Animal {
3        //存储属性
4        var legs = 2{
5            willSet{
6                print("Animal willSet \(newValue)")
7            }
8            didSet{
9                print("Animal didSet")
10           }
11       }
12   }
13   //定义子类 Cat，继承自 Animal
14   class Cat: Animal {
15       //为存储属性添加属性观察器
16       override var legs : Int {
17           willSet{
18               print("Cat willSet \(newValue)")
19           }
20           didSet{
21               print("Cat didSet")
22           }
23       }
24   }
25   //定义子类对象
26   let cat = Cat()
27   cat.legs = 3          //改变属性的值
```

在例 7-7 中，第 2~12 行定义了一个基类 Animal，它有一个存储属性 legs，并且给该属性添加了属性观察器。

第 14~24 行定义了一个子类 Cat，它重写了属性 legs 的属性观察器。

第 26~27 行创建了一个 Cat 的对象，
并将它的 legs 属性值改变为 3。

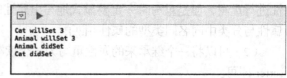

程序的输出结果如图 7-8 所示。

由结果可以看出，由于在子类中重写了

图 7-8 例 7-7 的输出结果

属性的属性观察器，当属性发生变化时，子
类得到了通知，它的 willSet 和 didSet 方法被调用，并且在控制台输出内容。

在子类中重写属性观察器要注意的是：

（1）无论父类有没有为该属性添加属性观察器，子类都可以添加属性观察器，如果父类已经添加了属性观察器，则当属性发生变动时，父类和子类都会得到通知；

（2）属性观察器不能用于计算属性，只能用于存储属性，因为计算属性在 setter 里就可以获取到属性值的变化。

3. 方法的重写

子类可以对父类的方法实现进行重写，包括实例方法和类型方法。重写时要在方法名称前加 override 关键字，表明这是对父类方法的重写，如例 7-8 所示。

例 7-8 方法的重写.playground

```
1   //定义基类
2   class Animal {
3       //实例方法
4       func move(){
5           print("动物会动");
6       }
7       //类型方法
8       class func eat(){
9           print("动物会吃东西");
10      }
11  }
12  //定义子类 Cat，继承自 Animal
13  class Cat: Animal {
14      //重写实例方法
15      override func move() {
16          print("猫会跳");
17      }
18      //重写类型方法
19      override class func eat() {
20          print("猫会吃东西");
21      }
22  }
23  //定义基类对象
24  let animal = Animal()
25  animal.move()          //调用基类的实例方法
26  Animal.eat()           //调用基类的类型方法
27  //定义子类对象
28  let cat = Cat()
29  cat.move()             //调用子类的实例方法
30  Cat.eat()              //调用子类的类型方法
```

在例 7-8 中，第 2～11 行定义了一个基类 Animal，并给它添加了一个实例方法 move 和一个类型方法 eat。

第 13～22 行定义了一个子类 Cat，在子类中重写了 move 方法和 eat 方法。

第 24～26 行创建了一个 Animal 对象，并调用它的实例方法和类型方法。

第 28～30 行创建了一个 Cat 对象，并调用子类的实例方法和类型方法。

程序的输出结果如图 7-9 所示。

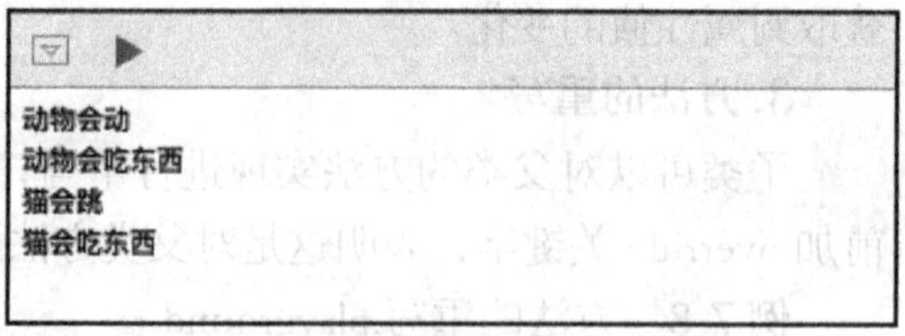

从运行结果可以看出，子类由于重写了父类的实例方法和类型方法，所以调用子类的方法时，输出的是子类重写以后的值。

4. 下标脚本的重写

除了重写属性和属性观察器，子类还可以

图 7-9 例 7-8 的输出结果

对父类的下标脚本进行重写，重写时要在下标脚本的定义前加 override 关键字。重写下标脚本与定义下标脚本的方法，这里不再赘述。

7.2.4 final 关键字的使用

可以在定义类和类的成员时使用 final 关键字，它们的含义分别如下。

（1）在关键字 class 前添加 final 修饰符（final class）可以将整个类标记为 final 的，这样的类是不可被继承的。试图继承这样的类会导致编译报错。

接下来看一个示例：

```
final class Person {
}
class Employee: Person {          //编译出错
}
```

在上例中使用 final 关键字声明了一个类 Person，说明它是不可继承的，当试图定义一个 Employee 类继承自 Person 时，编译器会报错，错误信息如图 7-10 所示。

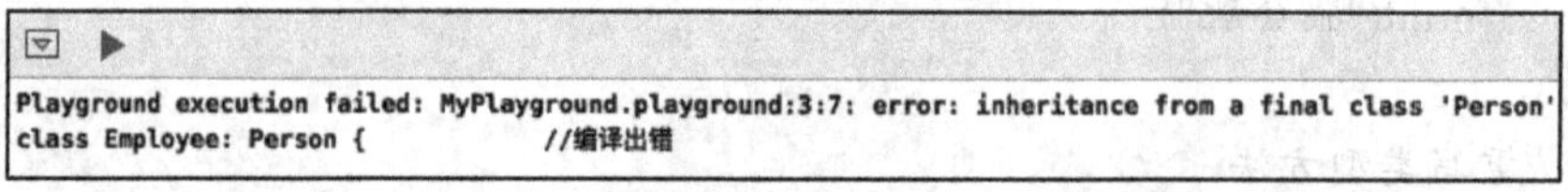

```
Playground execution failed: MyPlayground.playground:3:7: error: inheritance from a final class 'Person'
class Employee: Person {          //编译出错
```

图 7-10 错误信息

（2）在类的定义中将方法、属性或下标脚本标记为 final 可以防止它们被重写，只需要在声明关键字前加上 final 修饰符即可（如 final var、final func、final class func 及 final subscript）。

如果重写了 final 修饰的方法、属性或下标脚本，在编译时会报错，示例代码如下。

```
1    class Person {
2        //实例属性
3        var name: String?
4        final var age: Int?
5        //实例方法
6        final func description(){
7            print("我的名字是\(name)，今年\(age)岁")
8        }
9        //类型属性
10       final class var className: String {
11           get{
```

```
12          return "Person"
13        }
14      }
15      //类型方法
16      final class func getClassName(){
17          print("Person")
18      }
19      //下标脚本
20      final subscript (index:Int) -> String{
21          switch index {
22          case 0:
23              return self.name!
24          default:
25              return ""
26          }
27      }
28  }
29  //定义子类继承自 Person 类
30  class Employee : Person {
31      //新增实例属性
32      var company : String?
33      //重写实例属性，编译错误
34      override var age: Int? {
35          get{
36              return super.age + 10
37          }
38          set {
39              super.age = age – 10
40          }
41      }
42      //重写实例方法，编译错误
43      override func description(){
44          print("我的名字是\(name)，今年\(age)岁,我在\(company)公司上班")
45      }
46      //重写类型属性，编译错误
47      override class var className:String{
48          get{
49              return "Employee"
50          }
51      }
52      //重写类型方法，编译错误
```

```
53      override class func getClassName(){
54          print("Employee")
55      }
56  //重写下标脚本，编译错误
57  override subscript (index:Int) -> String{
58      switch index {
59      case 0:
60          return self.name!
61      case 1:
62          return self.company!
63      default:
64          return ""
65      }
66  }
67  }
```

在上述代码中，第 1~28 行定义了一个基类 Person 类，这个类没有被定义为 final，所以它是可以被继承的。但是它的实例属性 age、实例方法 description、类型属性 className、类型方法 getClassName 和下标脚本都被定义为 final，所以是不能被重写的。

第 30~67 行定义了一个子类 Employee 继承自 Person 类，它试图重写父类的实例属性 age、实例方法 description、类型属性 className、类型方法 getClassName 和下标脚本，结果编译器报错，错误信息如图 7-11 所示。

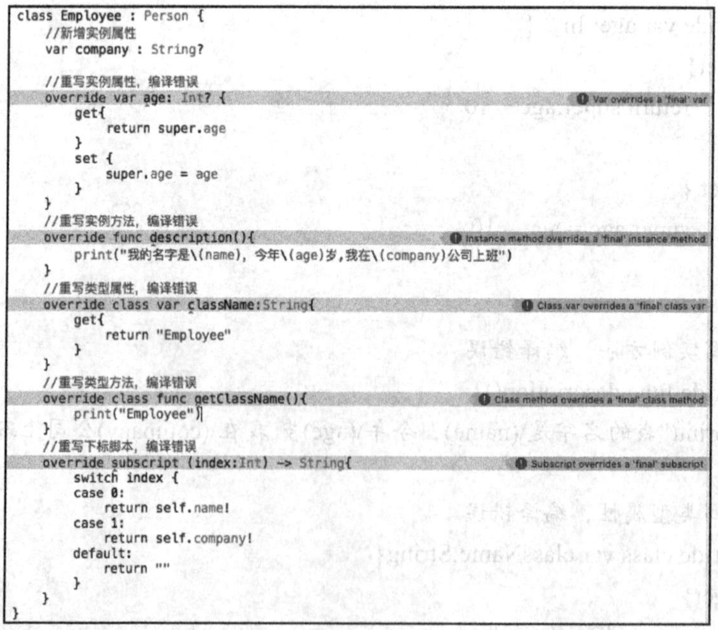

```
class Employee : Person {
    //新增实例属性
    var company : String?

    //重写实例属性，编译错误
    override var age: Int? {                              ❗ Var overrides a 'final' var
        get{
            return super.age
        }
        set {
            super.age = age
        }
    }
    //重写实例方法，编译错误
    override func description(){                          ❗ Instance method overrides a 'final' instance method
        print("我的名字是\(name)，今年\(age)岁,我在\(company)公司上班")
    }
    //重写类型属性，编译错误
    override class var className:String{                  ❗ Class var overrides a 'final' class var
        get{
            return "Employee"
        }
    }
    //重写类型方法，编译错误
    override class func getClassName(){                   ❗ Class method overrides a 'final' class method
        print("Employee")
    }
    //重写下标脚本，编译错误
    override subscript (index:Int) -> String{            ❗ Subscript overrides a 'final' subscript
        switch index {
        case 0:
            return self.name!
        case 1:
            return self.company!
        default:
            return ""
        }
    }
}
```

图 7-11 试图重写 final 定义的属性、方法、下标脚本时报错

7.2.5 super 关键字的使用

当在子类中重写父类的方法、属性或下标脚本时，有时在重写版本中使用已经存在的父

类实现会大有益处。比如，可以完善已经实现的行为，或在一个继承来的变量中存储一个修改过的值。访问父类的成员使用的是 super 前缀，super 的用处有以下几个。

- 访问父类的属性。在属性的 getter 或 setter 的重写实现中，可以通过 super.someProperty 来访问父类版本的 someProperty 属性。
- 访问父类的方法。在方法 someMethod()的重写实现中，可以通过 super.someMethod() 来调用父类版本的 someMethod()方法。
- 访问父类的下标脚本。在下标脚本的重写实现中，可以通过 super[someIndex]来访问父类版本中的相同下标脚本。

接下来使用一个示例代码为大家介绍 super 的使用，如例 7-9 所示。

例 7-9 super 关键字的使用.playground

```
1    class Person {
2        //实例属性
3        var name: String?
4        var age: Int?
5        //实例方法
6        func description(){
7            print("我的名字是\(name)，今年\(age)岁")
8        }
9        //下标脚本
10       subscript (index:Int) -> String{
11           switch index {
12           case 0:
13               return self.name!
14           default:
15               return ""
16           }
17       }
18   }
19   //定义子类继承自 Person 类
20   class Employee : Person {
21       //新增实例属性
22       var company : String?
23       //重写实例属性
24       override var age: Int? {
25           get{
26               return super.age! + 10                    //使用 super.age 访问父类属性
27           }
28           set {
29               super.age = age! – 10                     //使用 super.age 访问父类属性
30           }
31       }
```

```
32        //重写实例方法
33        override func description(){
34            super.description()              //使用 super.description 访问父类方法
35            print("我在\(company)公司上班")
36        }
37        //重写下标脚本
38        override subscript (index:Int) -> String{
39            switch index {
40            case 1:
41                return self.company!
42            default:
43                return super[index]         //使用 super[index]访问父类的下标脚本
44            }
45        }
46    }
```

在例 7-9 中，第 1～18 行代码定义了一个基类 Person，并在 Person 类中定义了属性 name 和 age，方法 description 和下标脚本。

第 20～46 行代码定义了一个子类 Employee，继承自 Person 类。在子类的实现中：

（1）重写了父类的属性 age，并在重写属性的 get 和 set 时使用了 super.age 访问父类的 age 属性（第 26 行和第 29 行代码）；

（2）重写了父类的 description 方法，并在重写方法时使用 super.description 方法访问父类的方法（第 34 行代码）；

（3）重写了父类的下标脚本，并在重写时使用 super[index]访问父类的下标脚本（第 43 行代码）。

7.3 构造函数的继承和重写

在上一章中介绍了类的构造函数和析构函数，其中构造函数分为指定构造函数和便利构造函数。在构造过程中可以通过构造函数代理帮助完成部分构造工作，子类的指定构造函数通过调用父类链的构造函数实现父类的初始化，也就是向上代理，便利构造函数必须总是调用同一个类的构造函数，也就是横向代理。接下来，为大家介绍构造函数的调用规则、继承与重写。

7.3.1 构造函数的调用规则

先来看一个示例代码，如例 7-10 所示。

例 7-10 构造函数的调用规则.playground

```
1 class Person {
2     var name: String
3     var age: Int
4     func description(){
5         print("我的名字是\(name)，今年\(age)岁")
6     }
```

```
7          //指定构造函数
8          init (name: String,age: Int){
9              self.name = name
10             self.age = age
11         }
12         //便利构造函数
13         convenience init(name:String){
14             self.init(name:name, age: 20)
15         }
16         //便利构造函数
17         convenience init(){
18             self.init(name: "张三")
19         }
20 }
21 class Employee : Person {
22         var company : String
23         //指定构造函数
24         init(name: String, age: Int, company: String) {
25             self.company = company
26             super.init(name: name, age: age)
27         }
28         //指定构造函数
29         init(name: String, company: String) {
30             self.company = company
31             super.init(name: name, age:18)
32         }
33         //便利构造函数
34         convenience override init(name: String, age: Int) {
35             self.init(name: name, age: age, company:"Apple 公司")
36         }
37 }
```

在例 7-10 中，第 1～20 行定义了一个基类 Person 类，它有 3 个构造函数，其中第 8 行定义了一个指定构造函数，第 13 行和第 17 行定义了两个便利构造函数。

第 21～37 行定义了一个子类 Employee 类，它有 3 个构造函数，其中第 24 行和第 29 行定义了两个指定构造函数，第 34 行定义了一个便利构造函数。

Swift 规定了三条规则来限制构造函数之间的调用。

- 规则 1：指定构造函数必须调用其直接父类的指定构造函数。
- 规则 2：便利构造函数必须调用同一类中定义的其他构造函数（包括指定构造函数和便利构造函数）。
- 规则 3：便利构造函数必须最终导致一个指定构造函数被调用。

调用其他构造函数也可以称之为代理给其他函数，因此也可以将规则方便地记忆为：

● 指定构造函数总是向上代理；
● 便利构造函数总是横向代理。

例 7-10 中的构造函数之间的调用链如图 7-12 所示。

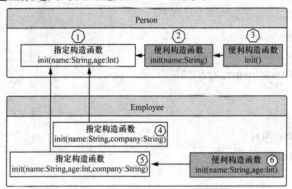

图 7-12　构造函数的调用规则

从图 7-12 可知，类 Employee 的指定构造函数（4）和（5）都调用了父类 Person 的指定构造函数（1），符合了规则 1。

父类 Person 的便利构造函数（3）调用了同一类中的便利构造函数（2），而 Person 类的便利构造函数（2）调用了同一类中的指定构造函数（1），Employee 类的便利构造函数（6）调用了同一类的指定构造函数（5），这些都符合了规则 2。

而便利构造函数（2）和（3）最终导致了对指定构造函数（1）的调用，便利构造函数（6）调用了指定构造函数（5），这些都符合了规则 3。

要注意的是，这些规则只限制了类中的指定构造函数和便利构造函数的内部实现，对构造函数的功能不造成影响，这些构造函数外部调用者都可以使用。

图 7-13 展示了一种涉及四个类的更复杂的类层级结构，它演示了指定构造函数是如何在类层级中充当"管道"作用，在类的构造函数链上简化了类之间的相互关系。

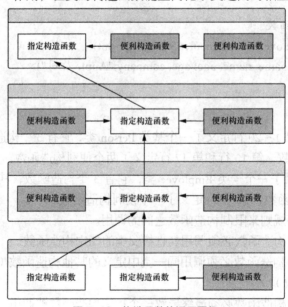

图 7-13　构造函数的调用层级

在图 7-13 中，子类的指定构造函数通过逐级向上引用父类的构造函数，实现了父类属性和子类新增属性的初始化，而子类的便利构造函数只能调用同类中构造函数，这些规则简化了类的指定构造函数和便利构造函数之间的关系。从这些规则还可以知道，子类的构造函数只能调用父类的指定构造函数，不能直接调用父类的便利构造函数。

7.3.2　构造过程的安全检查

Swift 中类的构造过程分为两个阶段。

（1）第一阶段，首先分配内存，初始化子类新增的存储属性，然后沿构造函数链往上初始化每个父类的存储属性，到达构造函数链的顶端。此时，子类和父类的所有存储属性都有初始值。

（2）第二阶段，从顶部的构造链往下，给每个类一次机会在新实例准备使用之前修改存储属性，调用实例方法等。

两段式构造过程的使用让构造过程更安全，同时在整个类层级结构中给予了每个类完全的灵活性。两段式构造过程可以防止属性值在初始化之前被访问，也可以防止属性被另外一个构造函数意外地赋予不同的值。

Swift 编译器将执行 4 种有效的安全检查，以确保两段式构造过程能顺利完成。

1. 安全检查 1

指定构造函数必须保证它所在类引入的所有属性都必须先初始化完成，之后才能将其他构造任务向上代理给父类中的构造函数。

如上所述，一个对象的内存只有在其所有存储型属性确定之后才能完全初始化。为了满足这一规则，指定构造函数必须保证它所在类引入的属性在它往上代理之前先完成初始化。

接下来，使用一个示例代码说明，如下所示。

```
1    class Employee : Person {
2        var company : String
3        //指定构造函数
4        init (name: String, age: Int, company: String) {
5            self.company = company
6            super.init(name: name, age: age)
7        }
8        //便利构造函数
9        override convenience    init(name: String, age: Int) {
10            self.init(name: name, age: age, company:"Apple 公司")
11        }
12    }
```

在上述代码中定义了一个继承自 Person 类的子类 Employee，它有一个新增属性 company 和两个构造函数。其中第 4~7 行代码定义了一个指定构造函数，它在实现时要先把子类中新增的属性初始化（第 5 行），再调用父类的构造函数（第 6 行）。这才能通过安全检查 1 的规定。

如果将第 5 行代码和第 6 行代码对调，也就是先调用父类的构造函数，再对子类引入的属性进行初始化，就无法通过安全检查 1，此时编译器会报出图 7-14 所示的错误信息。

对照两段式构造过程，可知第 5 行和第 6 行构造语句还属于构造过程的第一阶段。

Playground execution failed: /var/folders/sq/z9h1nl2548z68gh86g3nsgk00000gn/T/./lldb/1789/playground335.swift:5:23: error: property
'self.company' not initialized at super.init call
        super.init(name: name, age: age)
        ^

图 7-14　错误信息

2. 安全检查 2

指定构造函数必须先向上代理调用父类构造函数，然后再为继承的属性设置新值。如果没这么做，指定构造函数赋予的新值将被父类中的构造函数所覆盖。

示例代码如下所示。

```
1    class Employee : Person {
2        var company : String
3        //指定构造函数
4        init (name: String, age: Int, company: String) {
5            self.company = company
6            super.init(name: name, age: age)
7            self.name = "蒂姆·库克"
8            self.age = 55
9        }
10       //便利构造函数
11       override convenience    init(name: String, age: Int) {
12           self.init(name: name, age: age, company:"Apple 公司")
13       }
14   }
```

在上述代码中，Employee 类在第 4～9 行定义了指定构造函数 init(name: String, age: Int, company: String)，其中在第 6 行先调用了父类的构造函数，之后再在第 7 行和第 8 行修改父类的属性 name 和 age 的值，根据安全检查 2，修改父类的属性必须在调用父类的构造函数之后进行，否则新值会被构造函数的值覆盖。

对照构造过程的两个阶段，可知第 5、6 行属于构造过程的第一阶段，第 7、8 行属于构造过程的第二阶段。

3. 安全检查 3

便利构造函数必须先代理调用同一类中的其他构造函数，然后再为任意属性赋新值。如果没这么做，便利构造函数赋予的新值将被同一类中其他指定构造函数所覆盖。

示例代码如下。

```
1    class Employee : Person {
2        var company : String
3        //指定构造函数
4        init (name: String, age: Int, company: String) {
5            self.company = company
6            super.init(name: name, age: age)
7        }
8        //便利构造函数
```

```
9        override convenienceinit(name: String, age: Int) {
10           self.init(name: name, age: age, company:"Apple 公司")
11           self.name = "蒂姆·库克";
12           self.age = 55
13        }
14   }
```

在上述代码中，第 9 ~ 13 行定义了一个便利构造函数 init(name: String, age: Int)，其中第 10 行先调用了同一类中的指定构造函数，之后再在第 11、12 行中修改继承来的属性 name 和 age 的值。根据安全检查 3 的规定，便利构造函数为继承来的属性赋值之前，必须先调用同一类中的其他构造函数，否则属性值会被覆盖。

4. 安全检查 4

构造函数在第一阶段构造完成之前，不能调用任何实例方法，不能读取任何实例属性的值，不能引用 self 作为一个值。

类实例在第一阶段结束以前并不是完全有效的。只有第一阶段完成后，该实例才会成为有效实例，才能访问属性和调用方法。

示例代码如下所示。

```
1    class Employee : Person {
2        var company : String
3        //指定构造函数
4        init (name: String, age: Int, company: String) {
5           self.company = company
6           self.description()        //错误代码！！！
7           super.init(name: name, age: age)
8        }
9        //便利构造函数
10       override convenience init(name: String, age: Int) {
11          self.init(name: name, age: age, company:"Apple 公司")
12       }
13   }
```

在上述代码中，第 4~8 行定义了一个构造函数，第 7 行调用父类的构造函数，在这之前的第 6 行调用了实例方法 description()，违反了安全检查 4 的规定，结果是编译器报错，错误信息如图 7-15 所示。

```
Playground execution failed: /var/folders/sq/z9h1nl2548z68gh86g3nsgk00000gn/T/./lldb/1789/playground338.swift:6:9: error: use of 'self' in
method call 'description' before super.init initializes self
        self.description()   //错误代码！！！
```

图 7-15　错误信息

7.3.3　构造函数的自动继承

与 Objective-C 中的子类不同，默认情况下，Swift 中的子类并不会继承父类的构造函数。Swift 的这种机制可以防止一个父类的简单构造函数被一个更专业的子类继承，并被错误的用来创建子类的实例。但是如果满足特定条件，父类构造函数是可以自动继承的。此时，不必在子类中重写父类的构造函数，并且可以在保证安全的情况下以最小的代价继承父类的构造函数。

子类对父类构造函数的自动继承有两个规则。

（1）规则1：如果子类中定义的所有新属性都有默认值，并且子类没有自定义任何指定构造函数，那么子类将自动继承父类的所有指定构造函数。

（2）规则2：如果子类提供了所有父类指定构造函数的实现，无论是通过规则1继承来的，还是提供了自定义实现，它将自动继承所有父类的便利构造函数（即使属性没有默认值，只要实现了父类的所有指定构造函数，就会自动继承父类的所有便利构造函数）。而且，子类可以将父类的指定构造函数实现为便利构造函数。

即使在子类中添加了更多的便利构造函数，这两条规则仍然适用。接下来构建一个示例代码为大家介绍构造函数的自动继承，如例7-11所示。

例7-11　构造函数的自动继承.playground

```
1    //创建 Person 基类
2    class Person {
3        var name: String
4        var age: Int
5        func description(){
6            print("我的名字是\(name)，今年\(age)岁")
7        }
8        //自定义指定构造函数
9        init(name: String,age: Int){
10           self.name = name
11           self.age = age
12       }
13       //自定义便利构造函数
14       convenience init(){
15           self.init(name: "张三", age: 18)
16       }
17   }
18   //创建 Employee 类，继承自 Person 类
19   class Employee : Person {
20       var company : String          //新增属性，没有默认值
21       //自定义指定构造函数
22       init (name: String, age: Int, company: String) {
23           self.company = company
24           super.init(name: name, age: age)
25       }
26       //重写父类的指定构造函数，并将它重写为便利构造函数
27       convenience override init(name: String, age: Int) {
28           self.init(name: name, age: age, company:"Apple 公司")
29       }
```

```
30    }
31    //创建 Manager 类，继承 Employee 类
32    class Manager : Employee {
33        var level: Int = 1                //新增存储属性，有默认值
34    }
```

在例 7-11 中，第 2～17 行定义了一个基类 Person，它有两个存储属性 name 和 age，一个方法 description，一个指定构造函数 init(name:String, age:Int)和一个便利构造函数 init()。

第 19～30 行定义了一个子类 Employee（员工类），它继承自 Person 类。它新增了一个字符串类型的存储属性 company，并且没有默认值，所以必须在构造函数中给 company 属性赋值。由于 Employee 类不满足规则 1 的条件（它的新增属性没有默认值），所以不能继承父类的指定构造函数。

Employee 类自定义了一个指定构造函数 init(name:String, age:Int, company:String)，并且重写了父类的指定构造函数 init(name:String, age:Int)，重写为便利构造函数。由于 Employee 类满足了规则 2 的条件（提供了父类所有构造函数的实现），所以它继承了父类的便利构造函数 init()。如图 7-16 所示，虚线代表从父类继承来的构造函数。

第 32～34 行定义了一个子类 Manager，它继承自 Employee 类，并且新增了带默认值的 level 属性。由于它满足了规则 1 的条件（新增属性带默认值，并且没有自定义指定构造函数），所以它继承了 Employee 的所有指定构造函数。又由于它满足了规则 2 的条件（提供了父类所有指定构造函数的实现，虽然是继承来的），所以它继承了 Employee 类所有的便利构造函数。如图 7-16 所示，Manager 类现在有 3 个继承来的构造函数。

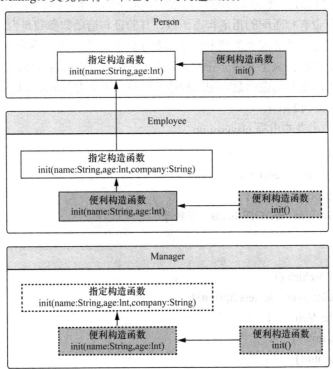

图 7-16 构造函数的自动继承

接下来分别使用 Employee 的 3 个（包括自定义的、重写的和继承来的）构造函数来构造

对象，可见 3 个构造函数都可以用于构造 Employee 对象，示例代码如下。

```
1   //使用 3 个不同的构造函数构建 Employee 对象
2   let employee = Employee(name: "小王", age: 23, company: "传智播客教育")
3   let employee2 = Employee(name: "小张", age: 26)
4   let employee3 = Employee()
```

再分别使用 Manager 的 3 个（全部是继承来的）构造函数来构造对象，可见 3 个构造函数都成功地构造了 Manager 对象，示例代码如下。

```
1   //使用 3 个不同的构造函数构建 Manager 对象
2   let manager = Manager(name: "小李", age: 25, company: "传智播客教育")
3   let manager2 = Manager(name: "小赵", age: 27)
4   let manager3 = Manager()
```

7.3.4 构造函数的重写

从上节内容可知，在 Swift 语言中，只有满足了特定条件，子类才能自动继承父类的构造函数。在默认情况下并不会继承父类的构造函数，所以需要对父类的构造函数进行重写。Swift 的这种机制可以保证在构造函数里将类的所有属性都初始化，能够防止一个父类的简单构造函数被一个具有新信息的子类继承，并被错误地用来创建子类的实例。

在重写父类的指定构造函数时，要在定义子类构造函数时带上 override 修饰符。即使重写的是系统自动提供的默认构造函数，或者将父类的指定构造函数重写为便利构造函数，也需要带上 override 修饰符。和重写属性，方法或者是下标脚本一样，override 修饰符会让编译器去检查父类中是否有相匹配的指定构造函数，并验证构造函数参数是否正确。

如果子类的构造函数和父类的便利构造函数相匹配，由于子类不能直接调用父类的便利构造函数，因此，严格意义上来讲，子类并未对一个父类构造函数提供重写。所以，在子类中定义一个与父类的便利构造函数匹配的构造函数时，不需要加 override 前缀。

示例代码如例 7-12 所示。

例 7-12　构造函数的重写.playground

```
1    class Vehicle {
2        var numberOfWheels = 0
3        var description: String {
4            return "\(numberOfWheels) 个轮子"
5        }
6    }
7    let vehicle = Vehicle()
8    print("Vehicle: \(vehicle.description)")
9    class Bicycle: Vehicle {
10       override init() {
11           super.init()
12           numberOfWheels = 2
13       }
```

```
14    }
15    let bicycle = Bicycle()
16    print("Bicycle: \(bicycle.description)")
```

在例 7-12 中,第 1~6 行定义了一个基类 Vehicle(车辆),它有一个存储属性 numberOf Wheels,具有初始值 0,该属性在计算型属性 description 里面用到。由于 Vehicle 类的存储属性有默认值,并且没有自定义构造函数,所以会为它自动生成一个默认构造函数。如第 7 行所示,自动生成的默认构造函数是指定构造函数,可用于创建 numberOfWheels 为 0 的 Vehicle 实例。

第 9~14 行定义了一个 Bicycle(自行车)类,它继承自 Vehicle 类。在第 10~13 行代码中它自定义了一个指定构造函数 init(),这个指定构造函数与父类的指定构造函数相匹配,所以在这个指定构造函数定义前加上 override 修饰符。

第 11 行代码中,Bicycle 的构造函数 init()首先调用了 super.init()方法,这个方法调用了 Bicycle 的父类 Vehicle 的默认构造函数,这样可以将 Bicycle 所继承的属性 numberOfWheels 被 Vehicle 类初始化,在调用 super.init()之后,在第 12 行代码中,Bicycle 类就将属性 numberOfWheels 的原值替换为新值 2。

第 15~16 行代码创建了一个 Bicycle 的实例,并调用了继承来的 description 计算型属性来输出 numberOfWheels 的值。

图 7-17 例 7-12 的输出结果

该例的输出结果如图 7-17 所示。

从输出结果可以看出,子类的 numberOfWheels 的值已经改变。

📖 **多学一招:子类不能修改父类的常量属性**

对于类的实例来说,它的常量属性只能在定义它的类的构造过程中修改,不能在子类中修改。示例代码如下:

```
1    class Circle {
2        //常量属性
3        let pai = 3.1415
4        //变量属性
5        var radius: Double = 0
6        //计算属性
7        var area: Double {
8            get{
9                return pai * radius * radius
10           }
11       }
12   }
13   //定义子类,继承自 Circle 类
14   class Oval: Circle {
15       override init(){
16           super.init()
17           pai = 3.1415726    //错误代码!!!
```

```
18        }
19   }
```

在上述代码中，第 1~12 行定义了一个父类 Circle（圆形），它在第 3 行定义了一个常量属性 pai，在计算属性 area 中用于计算圆的面积。

第 14~19 行定义了一个子类 Oval（椭圆形），它重写了父类的默认构造函数 init，并且在该构造函数中先调用了父类的构造函数 super.init()，确保所有的属性都被初始化。然后在第 17 行修改继承来的父类属性 pai，但是由于 pai 是常量属性，在子类中不能修改，所以这行代码会报错，错误信息如图 7-18 所示。

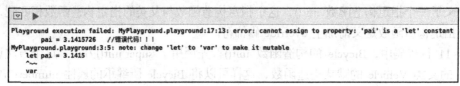

图 7-18 错误信息

从图 7-18 可知，编译器报出错误信息表示不能给常量赋值，并且建议将常量定义改为变量。

7.4 封装和多态

7.4.1 封装

通常把隐藏属性、方法与方法实现细节的过程称为封装，主要包括两方面，第一是隐藏类的属性和方法，第二是隐藏方法的实现细节。接下来对这两方面进行详细的介绍。

1.隐藏属性和方法

在 Swift 语言中，隐藏类的属性和方法是封装的第一种形式，一般通过访问控制实现。可以使用访问控制修饰符将类和其属性方法封装起来。常用的访问控制符有 public，internal，private 等，它们限制了类及其成员在模块和文件中的访问级别，具体如下。

（1）public：从外部模块和本模块都能访问。

（2）internal：只有本模块可以访问。

（3）private：只有本文件可以访问，本模块内的其它文件也不能访问。

从它们的访问级别可以看出，public 的访问级别最高，限制最少；private 的访问级别最低，限制最多。

接下来使用一段代码说明如何使用访问修饰符实现封装，具体如下。

```
1    import UIKit
2    public class Student{
3        public var name:String
4        internal var age:Int
5        private var score:Int //分数
6        init (name:String,age:Int,score:Int) {
7            self.name = name
8            self.age = age
9            self.score = score
```

```
10        }
11        public func sayHello(){
12            print("大家好，我叫\(name),很高兴见到大家")
13        }
14        private func getScore(){
15            print("我的分数是\(score)")
16        }
17    }
```

上述代码定义了一个 Student 类，如第 2 行代码所示，由于定义时使用了 public 修饰符，所以 Student 类的访问级别很高，即可以从它所在模块的内部访问，也可以从模块外部访问。

第 3～5 行定义了它的三个属性，分别是 name，age 和 score。第一个属性 name 在定义时使用了 public 修饰符，所以它的访问级别也很高，从它所在模块的内部和外部都可以访问；第二个属性 age 是 internal 修饰的，所以它能在本模块的所有文件中访问，但是不能从模块外部访问；第三个属性 score 是 private 修饰的，所以只能在代码所在的文件内访问，在其他文件中无法访问，不论是本模块还是外部模块。

第 11～14 行定义了它的两个方法，分别是 sayHello()和 getScore()。第一个方法 sayHello()使用了 public 修饰符，所以可以从模块外部访问。第二个方法 getScore()是 private 修饰的，只能在本文件中使用。

2. 隐藏方法实现细节

封装的第二种形式是隐藏方法的实现细节。我们编写一个类以后，重要的业务逻辑代码都在方法内，如果不想让调用者知道业务实现细节，可以不给它源文件，只给它编译好的文件（如框架和静态库）及接口。调用者没有源文件，依然可以调用方法，只需要传入参数（有的方法没有参数），就可以得到计算结果。这是一种封装，通过类的方法实现。

> **注意：**
> （1）没有显式声明访问控制符的，系统默认都使用 internal 控制符。
> （2）关于访问控制的详细内容，请参见本书第十章第三小节"访问控制"。

7.4.2　多态

多态，是面向对象的程序设计语言最核心的特征，如果一个语言不具备多态特性，那么就不能称之为面向对象的语言。

在 Swift 中，多态是指允许使用一个父类类型的变量或常量来引用一个子类类型的对象，根据被引用子类对象特征的不同，得到不同的运行结果。即使用父类的类型来调用子类的方法。

多态把不同的子类对象都当作父类来看，可以屏蔽不同子类对象之间的差异。赋值之后，父类类型的对象就可以根据当前赋值给它的子对象的特性以不同的方式运作，也就是，父亲的行为像儿子，而不是儿子的行为像父亲。

多态在继承的基础上实现，没有继承就没有多态。

接下来，就使用一个案例介绍在 Swift 语言中多态的使用，加深大家对多态的理解，如例 7-13 所示。

例 7-13 多态的使用.playground

```
1    //定义基类 Animal
2    class Animal {
3        func shout(){
4            print("动物发出叫声")
5        }
6    }
7    //定义子类 Cat，继承自 Animal
8    class Cat: Animal {
9        override func shout(){
10           print("猫在喵喵叫")
11       }
12   }
13   //定义子类 Dog，继承自 Dog
14   class Dog: Animal {
15       override func shout() {
16           print("狗在汪汪叫")
17       }
18   }
19   let animal1:Animal = Cat()
20   let animal2:Animal = Dog()
21   animal1.shout()
22   animal2.shout()
```

在例 7-13 中，第 2~6 行定义了一个基类 Animal，第 8~12 行定义了一个子类 Cat，继承自 Animal，第 14~18 行定义了一个子类 Dog，继承自 Animal。

第 19 行定义了一个 Animal 类型的常量 animal1，并且创建了一个 Cat 类型的对象赋值给 animal1。

第 20 行定义了一个 Animal 类型的常量 animal2，并且创建了一个 Dog 类型的对象赋值给 animal2。所以 animal1 和 animal2 都是父类类型的常量，引用了子类类型的对象。

第 21 行调用了 animal1 对象的 shout 方法，由于 animal1 实际引用的是子类类型 Cat 对象，所以调用的是 Cat 对象的 shout 方法。

同理，第 22 行调用的是 Dog 对象的 shout 方法。

例 7-13 的输出结果如图 7-19 所示。

从输出结果可以看出，同样是调用了父类类型 Animal 常量的 shout 方法，由于常量所引用的子类对象的特征不同，得到了不同的运行结果。这个示例反映了多态的特点，即父类类型调用子类的方法。

图 7-19 例 7-13 的运行结果

7.5 可选链

可选链式调用（Optional Chaining）是一种可以在当前值可能为 nil 的可选值上请求和调用属性、方法及下标的方法。如果可选值有值，那么调用就会成功；如果可选值是 nil，那么调用将返回 nil。多个调用可以连接在一起形成一个调用链，如果其中任何一个节点为 nil，整个调用链都会失败，即返回 nil。接下来，本节将针对可选链的调用进行详细的讲解。

7.5.1 可选链与强制展开

通过向调用的属性、方法或下标的可选值后面放一个问号（?），就可以定义一个可选链。在前面章节介绍过在可选值使用叹号（!）来强制展开它的值。可选链和可选值强制展开的区别在于，当可选值为空时，可选链调用只会调用失败，而强制展开会触发运行时错误。

可选链调用的返回结果是一个可选值，即使原本的返回结果不是可选的，也会包装成一个可选值。例如，使用可选链式调用访问属性，当可选链式调用成功时，如果属性原本的返回结果是 Int 类型，则会变为 Int?类型。

可以利用这个返回值来判断可选链调用是否成功，如果有返回值则说明调用成功，如果返回 nil 则说明调用失败。

下面几段代码将解释可选链调用和强制展开的不同。

首先定义两个类 Person 和 Residence（住所），示例代码如下。

```
class Person {
    var residence: Residence?
}
class Residence {
    var numberOfRooms = 1
}
```

在上例中，定义了两个类 Person 和 Residence，其中 Residence 类有一个 Int 类型的属性 numbersOfRooms，其默认值为 1。Person 类有一个可选的 residence 属性，类型为 Residence？。

以下代码使用强制展开访问 Person 对象的属性：

```
let xiaoMing = Person()
let roomCount = xiaoMing.residence!.numberOfRooms    //系统报错
```

上述代码先创建了一个 Person 对象，取名为 "xiaoMing"，由于 Person 的 residence 属性默认值为 nil，所以 xiaoMing 的 residence 属性为 nil。然后使用强制展开获取 xiaoMing 的 residence 属性的 numberOfRooms 的值，由于 residence 属性为 nil，在强制展开时编译器会报错，如图 7-20 所示。

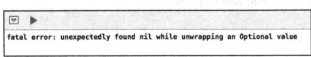

fatal error: unexpectedly found nil while unwrapping an Optional value

图 7-20　错误信息

接下来使用可选链访问 Person 对象的属性，示例代码如下。

```
let xiaoMing = Person()
let roomCount = xiaoMing.residence?.numberOfRooms
```

上例中同样创建了一个 Person 类的实例 xiaoMing，但是使用了问号（?）代替感叹号（!），也就是使用了可选链访问代替强制展开。虽然 numberOfRooms 本身是 Int 型，但是整个可选链返回类型为 Int？可选类型。由于 xiaoMing 的 residence 属性仍然是 nil，所以 xiaoMing.residence? 返回 nil，可选链遇到 nil 就断开，并返回 nil 值。本例可以正常运行，并且 roomCount 最后取值仍然是 nil。

7.5.2　可选链访问属性、方法和下标

可选链可以访问属性、方法和下标脚本。接下来，就使用几个示例分别介绍可选链对属性、方法和下标脚本的访问。

首先定义四个模型类。

（1）Person 类，定义如下。

```
class Person {
    var residence: Residence?
}
```

Person 类只有一个实例属性，是 Residence 可选类型的，它的默认值为 nil。

（2）Room（房间）类，定义如下。

```
class Room {
    let name: String
    init(name: String) { self.name = name }
}
```

Room 类是一个简单类，它包含一个常量属性 name，以及一个构造函数，用于给 name 赋值为适当的房间名称。

（3）Address（地址）类，定义如下。

```
class Address {
    var buildingName: String?                    //大厦名称
    var buildingNumber: String?                  //大厦编号
    var street: String?                          //大厦所在街道名称
    func buildingIdentifier() -> String? {       //返回大厦的标识
        if buildingName != nil {
            return buildingName
        } else if buildingNumber != nil && street != nil {
            return "\(buildingNumber) \(street)"
        } else {
            return nil
        }
    }
}
```

Address 类有 3 个 String？类型的可选属性，buildingName 和 buildingNumber 属性分别表示大厦的名称和编号，street 属性表示大厦所在的街道名称。

Address 类还有一个 buildingIdentifier() 方法，用于返回大厦标识，返回值为可选类型 String？。如果 buildingName 有值则返回大厦名称，否则，如果 buildingNumber 和 street 都有值则返回

街道名和大厦编号。如果都没有，则返回 nil。

（4）Residence（住所）类，定义如下。

```
class Residence {
    var rooms = [Room]()                    //所有的房间
    var numberOfRooms: Int {                 //返回房间数量
        return rooms.count
    }
    subscript(i: Int) -> Room {
        get {
            return rooms[i]
        }
        set {
            rooms[i] = newValue
        }
    }
    func printNumberOfRooms() {
        print("一共有 \(numberOfRooms)个房间")
    }
    var address: Address?                     //住所的地址
}
```

从代码中可知，Residence 类有一个 rooms 属性，是一个 Room 类型的数组，用于存储住所里有所有的房间。还有一个计算型属性 numberOfRooms，用于返回房间数。一个下标脚本，用于根据下标取出或者设置对应的房间。还有一个 printNumberOfRooms()方法，用于打印输出一共有多少个房间。最后定义了一个 Address 类型的 address 可变属性，用于存储住所的地址信息。

图 7-21 展示了这四个类的关联关系图。

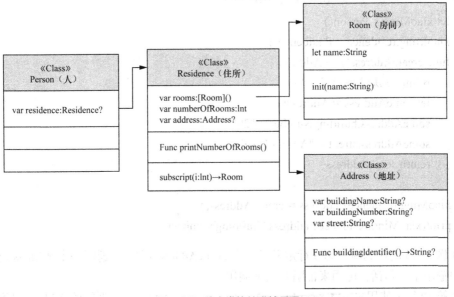

图 7-21　四个类的关联关系图

从图 7-21 可以看出，Person 类引用了 Residence 类，而 Residence 类引用了 Room 类和 Address 类。

接下来使用这四个模型类分别介绍如何访问属性、方法和下标脚本。

1. 可选链访问属性

如上一节所示，可以通过可选链在一个可选值上访问它的属性，并判断访问是否成功。

接下来使用一个案例说明，该案例在四个模型类定义以后，创建了一个 Person 实例，然后给它的 residence 属性赋值，并尝试访问 numberOfRooms 属性，如例 7-14 所示。

例 7-14 可选链获取属性的值.playground

```
let xiaoMing = Person()
xiaoMing.residence = Residence()
if let roomCount = xiaoMing.residence?.numberOfRooms {
    print("xiaoMing 的住所有\(roomCount)个房间.")
} else {
    print("无法获取房间数.")
}
```

在例 7-14 中，由于给 xiaoMing 的 residence 属性赋值了，所以 residence 属性不再为 nil，可以访问到 numberOfRooms 属性的值。要注意的是，虽然值不为空，但是可选链 xiaoMing. residence?.numberOfRooms 返回的结果仍然是可选类型，所以要用 if-let 语句进行可选绑定。

例 7-14 的输出结果如图 7-22 所示。

从运行结果可以看出，可选链获取到了属性的值。

除了获取属性值以外，还可以使用可选链设置属性的值。接下来使用一个案例说明，该案例在四个模型类定义以后的代码如例 7-15 所示。

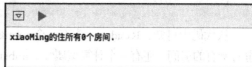

图 7-22 例 7-14 的输出结果

例 7-15 可选链设置属性的值.playground

```
1    let xiaoMing = Person()
2    xiaoMing.residence = Residence()
3    func createAddress() -> Address {
4        print("方法被调用了。")
5        let someAddress = Address()
6        someAddress.buildingNumber = "29"
7        someAddress.street = "Acacia Road"
8        return someAddress
9    }
10   xiaoMing.residence?.address = createAddress()
11   print(xiaoMing.residence?.address?.buildingNumber)
```

在例 7-15 的代码中，第 3 行定义了一个 createAddress()方法，返回一个 Address 对象，在方法中输出了一句话，可用来证明方法被调用。

在第 10 行中使用 xiaoMing.residence?.address = createAddress()将返回的 Address 对象赋值给

address 属性。这就是一个通过可选链给属性赋值的例子。由于可选链的 xiaoMing.residence?有值，所以赋值成功。

图 7-23　例 7-15 的输出结果

第 11 行将地址的大厦编号输出。

程序的输出结果如图 7-23 所示。

从程序执行结果可知,通过可选链给属性赋值成功。输出"方法被调用了。"证明调用了 createAddress()方法，而"Optional("29")"则是第 11 行打印的 buildingNumber 的值。

如果将例 7-15 的第 2 行代码注释掉，则 xiaoMing 的 residence 属性为 nil，第 10 行的可选链中断，意味着可选链调用失败，等号右侧的代码也不会被执行。此时再运行程序，可以看到,输出结果为 nil,这是第 11 行代码输出的 buildingNumber 的值。而第 3 行的 createAddress()方法并没有调用，因为没有"方法被调用了。"的打印信息。

2. 可选链访问方法

可以用可选链访问方法，并判断是否调用成功，不论该方法有没有返回值。

Residence 类中的 printNumberOfRooms()方法打印了当前的房间数 numberOfRooms 的值，如下所示。

```
func printNumberOfRooms() {
    print("一共有 \(numberOfRooms)个房间")
}
```

该方法没有返回值，但是，没有返回值的方法实质上隐式返回了 Void，或者说返回了(),即空元组。

如果在可选值上通过可选链来调用这个方法，则该方法的返回类型会是 Void?，而不是 Void，因为通过可选链调用得到的返回值都是可选的。这样我们就可以使用 if 语句来判断能否成功调用 printNumberOfRooms()方法，如果方法返回值不为 nil，说明调用成功，否则调用失败。接下来使用一个案例说明，该案例在四个模型类定义以后的代码如例 7-16 所示。

例 7-16　可选链访问方法.playground

```
1    let xiaoMing = Person()
2    xiaoMing.residence = Residence()
3    if xiaoMing.residence?.printNumberOfRooms() != nil {
4        print("成功打印房间数。")
5    }
6    else {
7        print("无法打印房间数。")
8    }
```

在例 7-16 的代码中，第 3 行是可选链通过可选值 residence? 访问它的方法 printNumberOfRooms()。

程序的输出结果如图 7-24 所示。

从输出结果可知，由于 xiaoMing 的 residence 属性不为 nil，所以对 printNumberOfRooms()方法的调用成功。

如果将第 2 行代码去掉，那么 xiaoMing 的 residence? 属性为 nil，可选链遇到 nil 就中断，无法调用 printNumberOfRooms() 方法，整个可选链的返回值为 nil。程序运行后将输出"无法打印房间数"。

3．可选链访问下标脚本

通过可选链可以在一个可选值上访问下标，并且判断下标调用是否成功。通过可选链访问可选值的下标时，应该将问号放在下标方括号的前面而不是后面。接下来使用一个案例说明，该案例在四个模型类定义以后的代码如例 7-17 所示。

例 7-17 可选链访问下标脚本.playground

```
1    let xiaoMing = Person()
2    let xiaoMingHouse = Residence()
3    xiaoMingHouse.rooms.append(Room(name: "客厅"))
4    xiaoMingHouse.rooms.append(Room(name: "厨房"))
5    xiaoMing.residence = xiaoMingHouse
6    xiaoMing.residence?[0] = Room(name: "卧室")
7    if let firstRoomName = xiaoMing.residence?[0].name {
8      print("第一个房间是 \(firstRoomName)。")
9    } else {
10     print("无法获取第一个房间的名称。")
11   }
```

在例 7-17 中，第 1 行代码创建了一个 Person 对象 xiaoMing，并在第 2～5 行创建了一个 Residence 类型的 xiaoMingHouse 对象赋值给 xiaoMing 对象，xiaoMingHouse 对象有 2 个房间，分别取名为"客厅"和"厨房"，可以通过下标脚本访问它的房间。

第 6 行代码使用可选链，通过可选值 residence? 的下标脚本赋值，要注意的是，问号写在可选值后面，下标方括号的前面。

程序的输出结果如图 7-25 所示。

图 7-24　例 7-16 的输出结果　　　　图 7-25　例 7-17 的输出结果

注意：多层可选链的返回值

可以使用多层可选链在更深的模型层级中访问属性、方法及下标。然而，多层可选链不会增加返回值的可选层级。也就是说，多层可选链返回值仍然是一层可选。

比如：

● 通过可选链访问一个 Int 值，不论可选链有多少层，都会返回 Int?。

● 通过可选链访问 Int? 值，依旧会返回 Int? 值，并不会返回 Int??。

7.6　类型检查和转换

在类和子类的层次结构里，可以使用类型检查来判定一个对象的真实类型，也可以将一个对象转换为层次结构中的其他类型。下面定义三个模型类，作为讲解类型检查和转换的例子。如图 7-26 所示，Person 类是基类，Employee 类和 Student 类都是 Person 的直接子类。

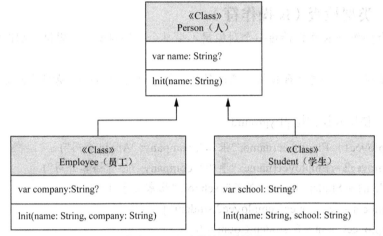

图 7-26　三个类的继承关系

这三个类的具体实现代码如下所示。

```
class Person {
    //实例属性
    var name: String?
    init(name:String){
        self.name = name
    }
}
//定义 Employee 类继承自 Person 类
class Employee: Person {
    //新增实例属性
    var company: String?
    init(name: String, company: String){
        self.company = company
        super.init(name: name)
    }
}
//定义 Student 类继承自 Person 类
class Student: Person {
    //新增实例属性
    var school: String?
    init(name: String, school: String){
        self.school = school
        super.init(name: name)
    }
}
```

接下来，就使用这三个类作为示例，介绍 Swift 语言中类的类型检查和转换，包括 is 操作符、as 操作符，以及 Any 和 AnyObject 类型。

7.6.1 类型检查（is 操作符）

类型检查操作符 is 可以检查一个对象是不是某个类的对象，如果是，则返回 true，否则返回 false。

接下来使用一个示例介绍 is 操作符的使用，该示例在上述三个模型类定义之后的代码如例 7-18 所示。

例 7-18 使用 is 操作符.playground

```
1   let employee1 = Employee(name: "张三", company: "Apple 公司")
2   let employee2 = Employee(name: "李四", company: "传智播客公司")
3   let student1 = Student(name: "王五", school: "北京大学")
4   let members = [employee1,employee2,student1]
5   var employeeCount = 0, studentCount = 0
6   for item in members {
7       if item is Employee {
8           employeeCount += 1
9       } else if item is Student {
10          studentCount += 1
11      }
12  }
13  print("员工人数为\(employeeCount)，学生人数为\(studentCount)")
```

在例 7-18 中，首先定义了 2 个 Employee 类的对象和 1 个 Student 类对象，并把这些对象放在数组 members 里。由于 members 没有显式地声明成员类型，需要编译器根据数组的成员自动判断，编译器发现数组的成员有一个相同的基类 Person，所以自动将 members 的类型定义为 Person 数组类型。

从第 6 行开始，使用 for-in 语句循环遍历数组里每一个成员，并使用 is 操作符判断成员是 Employee 类的对象还是 Student 类的对象。

程序的输出结果如图 7-27 所示。

图 7-27　例 7-18 的执行结果

从执行结果可以看出，使用 is 操作符准确地判断出了对象所属于的类类型。

7.6.2 类型转换（as 操作符）

类型转换就是将对象从一个类型转换为另一个类型，但是并不是所有的类型都能转换。只有在有继承关系的前提下，对象的类型之间才可以转换。如果一个父类型的对象本质上是子类型，那么就可以将该对象转换为它的子类型。将父类型的对象转换为子类型，称为向下转型。将一个子类型的对象转换为父类型，一般都会成功，但是向下转型可能会失败。

接下来定义三个类的对象，具体如下。

```
let p1: Person = Employee(name: "小明", company: "Apple 公司")
let p2: Person = Student(name: "小红", school: "传智播客公司")
let p3: Person = Person(name: "小华")
```

这三个对象之间的转换关系如表 7-1 所示。

对象	类型	实质类型	转成 Person 类型	转成 Employee 类型	转成 Student 类型
p1	Person	Employee	支持	支持（向下转型）	不支持
p2	Person	Student	支持	不支持	支持（向下转型）
p3	Person	Person	支持	不支持	不支持

从表中可以看出，这三个对象虽然都是 Person 类型，但实质类型各不相同。p1 实质上是 Employee 类型，它可以转型成 Employee 类型，但是不能转成 Student 类型；p2 实质上是 Student 类型，所以它可以向下转型成 Student 类型，但是不能转成 Employee 类型；而 p3 实质上是 Person 类型，所以既不能转成 Employee 类型，也不能转成 Student 类型。

类型转换的操作符有两种形式：as?和 as!。条件形式 as?返回目标类型的可选值。强制形式 as! 把向下转型和强制解包转型结果结合为一个操作。

由于向下转型可能会失败，因此可使用 as?操作符将对象转换为目标类型的可选类型，如果成功则转换，不成功则返回 nil。可以根据转换结果判定转型是否成功。

如果确定转型会成功，也可以使用 as!操作符。使用 as!操作符，如果强制转型失败，会触发运行时错误。

接下来使用一个示例介绍 as?操作符的使用，该示例在上述三个模型定义后的代码如例 7-19 所示。

例 7-19   使用 as 操作符.playground

```
1    let employee1 = Employee(name: "小明", company: "Apple 公司")
2    let employee2 = Employee(name: "小红", company: "传智播客公司")
3    let student1 = Student(name: "小华", school: "北京大学")
4    let members = [employee1,employee2,student1]
5    for item in members {
6      if let employee = item as? Employee{
7        print("员工公司:\(employee.company)")
8      } else if let student = item as? Student {
9        print("学生学校:\(student.school)")
10     }
11   }
```

在例 7-19 中，首先定义了 2 个 Employee 对象和 1 个 Student 对象，把这 3 个对象放在一个数组 members 里。编译器自动判断 members 的成员为 Employee 和 Student 的共同基类 Person

第 7 章   面向对象（下）

类型。

从第 5 行开始，遍历数组的每一个成员 item，item 的类型为 Person 类型。首先使用 as? 操作符试图将 item 转换为 Employee 类型，如果转换成功，则将转换结果赋值给对象 employee，并打印它的公司名称。如果转换失败，则进入 else-if-let 语句，再试图将它转换为 Student 类型，并打印对象的学校信息。

程序的输出结果如图 7-28 所示。

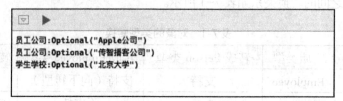

图 7-28　例 7-19 的执行结果

从程序执行结果中可看出，使用 as? 操作符将数组里的成员转换成了它的实质类型，并输出了相应的信息。

要注意的是，类型转换并没有真的改变对象和它的值，对象本身保持不变，只是将它转换成不同的类型来使用。

7.6.3　Any 和 AnyObject 的类型转换

Swift 提供了两种类型来表示不确定类型——AnyObject 和 Any：

● AnyObject 表示任何类类型的实例；

● Any 可以表示任何类型，包括类、函数、Int 和 Double 等基础类型等。

接下来，就分别对这两种不确定类型进行详细的讲解。

1. AnyObject 类型

在实际工作中，AnyObject 经常用于数组和字典。可使用类型转换操作符将 AnyObject 转换为实际类型。

接下来使用一个示例介绍 AnyObject 的用法，如例 7-20 所示。

例 7-20　使用 AnyObject 类型.playground

```
1    let employee1 = Employee(name: "小明", company: "Apple 公司")
2    let employee2 = Employee(name: "小红", company: "传智播客公司")
3    let employee3 = Employee(name: "小华", company: "传智播客公司")
4    let members:[AnyObject] = [employee1,employee2,employee3]
5    for item in members {
6        let employee = item as! Employee
7        print("员工公司:\(employee.company)")
8    }
```

在例 7-20 中，先定义了 3 个 Employee 类的实例，然后在第 4 行代码定义了一个 AnyObject 类型的数组 members，并把这 3 个实例放入数组。

第 5 ~ 8 行代码遍历了 members 数组，取出每个数组元素并打印员工公司信息。由于已知数组内元素的类型，所以可以使用 as! 操作符直接对数组元素进行向下类型转换。

由于已知数组类型，除了对每个数组元素依次类型转换之外，还可以对整个数组类型进行转换。例如，可以将例 7-20 的 5~8 行代码改成如下代码。

```
for item in members as! [Employee] {
    print("员工公司:\(item.company)")
}
```

更改之后的代码将数组类型进行转换，数组元素已经转换为实际类型，所以这次遍历数组时，就可以直接使用数组元素打印信息了。

程序的输出结果如图 7-29 所示。

2. Any 类型

使用 Any 类型可以将不同的类型混合起来一起工作。接下来使用一个示例介绍 Any 类型的用法，如例 7-21 所示。

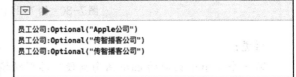

图 7-29　例 7-20 的执行结果

例 7-21　使用 Any 类型.playground

```
1    var things = [Any]()
2    things.append(42)
3    things.append("hello")
4    things.append((3.0, 5.0))
5    things.append(Employee(name: "小红", company:"传智播客"))
6    things.append({ (name: String) -> String in "你好, \(name)" })
7    for thing in things {
8        switch thing {
9        case let someInt as Int:
10           print("整数：\(someInt)")
11       case let someString as String:
12           print("字符串：\"\(someString)\"")
13       case let (x, y) as (Double, Double):
14           print("元组类型：\(x,y)")
15       case let employee as Employee:
16           print("员工名称 '\(employee.name)', 所在公司 \(employee.company)")
17       case let stringConverter as (String) -> String:
18           print(stringConverter("小明"))
19       default:
20           print("其他")
21       }
22   }
```

在例 7-21 中，第 1 行定义了一个 Any 类型的数组 things，然后依次将一个整数、字符串、元组、Employee 类对象、闭包放入该数组。

在第 7~22 行代码中，遍历数组的每一个元素，然后用 switch 语句判断该元素的数据类型并输出。

例 7-21 的执行结果如图 7-30 所示。

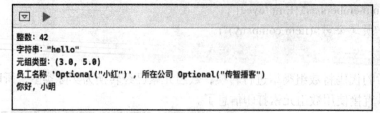

```
整数: 42
字符串: "hello"
元组类型: (3.0, 5.0)
员工名称 'Optional("小红")', 所在公司 Optional("传智播客")
你好，小明
```

图 7-30　例 7-21 的执行结果

注意：

在一个 switch 语句的 case 语句里使用类型转换操作符 as（而不是 as？）来检查和转换到一个明确的数据类型。在 switch case 语句中这样的检查总是安全的。

7.7　嵌套类型

Swift 允许在一个类型中嵌套定义另一个类型，即嵌套类型。可以在枚举类型、类和结构体中定义支持嵌套的类型，定义时，将需要嵌套的类型写在被嵌套类型的大括号内部，并且可以根据需要定义多级嵌套。

嵌套类型的引用方法是：被嵌套类型的名字，加上所要引用的嵌套类型名称。

接下来使用一个示例介绍类型嵌套的用法，如例 7-22 所示。

例 7-22　嵌套类型.playground

```
1    struct Car {
2        var brand:String?        //汽车的品牌
3        var color:Color          //汽车的颜色
4        enum Color{
5            case Red,White,Orange,Green,Gray
6        }
7    }
8    let car = Car(brand: "比亚迪", color: Car.Color.Red)
9    print(car.color)
```

在例 7-22 中，第 1～7 行定义了一个结构体 Car，并在 Car 的定义中嵌套定义了枚举类型 Color。Car 有两个实例属性，其中 color 属性的类型就是嵌套定义的枚举类型 Color。

第 8 行定义了一个 Car 类型的常量，因为结构体没有定义构造函数，所以编译器默认生成了一个逐一成员构造函数。在定义 car 常量时，使用 Car.Color 引用了定义在 Car 中的嵌套类型。

例 7-22 的输出结果如图 7-31 所示。

```
Red
```

图 7-31　例 7-22 的输出结果

7.8　本章小结

本章首先介绍了面向对象的三大基本特性，详细介绍了继承的特性，以及在 Swift 语言中如何实现继承和重写，重点是构造函数的继承和重写。然后介绍了可选链的用法，使用 is 操作符和 as 操作符实现类型检查和类型转换，以及嵌套类型的使用等。本章的大部分内容都是 Swift 特有的语法，希望大家能够认真学习和掌握。

7.9　本章习题

一、填空题

1. 面向对象的三大特性是_____、_____和_____。

2. 子类修改父类提供的属性、方法和下标脚本，提供自己的具体实现方式，这种行为叫做_____。

3. 防止父类的方法被重写，可使用关键字_____。

4. 能表示任何类型，包括类、函数、Int 和 Double 等基础类型的不确定类型是_____。

5. 通常把隐藏属性、方法与方法实现细节的过程称为_____。

6. 使用一个父类类型的变量或常量来引用一个子类类型的对象，叫做_____。

7. 在 Swift 中，构造函数分为_____构造函数和_____构造函数。

8. 使用_____操作符检查一个对象是不是某个类的对象。

9. 在一个类型中嵌套定义另一个类型，叫做_____。

10. 不确定类型_____能够表示任何类类型的实例。

11. 不继承自其他类的类，叫做_____。

二、判断题

1. 子类能够修改父类的常量属性。（　　　）

2. Swift 中一个子类可以继承自多个父类。（　　　）

3. Swift 中，允许自定义的类没有父类。（　　　）

4. 子类可以继承父类的属性、属性观察器、下标脚本和方法。（　　　）

5. 子类可以将继承来的属性重写为读写属性。（　　　）

6. 属性观察器不能用于计算属性，只能用于存储属性。（　　　）

7. 多层可选链返回的是多层可选值，要用多个? 表示。（　　　）

8. 类型转换改变了对象本身。（　　　）

9. Swift 中可以使用多层嵌套类型。（　　　）

10. 不存在继承关系的情况下，也可以实现方法重写。（　　　）

三、选择题

1. 子类在重写父类的成员时，使用哪个修饰符？（　　　）

    A. override   B. overwrite   C. super   D. final

2. 在子类的实现中访问父类的属性、方法和下标脚本，可使用哪个关键字？（　　　）

    A. as   B. super   C. override   D. final

3. 使用以下哪个操作符将对象从一个类型转换为另一个类型？（　　　）

    A. is   B. final   C. as   D. super

4. 关于子类对继承来的属性的重写，以下说法错误的是（　　　）。

    A. 要显式地写出属性的名字和类型

    B. 可以将一个继承来的属性重写为一个读写属性

    C. 如果在重写属性时提供了 setter 方法，那么一定要提供 getter 方法

    D. 可以将继承来的读写属性重写为一个只读属性

5. 如果要从模块外部访问一个类，应该使用哪个访问控制符？（　　　）

    A. public   B. private   C. internal   D. protected

6. 以下关于构造函数之间的调用规则错误的是（　　　）。

    A. 指定构造函数必须调用其直接父类的指定构造函数

    B. 指定构造函数可以不调用其直接父类的指定构造函数

    C. 便利构造函数必须调用同一类中定义的其他构造函数

    D. 便利构造函数必须最终导致一个指定构造函数被调用

7. 以下代码的运行结果是（　　　）。

```
class Vehicle {
    var numberOfWheels = 0
    var description: String {
        return "\(numberOfWheels) 个轮子"
    }
}
class Bicycle: Vehicle {
    override init() {
        numberOfWheels = 2
        super.init()
    }
}
let bicycle = Bicycle()
print("Bicycle: \(bicycle.description)")
```

    A. 0   B. 2   C. 程序出错   D. 结果未知

8. 以下说法正确的是（　　　）。

    A. Swift 里没有默认构造器

    B. 满足特定条件下，系统可以为类和结构体生成逐一成员构造器

    C. 子类默认将自动继承父类的所有指定构造函数

    D. 如果子类提供了所有父类指定构造函数的实现，它将自动继承所有父类的便利构造函数

四、程序分析题

阅读下面的程序，分析代码是否能够编译通过。如果能编译通过，请列出运行的结果，否则请说明编译失败的原因。

1. 代码一

```
final class Person {
    var name: String?
    final var age: Int?
}
class Employee: Person {
    override var age: Int? {
        get{
            return super.age + 10
        }
        set {
            super.age = age– 10
        }
    }
}
```

2. 代码二

```
class Animal {
    func shout(){
        print("动物发出叫声")
    }
}
class Dog:Animal {
    override func shout() {
        print("小狗汪汪叫")
    }
}
let animal:Animal = Dog()
animal.shout()
```

3. 代码三

```
class Person {
    var name: String
    var age: Int
    func description(){
        print("我的名字是\(name)，今年\(age)岁")
    }
    init(name: String,age: Int){
        self.name = name
        self.age = age
    }
```

```
}
class Employee : Person {
    var company : String
    init(name: String, age: Int, company: String) {
        super.init(name: name, age: age)
        self.company = company
    }
}
```

五、简答题

1. 请简述在 Swift 中类的构造过程。

2. 什么是重写？

3. 请简述什么是向下转型。

六、编程题

请按照题目要求编写程序并给出运行结果。

1. 在 playground 中设计一个学生类 Student 和它的一个子类 UnderGraduate，要求如下。

（1）Student 类有 name（姓名）和 age（年龄）属性，一个包含两个参数的构造函数，用于给 name 和 age 属性赋值，一个 show（）方法打印 Student 的属性信息。

（2）本科生类 UnderGraduate 增加一个 major（专业）属性，有一个包含三个参数的构造函数，前两个参数用于给继承的 name 和 age 属性赋值，第三个参数给 major 专业赋值，一个重写的 show 方法用于打印 UnderGraduate 的属性信息。

（3）新建一个 UnderGraduate 类的对象，姓名为"小明"，年龄为 19，专业是"信息工程"，并调用该对象的 show 方法。

2. 在 playground 中设计一个图形类（Shape）和它的两个子类，圆形类（Circle）和方形类（Square），要求如下。

（1）图形类（Shape）有一个 draw 方法，输出"画形状…"。

（2）圆形类（Circle）重写了 draw 方法，输出"画圆形"。

（3）方形类（Square）重写了 draw 方法，输出"画方形"。

（4）新建一个方法，叫做 drawShape，它有一个 Shape 类型的参数 shape，在 drawShape 方法体内调用 shape 参数的 draw 方法。

（5）分别创建 Shape 对象，Circle 对象和 Square 对象作为参数传入 drawShape 方法。

PART 8

第8章
扩展和协议

学习目标

- 了解什么是扩展
- 掌握扩展的语法并会使用
- 掌握协议的语法并会使用
- 掌握扩展和协议的结合使用

扩展和协议是 Swift 中很重要的两个概念。扩展可以为一个已有的类、结构体、枚举或协议添加新功能。协议是为方法、属性等定义一套规范，没有具体的实现。扩展和协议两者之间相互独立，又相辅相成。本章就针对扩展和协议进行详细讲解。

8.1 扩展

8.1.1 扩展概述

扩展（Extension）用于为已存在的类、结构体或枚举等类型添加新的功能。例如，Double 类型本来是没有计算型属性的，可以通过扩展为 Double 类型添加计算型属性。扩展的声明格式比较简单，它使用关键字 extension 来声明，其声明格式如下所示。

```
extension 类型名{
    //添加的新功能
}
```

例如，可以给 Double 类型声明一个扩展。示例代码如下所示。

```
extension Double{
    //加到 Double 的新功能
}
```

学过继承的读者都知道，继承也可以为类增加新的功能，但是与继承相比，扩展的功能更加强大，比如一个被定义为 final 的类，无法通过继承增加新功能，但扩展可以实现，这也说明扩展在没有权限获取源代码的情况下，仍然可以扩展类型的功能。另外，继承只针对类，不适用于结构体和枚举。

注意：

如果定义了一个扩展，向一个已有类型添加新功能，那么这个新功能对该类型的所有已有实例都是可用的，即使它们是在这个扩展的前面定义的。

8.1.2 扩展计算型属性

扩展可以为原类型添加计算型属性，包括计算型实例属性和计算型类型属性。通过扩展添加计算型属性的定义与普通计算型属性的定义格式是一样的。

因为基本数据类型的本质都是结构体，所以可以对这些数据类型进行扩展。接下来，以 Double 类型为例，通过一个案例来演示如何使用扩展对 Double 类型添加计算型属性，如例 8-1 所示。

例 8-1　扩展计算型属性.playground

```
1    extension Double {
2        // 计算型属性 km 表示长度单位千米
3        var km: Double { return self * 1_000.0 }
4        // 计算型属性 m 表示长度单位米
5        var m : Double { return self }
6        // 计算型属性 cm 表示长度单位厘米
7        var cm: Double { return self / 100.0 }
8        // 计算型属性 mm 表示长度单位毫米
9        var mm: Double { return self / 1_000.0 }
10   }
11   // 定义一个常量 onekilometer 保存换算后的值
12   let onekilometer=1.km
13   print("一公里等于 \(onekilometer) 米")
14   // 定义一个常量 tenmillimeter 保存换算后的值
15   let tenmillimeter = 10.mm
16   print("10 毫米等于 \(tenmillimeter) 米")
17   // 通过扩展实现长度单位的计算
18   let aMarathon = 42.km + 195.m
19   print("马拉松的长度是\(aMarathon) 米")
```

在例 8-1 中，第 1～10 行是对 Double 的扩展，定义了 km、m、cm 和 mm 四个计算型属性，这些计算型属性用于将 Double 型的值换算为指定计量单位的值。其中，除第 5 行代码外，其余代码都需要进行数值转换。

第 11～16 行代码实现了长度单位的换算，其中第 12 行代码通过点语法 "1.km" 访问了计算型属性 km，"1" 表示一个实例。第 15 行代码通过点语法 "10.mm" 访问了计算型属性 mm，"10" 也表示一个实例。

扩展中定义的计算型属性的返回值都是 Double 类型，它们可以用于所有接受 Double 值的运算中，如第 18 行所示。

程序的输出结果如图 8-1 所示。

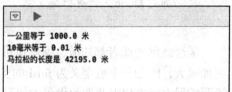

```
一公里等于 1000.0 米
10毫米等于 0.01 米
马拉松的长度是 42195.0 米
```

图 8-1　例 8-1 的输出结果

注意:

扩展可以添加计算型属性，但是不可以添加存储型属性，也不可以向已有属性添加属性观察器。

8.1.3 扩展构造函数

扩展构造函数就是为一个类型（类、结构体、枚举）添加新的构造函数。

接下来，通过一个案例来讲解如何使用扩展为已有结构体类型添加新的构造函数，具体如例 8-2 所示。

例 8-2 扩展构造函数.playground

```
1    struct Size {
2        var width = 0.0, height = 0.0
3    }
4    struct Point {
5        var x = 0.0, y = 0.0
6    }
7    struct Rect {
8        var origin = Point()
9        var size = Size()
10   }
11   //调用默认构造函数创建实例
12   let defaultRect = Rect()
13   //调用逐一成员构造函数创建实例
14   let memberwiseRect = Rect(origin: Point(x: 2.0, y: 2.0),
15        size: Size(width: 5.0, height: 5.0))
16   //扩展构造函数
17   extension Rect {
18       init(center: Point, size: Size) {
19           let originX = center.x - (size.width / 2)
20           let originY = center.y - (size.height / 2)
21           self.init(origin: Point(x: originX, y: originY), size: size)
22       }
23   }
24   //调用扩展的构造函数创建实例
25   let centerRect = Rect(center: Point(x: 4.0, y: 4.0),
26        size: Size(width: 3.0, height: 3.0))
27   print("默认构造函数实例 \(defaultRect)")
28   print("成员级构造函数实例 \(memberwiseRect)")
29   print("扩展构造函数实例 \(centerRect)")
```

在例 8-2 中，第 1～3 行代码定义了一个结构体 Size，表示宽和高，默认值是（0，0），第 4～6 行定义了一个结构体 Point，表示中心点，默认值是（0，0）。第 7～10 行定义了一个结构体 Rect，利用结构体 Size 和 Point 描述了一个矩形。

第 11~26 行代码分别使用默认构造函数，逐一成员构造函数和扩展后的构造函数创建了 Rect 实例 defaultRect、memberwiseRect 和 centerRect。其中 defaultRect 和 memberwiseRect 这两个实例的构造函数都是结构体自身提供的，而 centerRect 实例调用的是扩展添加的构造函数。

第 27~29 行代码通过输出语句来对比证明 centerRect 调用的是扩展添加的构造函数。

程序的输出结果如图 8-2 所示。

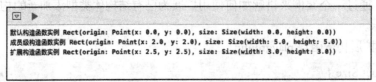

图 8-2　例 8-2 的输出结果

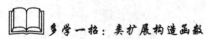 **多学一招：类扩展构造函数**

由于 Swift 为类类型提供了指定构造函数和便利构造函数两种构造函数，在为类类型扩展构造函数时，要注意只可以扩展便利构造函数，指定构造函数必须由原始的类实现来提供。

接下来，通过一个案例向大家介绍使用扩展为已有类类型添加新的构造函数，具体如例 8-3 所示。

例 8-3　类扩展构造函数.playground

```
1    //定义 Animal 类
2    class Animal {
3        var name : String
4        var leg: Int
5        func description()->String{
6            return "\(name)有\(leg)条腿"
7        }
8        init(name: String, leg: Int){
9            self.name = name
10           self.leg = leg
11       }
12   }
13   //扩展 Animal 类
14   extension Animal{
15       //便利构造函数
16       convenience init(name:String){
17           self.init(name:name, leg:4)
18       }
19   }
20   let p1 = Animal(name:"Dog")
21   print("Animal:\(p1.description())")
22   let p2 = Animal(name: "Duck", leg: 2)
23   print("Animal:\(p2.description())")
```

在例 8-3 中，第 2~12 行代码定义了一个 Animal 类，其中第 8~11 行代码是 Animal 类定义的两个参数的构造函数，第 14~19 行通过扩展为 Animal 类添加了一个便利构造函数，这个构造函数只有一个参数。

第 20 行代码调用了一个参数的构造函数创建 Animal 实例，该构造函数是扩展提供的。第 22 行代码调用两个参数的构造函数创建 Animal 实例，该构造函数是原类型 Animal 提供的。

程序的输出结果如图 8-3 所示。

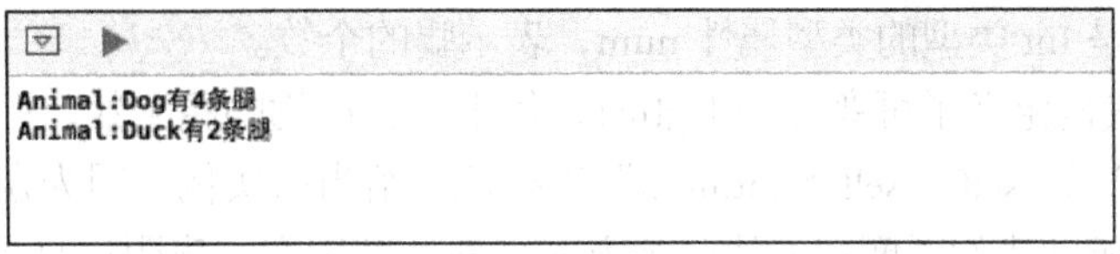

图 8-3　例 8-3 的输出结果

需要注意的是，如果为类类型添加构造函数，只可以添加新的便利构造函数。如果添加新的指定构造函数或析构函数，程序会报错，错误信息如图 8-4 所示。

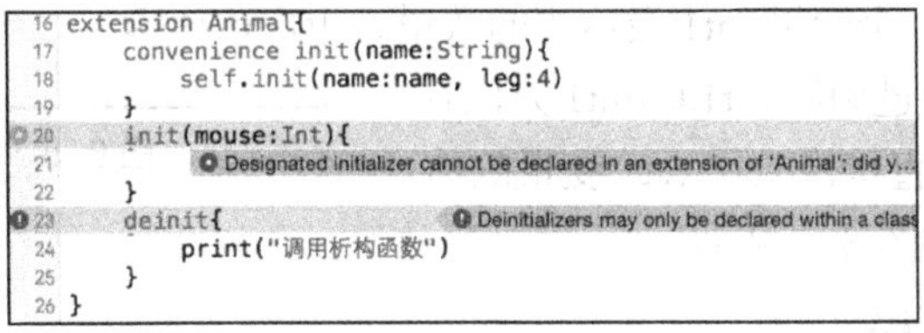

图 8-4　程序报错

注意：

如果使用扩展提供了一个新的构造函数，依旧要保证构造过程能够让所有实例完全初始化。

8.1.4　扩展方法

在实际开发中，有时候需要使用一些方法满足需求，但是系统本身又没有提供这些方法，这时可以通过扩展添加新的方法。比如，Int 是一个基本数据类型，系统本身没有提供方法，可以通过扩展给它添加方法。接下来，通过一个案例来演示如何为 Int 类型添加方法，如例 8-4 所示。

例 8-4　扩展方法.playground

```
1    extension Int {
2        static var num : Int = 4 //腿的个数
3        //定义普通方法 legInt
4        func legInt() -> Int{
5            return self * Int.num
6        }
7        //定义可变方法 legInt1
8        mutating func legInt1() {
9            self = self * Int.num
10       }
11   }
12   let cat = 6.legInt()
```

```
13    print("6 只猫有\(cat)条腿")
14    var cat1 = 6
15    cat1.legInt1()
16    print("6 只猫有\(cat1)条腿")
```

在例 8-4 中，第 1~11 行通过扩展为 Int 类型添加了新的属性和方法，其中第 4~6 行代码为 Int 类型添加了一个新实例方法 legInt，第 5 行代码 "return self * Int.num" 中的 self 表示当前实例，Int.num 是 Int 类型的类型属性 num，表示腿的个数。

第 8~10 行代码定义了可变方法 legInt1，用于计算动物的腿个数，但是没有返回值，而是在第 9 行通过代码 "self = self * Int.num" 直接赋值给当前实例。因为在结构体和枚举中给 self 赋值会报错，所以我们需要在方法前加上 mutating 关键字，表明这是可变方法。

legInt 和 legInt1 方法在调用的时候是不同的。第 12 行代码通过调用 6.legInt 方法计算动物腿的个数并将计算结果赋值给一个常量 cat，这是普通的调用方式。

第 14 行代码使用一个变量 cat1 表示猫的数量，并赋值为 6。第 15 行通过调用 cat1.legInt1 方法计算 6 只猫的腿的个数，它直接修改了 cat1 变量的值。

程序的输出结果如图 8-5 所示。

图 8-5　例 8-4 的输出结果

8.1.5　扩展下标

扩展还可以使用 subscript 关键字向一个已有类型添加新下标。比如，Int 类型本来是没有下标的，可以通过扩展给 Int 类型添加下标，访问指定位数的值。接下来，通过一个案例来演示如何为 Int 类型扩展下标，具体如例 8-5 所示。

例 8-5　扩展下标.playground

```
1     extension Int {
2         subscript(index: Int) -> Int {
3             var base = 1
4             for _ in 0..<index {
5                 base *= 10
6             }
7             return (self / base) % 10
8         }
9     }
10    print("输出个位的值：\(7463[0])")
11    print("输出十位的值：\(7463[1])")
12    print("输出百位的值：\(7463[2])")
13    print("输出千位的值：\(7463[3])")
14    print("输出万位的值：\(7463[4])")
15    print("输出十万位的值：\(7463[5])")
```

在例 8-5 中，第 1~9 行代码定义了 Int 的扩展，并在扩展中定义了一个下标 subscript(index: Int) -> Int，下标的参数 index 表示下标索引，返回值是 Int 类型，表示 Int 实例从后往前数第 index 位的数字。

第 10~15 行依次输出整数 7463 在指定位置的数字，位数从 0 开始。

例 8-5 程序的输出结果如图 8-6 所示。

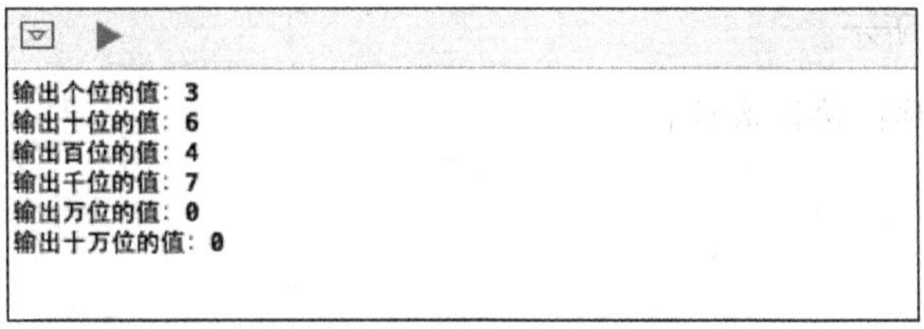

图 8-6　例 8-5 的输出结果

从图 8-6 看出，在下标为 4、5 时，输出的结果为零。因为如果该 Int 值没有足够的位数（下标越界），它会在数字左边自动补 0，那么越界的下标访问会返回 0。值 7463 只有 4 位数，要访问第 4 位下标时就越界了，此时通过补零使 7463 变成 07463，并将第 4 位下标对应的值 0 返回。以下代码演示了对越界下标的访问。

```
print("输出万位的值：\(07463[4])")
print("输出十万位的值：\(007463[5])")
```

8.2 协议

在定义一个类时，常常需要定义一些方法来描述该类的行为特征，但有时这些方法的实现方式是无法确定的。例如定义 Animal 类时，shout 方法用于表示动物的叫声，但是针对不同的动物，叫声也是不同的，因此在 shout 方法中无法准确描述动物的叫声。

针对上述情况，Swift 提供了协议来解决。接下来，本节将为大家详细讲解协议的相关用法。

8.2.1 协议概述

Swift 中的协议用于定义方法和属性，但协议本身并不进行实现，而是由采纳该协议的类具体实现。与 Objective-C 不同的是，协议还可以被结构体和枚举采纳。接下来，针对协议的定义和采纳进行详细讲解。

1. 定义协议

协议的定义格式非常简单，与类、结构体和枚举的定义格式非常相似，具体如下。

```
protocol 协议名称{
    //协议内容
}
```

在上述语法格式中，protocol 是声明协议的关键字，它后面紧跟的是协议的名称，并且该名称必须唯一。

需要注意的是，如果希望定义的协议只可以被类采纳，可以在协议名称后面加上冒号，冒号后面紧跟 class 关键字，具体格式如下。

```
protocol 协议名称:class{
    //协议内容
}
```

2. 采纳协议

类、结构体或者枚举采纳协议时，在它们的名称后面加上协议名称，中间用冒号分开。如果要采纳多个协议，各协议之间用逗号分开，由于它们的格式是一样的，下面仅以结构体为例进行讲解，如下所示。

```
struct 结构体名称: 协议名称{
    //结构体内容
}
//采纳多个协议
struct 结构体名称: 协议名称1, 协议名称2{
    //结构体内容
}
```

需要注意的是，类是可以继承的，如果是一个子类采纳协议，应该把父类名放到所有的协议名称之前，具体格式如下所示。

```
class 子类名称: 父类名, 协议名称{
    //类内容
}
```

8.2.2　协议的要求

在实际的使用中，协议除了基本的格式要求，还有许多其他的规定和要求。例如，协议中属性、方法、构造函数的使用各不相同。接下来，针对协议的相关要求进行详细讲解。

1. 协议对属性的要求

协议可以要求采纳协议的类型包含一些特定名称和类型的实例属性和类型属性。在协议中定义属性的时候，必须要求定义的属性是只读的或可读可写的。

对于采纳协议的类型，可以灵活地实现协议中的属性，具体分为三种情况。

（1）对于可读可写的属性，则实现属性不能是常量存储属性或只读的计算型属性。

（2）对于只读的属性，则实现属性可以是任意类型的属性。

（3）允许为只读属性实现有效的 setter 方法。

通常情况下，协议中的属性会声明为变量。如果属性是可读可写的，需要在类型声明后面加上 { get set } 来表示，如果属性是只读的，则需要在类型声明后面加上 { get } 来表示。需要注意的是，如果声明的属性是一个类型属性，则需要在 var 关键字之前加上 static 关键字。具体示例代码如下所示。

```
protocol Protocol {
    var settable: Int { get set }    // settable 为可读可写属性
    var onlyRead: Int { get }    //onlyRead 为只读属性
    static var typeProperty: Int { get set }    //typeProperty 为类型属性
}
```

接下来，通过一个案例来为大家演示协议的属性要求，具体如例 8-6 所示。

例 8-6　协议的属性要求.playground

```
1      //定义 Person 协议
2      protocol Person {
3          var fullName: String { get }
4      }
5      class Student:Person{
6          var surname:String
7          var name:String
8          init(surname:String, name:String){
9              self.surname = surname
10             self.name = name
11         }
12         //实现协议中的属性
13         var fullName:String{
14             return surname + name
15         }
16     }
17     let student = Student(surname: "王", name: "小明")
18     print(student.fullName)
```

在例 8-6 中，第 2～4 行代码定义一个 Person 协议，它只有一个要求，就是第 3 行代码描述的 fullName 属性。因此，任何采纳 Person 的类型，都必须实现一个 String 类型的实例属性 fullName。

第 5～16 行定义了一个采纳了 Person 协议的类 Student，其中第 13～15 行把协议要求的 fullName 属性实现为只读的计算型属性，用于把一个人的姓氏和名字组合为全名。

第 17～18 行创建了一个 Student 类的实例，并访问了它的 fullName 属性。

程序的输出结果如图 8-7 所示。

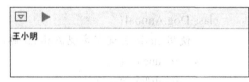

图 8-7　例 8-6 的输出结果

2. 协议对方法的要求

协议能够要求采纳协议的类型必须实现某些特定名称的实例方法和类型方法。协议方法的声明与普通方法的定义格式类似，但是不需要大括号{}和方法体。接下来，针对协议对实例方法、类型方法和可变方法的具体要求进行详细讲解。

（1）在协议中声明实例方法

在协议中声明实例方法时，其用法比较简单，只需要让类型采纳协议，对协议中的实例方法提供实现即可。接下来，通过一个案例来讲解如何实现协议中的实例方法，具体如例 8-7 所示。

例 8-7　协议对实例方法的要求.playground

```
1      protocol Animal{
2          // 声明了一个表示叫声的实例方法
3          func shout()
4      }
```

```
5    // Dog 类采纳 Animal 协议
6    class Dog:Animal {
7        // 具体实现 Animal 中的 shout 实例方法
8        func shout() {
9            print("汪汪汪")
10       }
11   }
12   let dog = Dog()   // 声明一个 Dog 实例
13   dog.shout()   //调用 shout 方法
```

在例 8-7 中，第 1～4 行代码定义了一个协议 Animal，其中第 3 行声明了一个 shout 方法。第 6～11 行定义了一个类 Dog，它采纳了 Animal 协议。其中第 8～10 行具体实现了协议要求的 shout 方法。第 12 行创建了一个 Dog 实例 dog，第 13 行调用了 dog 实例的 shout 方法。

程序的输出结果，如图 8-8 所示。

（2）在协议中声明类型方法

在协议中声明类型方法时，需要在 func 前加上 static 关键字，示例代码如下所示。

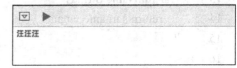

图 8-8　例 8-7 输出结果

```
protocol Animal{
    static func eat()
}
```

采纳协议时，如果采纳者是类，则实现协议中的类型方法时，除了 static 关键字，还可以使用 class 关键字。例如定义一个采纳 Animal 协议的 Dog 类，可以使用 static 关键字，示例代码如下所示。

```
class Dog:Animal{
    //使用 static 关键字实现 Animal 协议中的类型方法
    static func eat() {
        print("吃骨头")
    }
}
```

也可以使用 class 关键字，示例代码如下所示。

```
class Dog:Animal {
    //使用 class 关键字实现 Animal 协议中的类型方法
    class func eat() {
        print("吃骨头")
    }
}
```

（3）在协议中声明可变方法

在协议中声明可变方法时，需要在方法的前面加上 mutating 关键字，这样结构体和枚举就能够通过采纳协议，对协议的可变方法进行实现，从而改变本身的值。而类在实现协议中的可变方法时，可以省略 mutating 关键字。

接下来，通过一个切换开关状态的案例来演示如何实现协议中的可变方法，如例 8-8 所示。

例 8-8 协议对可变方法的要求.playground

```
1   protocol Button {
2       //定义可变方法
3       mutating func toggle()
4   }
5   enum OnOffSwitch: Button {
6       case Off, On    //定义两个枚举值，Off 表示关，On 表示开
7       mutating func toggle() {
8           // 使用三目运算符判断开关的状态，并进行切换
9           self = (self==On) ? Off : On
10      }
11  }
12  //设置开关状态为关
13  var lightSwitch = OnOffSwitch.Off
14  lightSwitch.toggle()
15  print("调用 toggle 方法后电灯开关的状态是\(lightSwitch)")
16  lightSwitch.toggle()
17  print("再次调用 toggle 方法后电灯开关的状态\(lightSwitch)")
```

在例 8-8 中，第 1~4 行定义了一个 Button 协议，其中第 3 行定义了一个名为 toggle 的可变方法。当它被调用时，该方法将会改变采纳协议的类型的实例。

第 5~11 行定义了枚举 OnOffSwitch，它采纳了 Button 协议。其中第 7 行枚举的 toggle 方法被标记为 mutating，以满足 Button 协议的要求。

第 12~17 行设置枚举的状态为 Off，并两次调用 toggle 方法改变开关的状态。

程序的输出结果如图 8-9 所示。

图 8-9　例 8-8 的输出结果

3. 协议对构造函数的要求

协议可以要求采纳协议的类型实现特定的构造函数。在协议中定义构造函数的写法与普通构造函数的定义格式类似，但是不需要大括号{}和函数的具体实现，示例代码如下所示。

```
protocol SomeProtocol {
    init(someParameter: Int)
}
```

如果在采纳协议的类中实现构造函数，无论该函数是指定构造函数，还是便利构造函数，都必须在 init 前面加上关键字 required，示例代码如下所示。

```
class SomeClass: SomeProtocol {
    required init(someParameter: Int) {
        // 这里是构造函数的实现部分
    }
}
```

在类中实现协议的构造函数时，使用 required 修饰符是为了确保该类的所有子类必须提供此构造函数的实现，保证这些子类满足协议的要求。需要注意的是，final 修饰的类在实现协议的构造函数时，不需要使用 required 修饰符，因为被 final 修饰的类不能有子类。

当子类实现所采纳协议中的构造函数时，如果该构造函数与重写的父类的指定构造函数相同，那么，在子类实现该构造函数时，必须在 init 前面同时加上 required 和 overvide 关键字，示例代码如下。

```
protocol MakeFood{
    init()
}
//父类
class Person{
    init(){
        print("人会做饭")
    }
}
//子类 Cook 是 Person 的子类，并采纳了 MakeFood 协议
class Cook: Person,MakeFood{
    required override init(){
        print("厨师做的饭更好吃")
    }
}
```

在上述示例代码中，MakeFood 要求的构造函数与父类 Person 的指定构造函数相同，都是 init()。子类 Cook 采纳了 MakeFood 协议，并且继承自父类 Person，所以在 Cook 类中实现的 init()构造函数即满足 MakeFood 协议的要求，也是对父类 Person 的构造函数的重写。因此，Cook 在实现 init()构造函数的时候，同时加上了关键字 required 和 overvide。

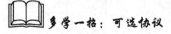 多学一招：可选协议

如果协议中声明的内容是可选的，也就是说采纳协议时可以实现也可以不实现，则通常称该协议为可选协议。在定义可选协议时，要在可选内容的声明前加@objc optional 关键字，并且在声明协议时在 protocol 关键字的前面加上@objc。可选协议只能被类采纳。接下来，通过一个案例来演示可选协议的使用，具体如例 8-9 所示。

例 8-9　可选协议要求.playground

```
1   importUIKit
2   @objc protocol Animal {
```

```
3        //定义可选方法
4        @objc optional func wing()
5    }
6    class Bird:Animal{
7        //实现可选方法
8        @objc func wing() {
9            print("鸟有翅膀")
10       }
11   }
12   class Dog:Animal{
13   }
14   let bird = Bird()
15   bird.wing()
```

在例 8-9 中，第 2～5 行定义了一个可选协议 Animal，其中第 4 行声明了协议中的可选方法 wing。第 6～11 行定义了一个类 Bird，它采纳了 Animal 协议，并在第 8～10 行对协议中的可选方法进行实现。

值得一提的是，在第 12～13 行定义的 Dog 类，也采纳了 Animal 协议。虽然没有实现 wing 方法，程序仍然可以正常运行。

程序的输出结果如图 8-10 所示。

 脚下留心：可选协议不能被枚举和结构体采纳

@objc 标注的协议只可以被类类型采纳，不能被枚举或者结构体采纳。例如，在例 8-9 中，如果定义一个结构体 Bird2 采纳 Animal 协议，程序会提示错误"Non-class type 'Bird2'cannot conform to class protocol'Animal'"，如图 8-11 所示。

图 8-10　例 8-9 的输出结果

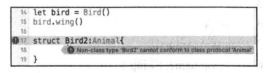

图 8-11　程序报错

8.2.3　协议作为类型使用

尽管协议本身并未实现任何功能，但是协议可以被当作类型来使用，其使用方式与普通类型相似。协议作为类型使用的场景有：

● 作为函数、方法或构造函数中的参数类型或返回值类型；
● 作为常量、变量或属性的类型；
● 作为数组、字典或其他容器中的元素类型。

接下来，以协议作为函数参数类型为例，通过一个案例来讲解如何将协议作为类型使用，具体如例 8-10 所示。

例 8-10　协议作为参数类型.playground

```
1    protocol Name{
2        var name:String {get}
```

```
3    }
4    struct Student :Name{
5        var name:String
6    }
7    //参数 student 的类型为 Name
8    func contact(student:Name){
9        print("要联系的学生的名字是\(student.name)")
10   }
11   //定义采纳了 Name 协议的 Student 的实例
12   let student = Student(name: "小明")
13   contact(student: student)
```

在例 8-10 中，第 1～3 行定义了一个 Name 协议，第 4～6 行定义了一个 Student 类，遵守了 Name 协议。第 8～10 行定义了一个 contact 函数，它有一个参数 student，类型是 Name，也就是说，任何采纳了 Name 协议的类型，其实例都可以作为 contact 的参数。

第 12～13 行创建了一个 student 实例，并作为参数传递给 contact 函数。

程序的输出结果如图 8-12 所示。

为了加深理解，再通过一个案例实现协议类型在数组或者字典等集合中的使用，具体如例 8-11 所示。

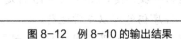

图 8-12　例 8-10 的输出结果

例 8-11　协议类型的集合.playground

```
1    protocol Animal{
2        var name:String {get}
3    }
4    //类 A
5    class A:Animal{
6        var name: String {
7            return "狗"
8        }
9    }
10   //结构体 B
11   struct B:Animal{
12       var name: String {
13           return "猫"
14       }
15   }
16   //类 C
17   class C:Animal{
18       var name: String {
19           return "猴"
```

```
20          }
21      }
22      let a = A()
23      let b = B()
24      let c = C()
25      //定义 Animal 类型的数组
26      let animals: [Animal] = [a, b, c]
27      for animal in animals {
28          print(animal.name)
29      }
```

在例 8-11 中，第 1~3 行定义一个名为 Animal 的协议。第 5~21 行定义了两个类 A、C、和一个结构体 B，它们都采纳了 Animal 协议，并且实现了 name 属性。第 22~26 行创建了 A、B、C 的实例，并把它们放在数组 animals 中，数组的元素类型为 Animal。

第 27~29 行对 animals 数组进行了遍历输出。其中第 27 行，animal 是 Animal 类型而不是 A，B，C 等具体类型。第 28 行，由于 animal 是 Animal 类型，任何 Animal 的实例都有一个 name 属性，所以可以访问 animal.name。

程序的输出结果如图 8-13 所示。

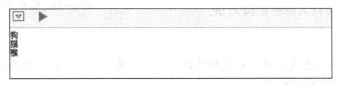

图 8-13　例 8-11 的输出结果

注意：

协议作为类型使用时，其命名方式与其他类型的命名方式类似，都是以大写字母开头，并且采用驼峰式写法，如 Animal，OneStudent。

📖 **多学一招：协议的合成**

将多个协议采用 protocol<SomeProtocol, AnotherProtocol,...>格式组合，称为协议的合成（protocol composition），<>中的协议以逗号分隔。需要注意的是，将多个协议合成为一个整体作为类型使用时，首先需要定义一个类型，该类型必须采纳了这些协议。

为了帮助大家更好地理解，接下来，通过一个案例来演示如何合成协议，如例 8-12 所示。

例 8-12　协议的合成.playground

```
1   protocol Named {
2       var name: String { get }
3   }
4   protocol Aged {
5       var age: Int { get }
6   }
7   //结构体 Person 采纳了 Named 协议和 Aged 协议
```

```
8      struct Person: Named, Aged {
9          var name: String
10         var age: Int
11     }
12     //定义一个函数，参数 kid 的类型是 protocol<Named, Aged>，是个临时的类型
13     func wishHappyBirthday(kid: protocol<Named, Aged>) {
14         print("生日快乐\(kid.name)！你已经\(kid.age)岁了!")
15     }
16     let birthdayPerson = Person(name: "小明", age: 21)
17     wishHappyBirthday(kid: birthdayPerson)
```

在例 8-12 中，第 1~6 行代码定义了两个协议 Named 和 Aged，第 8~11 行定义了一个 Person 结构体，同时采纳了 Named 和 Aged 协议。

第 13 行代码定义了一个函数 wishHappyBirthday，它有一个参数 kid，是 protocol<Named, Aged>类型，说明传入 wishHappyBirthday 函数的参数，必须要同时采纳 Named 和 Aged 协议。

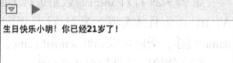

在第 16~17 行代码中，创建了一个 Person 实例，并作为参数传入 wishHappyBirthday 函数。

例 8-12 的输出结果如图 8-14 所示。

图 8-14　例 8-12 的输出结果

注意：

协议合成并不会生成新的、永久的协议类型，而是将多个协议中的要求合成到一个只在局部作用域有效的临时协议中。

8.2.4　协议的继承

协议之间可以继承，它的语法格式与类的继承相似，不同的是，协议可以同时继承自多个协议，也就是多继承。在继承多个协议时，被继承的协议之间用逗号","分隔，其示例代码如下所示。

```
protocol InheritingProtocol: SomeProtocol, AnotherProtocol {
    // 协议定义
}
```

假如有两个表示动物和鱼的协议，分别是 Animal 和 Fish，其中 Fish 协议继承自 Animal 协议，另外，还有一个表示金鱼的类 Goldfish，它采纳了 Fish 协议，这时，Goldfish 类必须同时符合协议 Animal 和 Fish 的所有要求。接下来，通过一个案例来演示，如例 8-13 所示。

例 8-13　协议的继承.playground

```
1      protocol Animal
2      {
3          var leg:String{ get set }
4          var wing:String{ get set}
5          func description()->String
```

```
6    }
7    //Fish 协议继承自 Animal
8    protocol Fish:Animal
9    {
10       var habit:String{ get set}
11   }
12   // Goldfish 类采纳 Fish 协议
13   class Goldfish:Fish{
14       //定义一个 name 属性
15       var name:String
16       //实现 Fish 协议的要求
17       var habit:String
18       //实现 Animal 协议的要求
19       var leg:String
20       var wing:String
21       func description()->String{
22           return "name: \(name) wing:\(wing) leg:\(leg) habit:\(habit) "
23       }
24       init(name:String, leg: String, wing: String, habit: String){
25           self.leg = leg
26           self.wing = wing
27           self.habit = habit
28           self.name = name
29       }
30   }
31   let fish = Goldfish(name:"金鱼",leg:"无腿", wing:"无翅膀", habit:"会游泳")
32   print(fish.description())
```

在例 8-13 中，第 1～6 行定义了一个 Animal 协议，第 8～11 行定义了一个 Fish 协议继承自协议 Animal。

第 13～30 行代码定义了一个采纳了 Fish 协议的类 Goldfish，该类需要同时实现 Fish 和 Animal 协议内声明的属性和方法。程序的输出结果如图 8-15 所示。

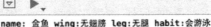

name：金鱼 wing:无翅膀 leg:无腿 habit:会游泳

图 8-15 例 8-13 的输出结果

8.2.5 检查协议一致性

协议一致性的检查也是通过 is 和 as 操作符来完成的，其用法与类型的检查和转换基本相同，具体如下。

● 使用 is 操作符检查实例是否采纳了某个协议；

● 使用 as 操作符把实例类型转换到指定协议类型。

接下来，通过一个案例详细介绍如何检查协议一致性，具体如例 8-14 所示。

例 8-14　检查协议一致性.playground

```
1   protocol Area{
2       var area:Double{get}
3   }
4   //定义采纳了 Area 协议的类 Rectangle
5   class Rectangle:Area {
6       let long:Double
7       var area:Double {return long * long}
8       init(long:Double){
9           self.long = long
10      }
11  }
12  //定义采纳了 Area 协议的类 Circle
13  class Circle:Area{
14      let pi = 3.1415927
15      var radius: Double
16      var area: Double { return pi * radius * radius }
17      init(radius: Double) { self.radius = radius }
18  }
19  //定义没有采纳 Area 协议的类 Bird
20  class Bird{
21      var wing: Int
22      init(wing: Int) { self.wing = wing }
23  }
24  //定义 AnyObject 类型的数组
25  let objects: [AnyObject] = [
26      Circle(radius: 2.0),
27      Rectangle(long: 2.0),
28      Bird(wing: 2)
29  ]
30  for object in objects{
31      if let objectWithArea = object as? Area{
32          print("面积是\(objectWithArea.area)")
33      }else{
34          print("没有面积")
35      }
36  }
```

在例 8-14 中，第 1～18 行代码定义一个协议 Area 和两个采纳了 Area 协议的类 Rectangle 和 Circle。

第 20～23 行定义了一个没有采纳 Area 协议的类 Bird。

第 25~29 行代码，定义了一个 AnyObject 类型的数组 objects，并使用没有共同基类的 Rectangle，Circle，Bird 的实例对数组进行初始化。

第 30~36 行代码，遍历数组的每一个成员 object，object 的类型是 AnyObject。首先使用 as？操作符试图将 object 转换为 Area 类型，如果转换成功，将转换结果赋值给对象 objectWithArea，并输出它的面积。

objects 数组中的元素类型并不会因为强转而丢失类型信息，它们仍然是 Circle，Rectangle，Bird 类型。然而，当它们被赋值给 objectWithArea 常量时，只被视为 Area 类型，因此只有 area 属性能够被访问。

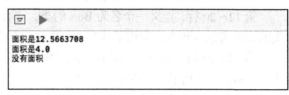

图 8-16　例 8-14 的输出结果

例 8-14 的输出结果如图 8-16 所示。

8.2.6　代理模式

代理是一种设计模式，它允许类或结构体将自身负责的功能委托给其他类型的实例去实现。代理模式的实现很简单，定义协议用于封装需要被委托的函数和方法，使采纳协议的类型拥有这些被委托的函数和方法。

代理需要通过采纳协议来实现，接下来通过一个老板和助理之间的代理模式的案例来讲解如何实现代理，如例 8-15 所示。

例 8-15　老板和助理.playground

```
1   //定义协议 Protocol
2   protocol GetFile {
3       func take()->String
4   }
5   //定义 Assistant 类，采纳了 GetFile 协议
6   class Assistant:GetFile{
7       func take() -> String {
8           return "助理给老板拿文件！"
9       }
10  }
11  //定义 Boss 类，它有一个代理属性
12  class Boss {
13      var delegate:GetFile
14      init(man:GetFile) {
15          delegate = man
16      }
17      func take()->String {
18          return delegate.take()      //调用代理的方法
19      }
20  }
21  //创建一个 Assistant 类型的实例
22  let assistant = Assistant()
```

```
23    let boss = Boss(man: assistant)    //将 assistant 实例作为 Boss 实例的代理
24    print(boss.take())
```

在例 8–15 中，第 2~4 行代码定义了一个名为 GetFile 的协议，协议中有一个名为 take 的方法，它的返回类型为 String。

第 6~10 行代码定义了一个名为 Assistant 的类，它采纳了 GetFile 协议并实现了协议的方法。

第 12~20 行，定义一个名为 Boss 的类，它有一个属性 delegate，是 GetFile 类型。在 Boss 类的 take 方法实现中，调用了 delegate 的 take 方法，帮老板拿到文件。

第 22~24 行，创建了 Assistant 的实例 assistant，并把它当作参数，创建了一个 Boss 类的实例 boss，并调用了 boss 的 take 方法。

程序的输出结果如图 8–17 所示。

由结果可以看出，take 方法内调用了代理方法，让助理帮老板拿到了文件。如果需要另一个助理帮老板拿文件，只需要让该助理遵守 Assistant 协议并作为 boss 的代理即可。

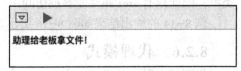

图 8-17　例 8-15 的输出结果

8.3　扩展和协议的结合

协议和扩展是可以结合使用的，可以通过扩展使一个已有类型采纳某个协议，也可以对现有协议进行扩展。接下来，本节将对扩展和协议的结合使用进行详细讲解。

8.3.1　通过扩展采纳协议

不论是否能够访问一个已有类型的源代码，都可以通过扩展使该类型采纳和实现某个协议，以增加该类型的功能。由于扩展可以为已有类型添加新的属性、方法和下标脚本，所以可以按照协议的要求提供实现。通过扩展采纳协议的示例代码如下所示。

```
extension SomeType: SomeProtocol, AnotherProtocol {
    // 协议实现写到这里
}
```

接下来，通过一个案例来讲解如何通过扩展来采纳协议。

例 8-16　通过扩展采纳协议.playground

```
1     //Animal 协议
2     protocol Animal{
3         var getname:String{get}
4     }
5     //Dog 类
6     class Dog {
7         func shout() -> String {
8             return "汪汪汪"
9         }
10    }
11    //通过扩展使得 Dog 类采纳并实现 Animal 协议
```

```
12    extension Dog:Animal{
13        var getname:String{
14            return "狗"
15        }
16    }
17    let dog = Dog()
18    //访问 Dog 类自己拥有的 shout 方法
19    print("狗的叫声\(dog.shout())")
20    //访问 Dog 类通过扩展拥有的 getname 属性
21    print("dog 是\(dog.getname)")
```

在例 8-16 中，第 2～4 行代码定义了一个协议 Animal，第 6～10 行定义了一个 Dog 类，并且 Dog 类没有采纳 Animal 协议。后来因为某种需要，Dog 类需要采纳 Animal 协议，除了直接在 Dog 类中声明以外，还可以通过扩展实现。

第 12～16 行代码是对 Dog 类的扩展，在扩展中使 Dog 类采纳 Animal 协议，并实现了协议的要求。这样就使 Dog 类得到了一个 getname 的属性。

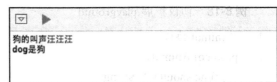

第 20 行代码访问了 dog 实例的 getname 属性。

程序的输出结果如图 8-18 所示。

图 8-18　例 8-16 的输出结果

 多学一招：通过空扩展采纳协议

当一个类型已经符合了某个协议中的所有要求，却还没有声明采纳该协议时，类型并不会自动采纳协议，此时，可以通过一个实现体为空的扩展（即空扩展）来采纳该协议。

接下来，通过一个具体的案例来详细讲解如何通过空扩展采纳协议，具体如例 8-17 所示。

例 8-17　通过空扩展采纳协议.playground

```
1     //定义一个协议
2     protocol GetName{
3         var getname: String { get }
4     }
5     //Student 具有协议要求的方法实现，但是并未采纳该协议
6     struct Student{
7         var name: String
8         var getname: String {
9             return "这个学生的名字是\(name)"
10        }
11    }
12    //通过空扩展采纳协议
13    extension Student: GetName{}
14    let people = Student(name: "小明")
15    //Student 实例作为 GetName 类型使用
16    let student: GetName= people
```

```
17    //student 可以访问到 getname
18    print(student.getname)
```

在例 8-17 中，第 2~4 行定义了一个协议 GetName，它声明了一个 getname 的属性要求。第 6~11 行代码定义了一个 Student 结构体，并没有采纳 GetName 协议，但是它却恰巧具有 GetName 协议要求的 GetName 属性。

第 13 行代码，通过空扩展使 Student 结构体采纳了 GetName 协议，这样 Student 的实例就可以作为 GetName 类型来使用了。

程序的输出结果如图 8-19 所示。

图 8-19 例 8-17 的输出结果

8.3.2 协议扩展

协议可以通过扩展来为采纳协议的类型提供属性、方法及下标脚本的实现。这样可以基于协议本身来实现这些功能，而无需在每个采纳协议的类型中都重复同样的实现。

接下来，通过一个具体的案例详细讲解协议扩展，具体如例 8-18 所示。

例 8-18 协议扩展.playground

```
1     //Animal 协议
2     protocol Animal{
3         func shout() -> String
4     }
5     //协议扩展
6     extension Animal{
7         //协议中新增的方法，并实现
8         func eat() -> String {
9             return "吃骨头"
10        }
11    }
12    //采纳 Animal 协议，并且只需实现 shout 方法
13    class Dog: Animal {
14        func shout() -> String {
15            return "汪汪汪"
16        }
17    }
18    let dog = Dog()
19    print("狗的叫声\(dog.shout())")
20    print("狗的爱好\(dog.eat())")
```

在例 8-18 中，第 6~11 行通过扩展为 Animal 协议添加了 eat 方法及实现。

第 13~17 行定义了一个采纳了 Animal 协议的 Dog 类。Dog 类并不需要实现 eat 方法，它的实例就拥有 eat 方法。

第 20 行代码中通过调用 dog.eat() 就访问到了 Dog 实例的 eat 方法。

程序的输出结果如图 8-20 所示。

由图 8-20 的输出结果可以看出，通过协议扩展，使得采纳协议的类型，自动获得了这个扩展所增加的方法实现。

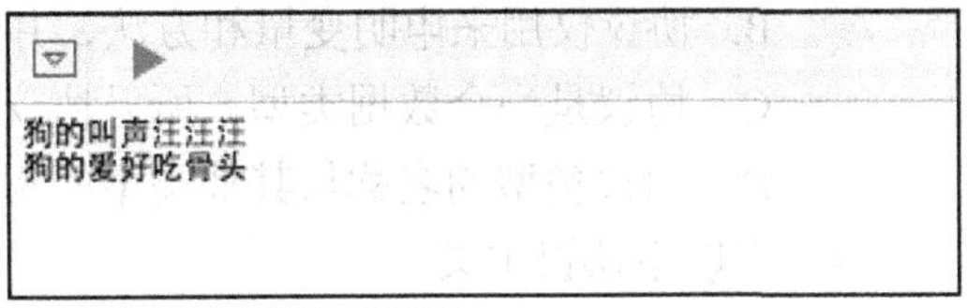

注意：

通过协议扩展为协议要求提供的默认实现和可选的协议要求不同。虽然在这两种情况下，采纳协议的类型都无需自己实现这些要求，但是通过扩展提供的默认实现可以直接调用，而无需使用可选链式调用。

图 8-20　例 8-18 的输出结果

8.4　本章小结

本章中主要讲了扩展、协议和代理三个概念。在扩展中讲了扩展的语法，并针对计算型属性的扩展、构造函数的扩展、方法的扩展和下标的扩展分别进行了详细介绍。在协议中，讲了协议的概念和语法要求，并对协议的一些使用方法做了介绍，还对协议实现代理进行了讲解。最后讲解了扩展和协议结合使用。通过本章的学习，大家应该学会使用扩展和协议，并学会使用协议实现代理，真正理解扩展和协议在实际开发中的作用。

8.5　本章习题

一、填空题

1. 在 Swift 中扩展用_____关键字声明，协议用_____关键字声明。

2. _____用于为已存在的类、结构体或枚举添加新的功能或者采纳协议。

3. 如果在协议的继承列表中有关键字 class，那么限制协议只能被_____类型采纳，而结构体或枚举不能采纳该协议。

4. 在检查协议一致性时使用的是_____和_____操作符。

5. 使用扩展向一个已有类型添加新下标是通过关键字_____实现的。

6. 扩展可以向已有类型添加_____属性和_____属性。

7. 在 Swift 中协议不仅可以被类类型实现，还可以被_____和_____实现。

8. 在 Swift 中，如果结构体和枚举类型中修改 self 或其属性的方法必须将该实例方法标注为_____。

9. 协议中的属性通常声明为变量，使用关键字_____来表示，如果属性是可读可写的则在类型声明后加上_____来表示，只读属性则用_____来表示。

二、选择题

1. 以下选项中，哪些是 Swift 中可以通过扩展实现的（多选）。（　　　）
   A. 添加计算型属性和计算静态属性　　B. 定义实例方法和类型方法
   C. 提供新的构造函数　　　　　　　　D. 定义下标
   E. 定义和使用新的嵌套类型　　　　　F. 使一个已有类型符合某个接口

2. 以下选项中，扩展使用哪个关键字实现向一个已有类型添加新下标。（　　　）
   A. subscript　　　B. mutating　　　C. extension　　　D. protocal

3. 下面关于协议的描述错误的是（　　　）。
   A. 协议使用关键字 protocal 声明

B. 协议仅用来申明变量和方法，并不实现它们

C. 协议是一个数据类型，所以协议可以成为函数的参数，赋值一个变量等

D. 协议类型的名称与其他类型的写法不同

4. 有以下协议定义

```
protocol Teach:class{
    static func teach()
}
```

则下列采纳协议的类型定义不正确的是（　　　　）。

A.

```
class Teacher:Teach{
    static func teach(){
        print("iOS 课程")
    }
}
```

B.

```
class Teacher:Teach{
    class func teach(){
        print("iOS 课程")
    }
}
```

C.

```
struct Teacher:Teach{
    static func teach(){
        print("iOS 课程")
    }
}
```

D.

```
struct Teacher:Teach{
    class func teach(){
        print("iOS 课程")
    }
}
```

5. 有以下协议定义

```
protocol Teach {
    mutating func teach()
}
```

则下列采纳协议的类型定义正确的是（多选）（　　　　）。

A.
```
class Teacher {
    mutating func teach(){
        print("iOS 课程")
    }
}
```

B.
```
class Teacher {
    func teach(){
        print("iOS 课程")
    }
}
```

C.
```
struct Teacher {
    func teach(){
        print("iOS 课程")
    }
}
```

D.
```
struct Teacher:Teach{
    mutating func teach(){
        print("iOS 课程")
    }
}
```

6. 下列程序的输出结果是（   ）。

```
extension Int {
    subscript(var digitIndex: Int) -> Int {
        var decimalBase = 1
        while digitIndex > 0 {
            decimalBase *= 10
            digitIndex - = digitIndex
        }
        return (self / decimalBase) % 10
    }
}
print("输出的值是\(987654321[5])")
```

    A. 5   B. 6   C. 4   D. 7

7. 下列选项中，哪个不是检查协议的一致性中使用的操作符。（   ）

    A. as?   B. as!   C. is?   D. is

三、判断题

1. 通过扩展可以伸一个类采纳一个协议。（   ）

2. 在开发过程中，协议多用于代理模式。（　　　）

3. 可以对整形、浮点型、布尔型、字符等基本数据类型进行扩展。（　　　）

4. 当一个类要采纳多个协议时，各个协议之间要用逗号分开。（　　　）

5. 扩展既可以向类中添加新的便利构造函数，也可以向类中添加新的指定构造函数或析构函数。（　　　）

6. 扩展可以扩展计算型属性和计算型类型属性。（　　　）

7. 如果一个类继承父类的同时还要遵守协议，那么父类要写在所有的协议之前。（　　　）

8. 类可以继承，但是协议是不可以被继承的。（　　　）

9. 扩展可以通过 subscript 关键字实现向一个已有类型添加新下标。（　　　）

10. 协议没有具体的实现代码，不能被实例化，它的存在就是为了规范其他的类型遵守它实现。（　　　）

四、问答题

1. 简单描述一下扩展的作用。

2. 简单描述一下协议的作用。

五、程序分析题

阅读下面的程序，分析代码是否能够编译通过。如果能编译通过，请列出运行的结果，否则请说明编译失败的原因。

1. 代码一

```
protocol V{
    var num:Int{get}
    var color:UIColor{get set}
    func changecolor()
}
struct M:V {
    let num = 4
    var color = UIColor.blackColor()
    func changecolor() {
        color = UIColor.redColor()
     }
}
```

2. 代码二

```
protocol Water{
    func drink()
}
class Father{
    let numA:Int
    init(num:Int){
       numA = num
    }
}
class Sun:Water,Father{
```

```
    func drink() {
        print("我要喝水")
    }
}
```

3. 代码三

```
protocol RentProtocol{
    func Renting()
}
class MaYaHouse: RentProtocol {
    func Renting() {
        print("我是房地产商，我可以找房子")
    }
}
class Lisi {
    func Renting(){
        print("我是李四，我可以找房子")
    }
}
class MyHouse{
    var rentDelegate:RentProtocol?
}
var lisi=Lisi()
var myHouse=MyHouse()
myHouse.rentDelegate=lisi
myHouse.rentDelegate?.Renting()
```

六、编程题

1. 编写一个 Array 扩展，使其能够计算集合的元素之和。

（1）扩展中声明一个返回值是 Int 的求和函数。

（2）判断数组的类型，如果不是 Int 则返回 0，否则把数组中的值相加，返回 sum。

（3）声明一个数组进行测试。

2. 有如下协议定义

```
protocol MyProtocol {
    varaDescription: String { get }
    mutating func adjust()
}
```

请分别用类和结构体，实现这个协议。

PART 9

第 9 章
Swift 内存管理

　　硬件设备的内存都是有限的，除了操作系统要管理内存之外，每个应用程序也要管理它使用的内存。每种编程语言都有自己的内存管理机制，在 Objective-C 中，内存管理经历了两个阶段：第一个阶段是 MRC（手动引用计数）内存管理，由程序员在代码里手动管理每个对象的创建和销毁；第二个阶段是 ARC（自动引用计数）内存管理，程序员不用关心对象的创建及何时释放，编译器在编译的时候会自动在代码的合适位置添加内存管理代码。

　　Swift 语言吸收了 Objective-C 语言的较先进的内存管理思想，采用了 ARC（自动引用计数）内存管理机制。本章将对 Swift 的内存管理机制进行详细的介绍。

9.1　Swift 内存管理机制

　　Swift 的内存管理的目标是类所创建的对象，也就是引用类型。引用类型的实例保存在内存的"堆"区，需要人为管理。而整型、浮点型、布尔型、字符串型、元组、集合、枚举和结构体等，都属于值类型，这些类型都保持在内存的"栈"区，在程序运行时由处理器管理它们的内存，不需要程序员管理。

　　Swift 对类的对象的管理采用 ARC（自动引用计数）机制。

　　当创建一个类的新的对象时，ARC 会分配一大块内存用来储存对象的信息，包括对象的类型信息，以及它的所有相关属性的值。

　　当对象不再被使用时，ARC 会释放对象所占用的内存，并让释放的内存能挪作他用。然而，对于正在被使用的对象的内存，则不应该收回和释放，否则应用程序很可能会崩溃。

　　为了及时和正确地释放内存，ARC 会跟踪和计算每一个对象正在被多少属性，常量和变量所引用。因此，将对象赋值给属性、常量或变量时，它们都会创建此对象的"强"引用，只要强引用还在，实例是不允许被销毁的。

　　接下来，就对自动引用计数的工作机制进行详细的介绍。

9.1.1　自动引用计数工作机制

如前所述，Swift 需要对对象的内存进行管理，当一个对象不再被使用时，就需要将它的内存释放。为了记录一个对象被使用的情况，Swift 给每个对象设置了一个内部计数器，称为引用计数器。当对象被创建时，引用计数器数值为 1；每次对象被引用时，引用计数增 1，每减少一次引用，引用计数减 1。当对象的引用计数器数值为 0 时，释放对象的内存。

为了让大家更好地理解引用计数的原理，接下来举一个现实中的案例说明。假设有一个会议室（好比一块内存），当一个会议开始时（会议好比对象），第一个人进入会议室，会议室的引用计数为 1，这个会议室就被占用了（对象占用了这块内存），不能再用于别的会议。有人进入会议室，引用计数增 1。有人离开会议室，引用计数减 1。当最后一个人离开会议室以后，会议室的引用计数为 0。对会议室的占用结束，会议室又可以用于其他会议了。相当于对象不再使用这块内存，这块内存又可以用于存储其他对象了。

内存引用计数原理的示意图如图 9-1 所示。

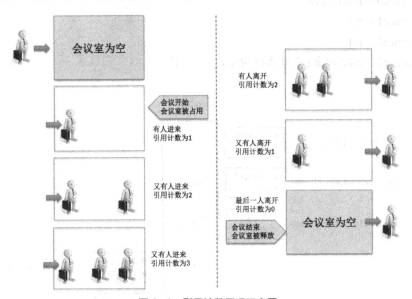

图 9-1　引用计数原理示意图

9.1.2　自动引用计数示例

接下来，使用一个示例说明自动引用计数的工作机制。图 9-2 演示了该示例创建 Person 对象、用 3 个变量引用该对象，然后逐一释放引用的过程中，对象的引用计数是如何变化的。

从图中可以看出，Person 对象在被引用时引用计数加 1，在引用被释放时引用计数减 1。当它的引用计数为 0 时，该对象就被释放了。具体代码如例 9-1 所示。

例 9-1　自动引用计数.playground

```
1    class Person {
2        let name: String
3        let age:Int
4        init (name: String, age:Int) {
5            self.name = name
6            self.age = age
```

```
7          print("对象构造完成：\(name)")
8      }
9      deinit {
10         print("对象析构完成：\(name)")
11     }
12 }
13 //定义 3 个变量，引用同一个实例
14 var reference1: Person?
15 var reference2: Person?
16 var reference3: Person?
17 reference1 = Person(name: "小明", age: 21) //输出："对象构造完成：小明"
18 reference2 = reference1
19 reference3 = reference2
20 reference1 = nil
21 reference2 = nil
22 reference3 = nil //输出："对象析构完成：小明"
```

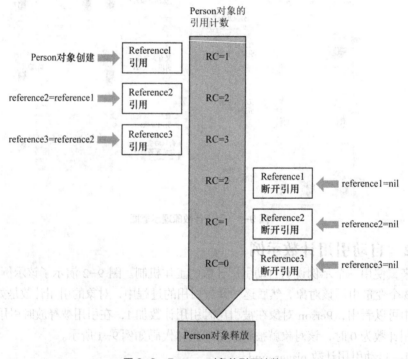

图 9-2　Person 对象的引用计数

在例 9-1 中，第 1～12 行定义了一个类 Person，它有一个构造函数 init(name: String, age:Int) 和一个析构函数，在构造函数和析构函数执行时会输出相关信息。

第 14～16 行声明了 3 个 Person 类型的可变变量，此时还没有创建 Person 对象，3 个变量的值都是 nil。在第 17 行创建了一个 Person 对象并将引用赋值给 reference1，程序执行到这一行时，会输出信息"对象构造完成：小明"，这是调用构造函数时输出的，此时 reference1 对

Person 对象有一个强引用，Person 对象的引用计数为 1。

第 18 行将 Person 对象引用赋值给 reference2，reference2 对 Person 对象也有了一个强引用，Person 对象的引用计数增 1，变成了 2。同理，第 19 行将 Person 对象引用赋值给 reference3，Person 对象的引用计数变为 3。

第 20 行将 reference1 赋值为 nil，断开对 Person 对象的引用，Person 对象的引用计数减 1，变成 2。同理，第 21 行执行后，Person 对象的引用计数为 1，第 22 行执行后 Person 对象的引用计数为 0，当引用计数为 0 时，对象会被销毁。此时，执行了 Person 的析构函数，在析构函数中输出"对象析构完成：小明"。

程序的输出结果如图 9-3 所示。

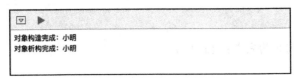

图 9-3　例 9-1 的输出结果

9.1.3　类实例之间的循环强引用

如上节所述，ARC 会记录每个对象的引用数量，如果引用数量为 0 时就会将对象销毁。但是当出现对象之间的循环强引用时，对象的引用数量永远不能变成 0。当两个对象的存储属性互相强引用对方的时候，只有当其中 1 个对象释放时，才会释放对对另一个对象的引用。但是由于两个对象各自的引用计数永远大于 0，所以谁都无法释放。这就是对象之间的循环强引用。

为了让大家更好地理解类实例之间的循环强引用，接下来使用一个示例来说明。假设定义了两个类 Person（人）和 Apartment（公寓），Person 类的属性引用了 Apartment 类，而 Apartment 类的属性引用了 Person 类，它们之间的关系如图 9-4 所示。

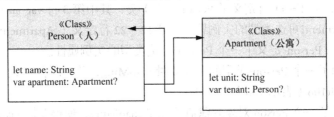

图 9-4　Person 类和 Apartment 类的循环引用

在图 9-4 中，Person 对象和 Apartment 对象互相拥有对对方的强引用，强引用用带箭头的粗线来表示，如例 9-2 所示。

例 9-2　类实例的循环强引用.playground

```
1   class Person {
2       let name: String
3       var apartment: Apartment?        //住在哪个公寓
4       init(name: String) {
5           self.name = name
6           print("Person 构造完成：\(name)")
7       }
8       deinit {
```

```
9            print("Person 析构完成：\(name)")
10       }
11   }
12   class Apartment {                    //公寓类
13       let unit: String                 //公寓的门牌号
14       var tenant: Person?              //公寓的房客
15       init(unit: String) {
16           self.unit = unit
17           print("公寓构造完成：\(unit)")
18       }
19       deinit {
20           print("公寓析构完成：\(unit)")
21       }
22   }
23   var xiaoMing: Person?
24   var unit106: Apartment?
25   xiaoMing = Person(name: "小明")
26   unit106 = Apartment(unit: "106")
27   xiaoMing!.apartment = unit106
28   unit106!.tenant = xiaoMing
29   xiaoMing = nil
30   unit106 = nil
```

在例 9-2 中，第 1~11 行定义了 Person（人）类，其中第 3 行 var apartment: Apartment? 定义了一个 Apartment?可选类型的实例属性。第 12~22 行定义了 Apartment（公寓）类，其中第 14 行 var tenant: Person?定义了一个 Person?可选类型的实例属性。

第 23 行声明了一个 Person?类型的可变变量 xiaoMing，第 24 行声明了一个 Apartment?类型的可变变量 unit106（表示 106 号公寓）。

第 25 行创建了一个 Person 对象并赋值给变量 xiaoMing，使得变量 xiaoMing 对 Person 对象拥有了一个强引用。第 26 行创建了一个 Apartment 对象并赋值给变量 unit106，使得变量 unit106 对该 Apartment 对象拥有了一个强引用，但是此时 Person 对象和 Apartment 对象之间并没有建立引用关系，如图 9-5 所示。

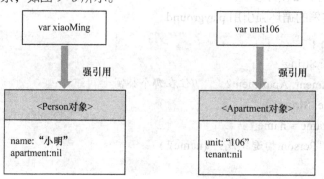

图 9-5　xiaoMing 对象和 unit106 对象之间没有建立关系

第 27 行代码 xiaoMing!.apartment = unit106 将对象 xiaoMing 的 apartment 属性赋值为 unit106 对象，使得 xiaoMing 对象对 unit106 对象拥有了一个强引用。第 28 行代码 unit106!.tenant = xiaoMing 将对象 unit106 的 tenant 属性赋值为 xiaoMing 对象，使得 unit106 对象对 xiaoMing 对象拥有了一个强引用。此时，xiaoMing 对象和 unit16 的引用计数都是 2，代表有两个强引用，如图 9-6 所示。

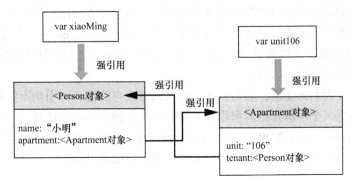

图 9-6　xiaoMing 对象和 unit106 对象之间建立了强引用关系

第 29 行代码 xiaoMing = nil 将变量 xiaoMing 与 Person 对象之间的强引用断开，Person 对象的引用计数减 1。第 30 行代码 unit106 = nil 将 unit106 与 Apartment 对象之间的强引用断开，使得 Apartment 对象的引用计数减 1，如图 9-7 所示。

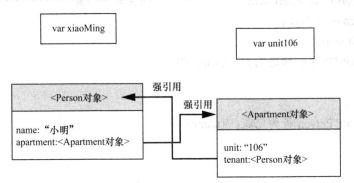

图 9-7　变量 xiaoMing 和变量 unit106 的强引用断开

从图 9-7 中可以看出，此时 Person 对象和 Apartment 对象的引用计数都是 1，都拥有对对方的强引用。所以 Person 对象和 Apartment 对象都没有被释放。

程序的输出结果如图 9-8 所示。

从运行结果可以看出，由于 Person 对象和 Apartment 对象之间的循环强引用，最后两个对象使用完后都没有被释放，从而造成了内存泄露。

图 9-8　例 9-2 的输出结果

9.1.4　解决类实例之间的循环强引用

当出现强引用循环时，除非程序结束，否则两个对象永远无法释放，这就造成了内存泄露，因此在开发中要解决循环强引用的问题。Swift 中有两种解除循环强引用的方式——弱引用和无主引用，原理都是使对象引用另一个对象但是不使用强引用。对于生命周期中会变成 nil 的实例使用弱引用，对于初始化赋值后再也不会被赋值会 nil 的对象，使用无主引用。接下来对这两种方式分别进行介绍。

1. 弱引用

弱引用与强引用的区别在于，弱引用不会增加实例的引用计数，因此弱引用不能阻止 ARC 对被引用对象的销毁。如果对象被强引用，那么 ARC 不会销毁这个对象，但是如果对象只被弱引用，那么 ARC 会立刻销毁这个对象。所以使用弱引用可以避免循环强引用的发生。

使用弱引用的方法是在声明属性或者变量时，在前面加上 weak 关键字。

使用弱引用的属性或变量必须是可选类型，即它的值可能是 nil 的。当弱引用所引用的对象被销毁时，ARC 会自动将弱引用的属性或变量赋值为 nil。在使用弱引用的值时，可以依据它是否为 nil 来判断它的值是否存在。

弱引用必须被声明为变量，表明在运行时可以修改它的值，弱引用不能被声明为常量。

接下来，使用一个示例介绍弱引用是如何打破类实例之间的循环强引用。与例 9-2 几乎一致，仍然是 Person（人）类和 Apartment（公寓）类。但是，由于公寓里不一定住着人，公寓的 tenant（房客）属性可能为空，所以将公寓的 tenant 属性定义为弱引用，如例 9-3 所示。

例 9-3 使用弱引用打破类实例的循环强引用.playground

```
1    class Person {
2        let name: String
3        var apartment: Apartment?              //住在哪个公寓
4        init(name: String) {
5            self.name = name
6            print("Person 构造完成：\(name)")
7        }
8        deinit {
9            print("Person 析构完成：\(name)")
10       }
11   }
12   class Apartment {                          //公寓类
13       let unit: String                       //公寓的门牌号
14       weak var tenant: Person?               //公寓的房客
15       init(unit: String) {
16           self.unit = unit
17           print("公寓构造完成：\(unit)")
18       }
19       deinit {
20           print("公寓析构完成：\(unit)")
21       }
22   }
23   var xiaoMing: Person?
24   var unit106: Apartment?
25   xiaoMing = Person(name: "小明")
```

```
26    unit106 = Apartment(unit: "106")
27    xiaoMing!.apartment = unit106
28    unit106?.tenant = xiaoMing
29    xiaoMing = nil
30    unit106 = nil
```

在例 9-3 的代码中，第 1～11 行定义了 Person 类，其中第 3 行定义了它的属性 apartment，apartment 属性是 Apartment 类型的可选变量，并且是强引用。第 12～22 行定义了 Apartment 类，其中第 14 行定义了它的属性 tenant，tenant 是 Person 类型的可选变量，但是使用了 weak 修饰，所以是弱引用。

第 27 行代码 xiaoMing!.apartment = unit106 将 unit106 引用的 Apartment 对象赋值给了 Person 对象的 apartment 属性，使得 Person 对象拥有了 Apartment 对象的弱引用。第 28 行代码 unit106?.tenant = xiaoMing 将 xiaoMing 引用的 Person 对象赋值给 Apartment 对象，使得 Apartment 对象拥有了 Person 对象的强引用，如图 9-9 所示。

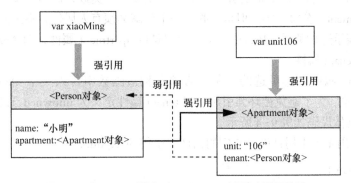

图 9-9   Person 对象和 Apartment 对象建立引用关系

第 29 行代码 xiaoMing = nil 和第 30 行代码 unit106 = nil 将变量对 Person 对象和 Apartment 对象的引用关系断开，如图 9-10 所示。

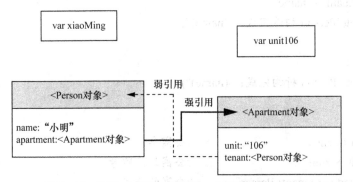

图 9-10   变量 xiaoMing 和变量 unit106 的强引用断开

接着，由于指向 Person 对象的引用是弱引用，所以 Person 对象会被释放。Person 对象被释放后，对 Apartment 对象的强引用断开，Apartment 对象也就释放了。

程序的输出结果如图 9-11 所示。

从运行结果可以看出，Person 对象先被释放，紧接着 Apartment 对象也被释放了。由于使用了弱引用，打破了类实例之间的强引用关系，避免了内存泄露的问题。

图 9-11　例 9-3 的输出结果

2.无主引用

与弱引用类似，无主引用也不会保持所引用的对象，也不能阻止被引用对象的销毁。与弱引用不同的是，无主引用用于非可选类型，即它的值不会变成 nil。声明无主引用的属性或变量时，只需在前面加上 unowned 关键字。

由于无主引用是非可选类型，所以无主引用总是被直接访问。ARC 无法在实例被销毁后将无主引用设为 nil，访问被销毁的无主引用会触发运行时错误，程序会直接崩溃。所以要确保访问的无主引用永远指向一个未销毁的对象。

接下来使用一个示例介绍无主引用的使用。与例 9-3 类似，仍然定义一个 Person（人）类和一个 Apartment（公寓）类。但是，假设一个公寓必须有人居住，不然公寓的主人就损失租金了。为了表示这种关系，Person 类有一个可选的 apartment 属性，而 Apartment 类有一个非可选类型的 tenant 属性。

由于 tenant 属性是非可选的，所以必须在构造函数中传入一个 Person 对象来创建 Apartment 的对象。为了避免循环强引用，将 tenant 属性定义为 unowned 无主引用。

该示例的具体代码如例 9-4 所示。

例 9-4　使用无主引用打破类实例的循环强引用.playground

```
1    class Person {
2        let name: String
3        var apartment: Apartment?        //住在哪个公寓
4        init(name: String) {
5            self.name = name
6            print("Person 构造完成：\(name)")
7        }
8        deinit {
9            print("Person 析构完成：\(name)")
10       }
11   }
12   class Apartment {                     //公寓类
13       let unit: String                  //公寓的门牌号
14       unowned var tenant: Person        //公寓的房客
15       init(unit: String, tenant:Person) {
16           self.unit = unit
17           self.tenant = tenant
18           print("公寓构造完成：\(unit)")
19       }
20       deinit {
```

```
21          print("公寓析构完成：\(unit)")
22      }
23  }
24  var xiaoMing: Person?
25  xiaoMing = Person(name: "小明")
26  xiaoMing!.apartment = Apartment(unit: "106",tenant: xiaoMing!)
27  xiaoMing = nil
```

在例 9-4 中，第 1～11 行定义了 Person 类，它有一个实例属性 apartment，是 Apartment 可选类型的。

第 12～23 行定义了一个 Apartment 类，其中第 14 行 unowned var tenant: Person 声明了它的房客属性 tenant，是 Person 类型的非可选属性，tenant 属性不能为 nil，被定义为无主引用。

第 24 行定义了一个叫 xiaoMing 的 Person 类型的变量，用来保存某个特定房客的引用。由于是可选类型，所以初始化为 nil。第 25 行创建了 Person 对象并赋值给变量 xiaoMing，使得 xiaoMing 变量持有了 Person 对象的强引用。

第 26 行代码 Apartment(unit: "106",tenant: xiaoMing!)使用 xiaoMing 引用的对象创建了一个 Apartment 的对象，使得 Apartment 对象持有了 Person 对象的无主引用。然后将 Apartment 对象直接赋值给了 xiaoMing 所引用对象的属性，使得 Person 对象持有了 Apartment 对象的强引用，如图 9-12 所示。

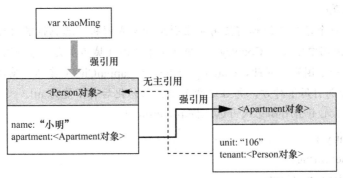

图 9-12　Person 对象和 Apartment 对象建立联系

此时，Person 对象有一个来自 xiaoMing 变量的强引用和一个来自 Apartment 对象的无主引用，而 Apartment 对象只有来自 Person 对象的强引用。

第 27 行 xiaoMing = nil 将 xiaoMing 变量对 Person 对象的强引用断开，如图 9-13 所示。

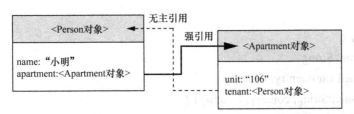

图 9-13　变量 xiaoMing 与 Person 对象的强引用断开

此时，Person 对象只剩下一个无主引用，由于无主引用不能阻止对象的销毁，所以 ARC 会立刻销毁 Person 对象。Person 对象销毁后，对 Apartment 对象的强引用被断开，Apartment 对象紧接着也被 ARC 销毁。

程序的输出结果如图 9-14 所示。

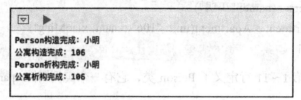

图 9-14　例 9-4 的输出结果

从运行结果可以看出，Person 对象和 Apartment 对象都打印出了对象被销毁的信息。

多学一招：无主引用和隐式解析可选属性

前面学习了打破类实例间循环引用的两种方式——弱引用和无主引用。其中当两个实例的属性都允许为 nil 时，适合用弱引用；当一个属性值允许为 nil，另一个属性值不允许为 nil 时，适合用无主引用。

然后，还存在第三种情况，即两个实例的属性都必须有值，而且初始化完成以后都不允许为 nil。这时为了解决两个实例之间的循环强引用，需要一个类使用无主引用，另一个类使用隐式解析可选属性。

接下来使用一个示例介绍如何使用无主引用和隐式解析可选属性解决循环强引用。代码如例 9-5 所示。该例中定义了 Country（国家）类和 City（城市）类。每个国家都有一个首都，每个城市都属于一个国家，因此，Country 类有一个 capitalCity（首都）属性，City 类有一个 country 属性，分别引用了对方，并且这两个属性初始化后都不能为 nil。

例 9-5　使用无主引用和隐式可选属性.playground

```
1    class Country {
2        let name: String
3        var capitalCity: City!
4        init(name: String, capitalName: String) {
5            self.name = name
6            self.capitalCity = City(name: capitalName, country: self)
7        }
8        deinit{
9            print("Country 对象被销毁了")
10       }
11   }
12   class City {
13       let name: String
14       unowned var country: Country
15       init(name: String, country: Country) {
16           self.name = name
```

```
17          self.country = country
18      }
19      deinit{
20          print("City 对象被销毁了")
21      }
22  }
23  var country:Country? = Country(name: "中国", capitalName: "北京")
24  print("\(country!.name)的首都是\(country!.capitalCity.name)")
25  country = nil
```

在例 9-5 中，第 1～11 行定义了 Country 类，其中第 3 行将它的属性 capitalCity 声明为 City 类型的隐式转换可选类型，意味着 capitalCity 属性默认值为 nil，但是在第一次赋值后必须有值，而不能为 nil。

第 4 行的构造函数 init(name: String, capitalName: String)中，由于 capitalCity 属性默认为 nil，所以在 name 属性赋值以后，Country 对象的初始化过程已经完成，在 Country 的构造函数里就能引用并传递 self 了。Country 的构造函数中，就可以引用 self 创建一个 City 对象，并将 City 对象赋值给 self 的 capitalCity 属性。而在构造函数里给 capitalCity 赋值以后，由于 capitalCity 是隐式可选属性，所以保证了 capitalCity 的值不为 nil。

第 12～22 行定义了 City 类，它拥有一个 Country 类型的不可变属性 country，并且是无主引用类型，不会对 Country 对象产生强引用。

第 23 行通过一行代码同时创建了 2 个对象，并且没有产生循环强引用，如图 9-15 所示。

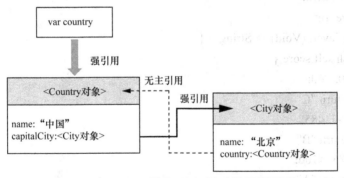

图 9-15　Country 对象和 City 对象之间的引用关系

第 25 行代码 country = nil 将 country 变量的强引用断开，使得 country 对象被销毁。Country 对象被销毁后，City 对象没有了强引用，也被 ARC 销毁了。

程序的输出结果如图 9-16 所示。

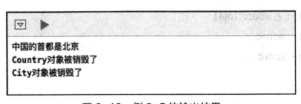

图 9-16　例 9-5 的输出结果

从程序执行结果可以看出，由于无主引用和隐式可选属性的使用，Country 对象和 City

对象的 capitalCity 和 country 属性都不为 nil，而且两个对象之间没有循环强引用，可以成功被 ARC 回收。

9.2 闭包引起的循环强引用

除了类的实例之间会产生循环强引用之外，在闭包和类之间也可能产生强引用。这种强引用出现在将闭包赋值给类的属性，同时在闭包内部引用了这个类的实例时。究其原因，是因为闭包也是引用类型，当在闭包内部引用类的实例属性和方法时，闭包默认对类的实例拥有强引用。要解决这个问题，需要使用闭包捕获列表。

接下来，本节就针对闭包和类实例之间的循环强引用及如何解决，进行详细的介绍。

9.2.1 闭包引起的循环强引用

闭包和类实例之间的循环强引用是指当闭包被赋值给类实例的某个属性，并且闭包中又使用了这个类实例时，这个闭包体中可能访问了实例的某个属性，如 self.someProperty，或者闭包中调用了实例的某个方法，如 self.someMethod()。这两种情况都导致了闭包 "捕获" 了 self，从而产生了循环强引用。

接下来，使用一个示例说明闭包和类实例之间的循环强引用是如何产生的，具体代码如例 9-6 所示。

例 9-6　闭包和类实例之间的循环强引用.playground

```
1    class Student{
2      var name: String?
3      var score: Int
4      lazy var level: (Void) -> String = {
5        switch self.score {
6        case 0..<60:
7            return "C"
8        case 60..<85:
9            return "B"
10       case 85..<100:
11           return "A"
12       default:
13           return "D"
14       }
15     }
16     init(name:String, score:Int){
17       self.name = name
18       self.score = score
19     }
20     deinit{
21       print("Student 对象:\(name) 被销毁了")
22     }
```

```
23  }
24  var xiaoMing:Student? = Student(name: "小明", score: 86)
25  print("\(xiaoMing!.name)成绩水平为：\(xiaoMing!.level())")
26  xiaoMing = nil
```

在例 9-6 中，定义了一个 Student 类，其中第 4 行定义了一个计算属性 level，它是通过闭包实现的，闭包的类型是 Void -> String。由于在闭包实现体里捕获了 self，所以将 level 属性定义为 lazy 延迟加载。因为只有当初始化完成以及 self 确实存在时，才可以调用 self 的属性。由于 level 属性是通过闭包而不是方法实现的，所以当要改变 level 的计算规则时，只需要赋给它一个新的闭包即可。

第 20 行代码定义了一个析构函数，当对象被销毁时，析构函数会打印一条消息。

第 24 和 25 行代码创建了一个 Student 可变类型的变量 xiaoMing，并访问了 xiaoMing 对象的 level 属性。实例的 level 属性持有闭包的强引用，但是，闭包在其闭包实现体内引用了 self（引用了 self.score），因此闭包捕获了 self，这意味着闭包又反过来持有了 xiaoMing 实例的强引用。这样两个对象就产生了循环强引用，如图 9-17 所示。

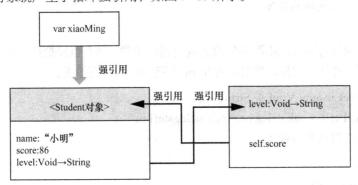

图 9-17　闭包和 xiaoMing 对象之间的引用关系

当 26 行代码 xiaoMing = nil 将 xiaoMing 变量与 Student 对象之间的强引用断开，但是由于 Student 对象和闭包之间的强引用形成了死循环，所以 Student 对象和它的闭包并没有被释放。

程序的输出结果如图 9-18 所示。

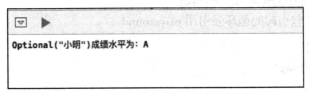

图 9-18　例 9-6 的输出结果

从程序执行结果可知，并没有打印 Student 对象被销毁的消息，说明 Student 对象并没有被销毁。原因就是闭包和 Student 对象之间的循环强引用。

9.2.2　解决闭包引起的循环强引用

之前已经介绍过，解决类实例之间的强引用有两种方法，弱引用和无主引用。类似地，解决闭包引起的循环强引用，也是通过将闭包内捕获的引用申明为弱引用或无主引用来解决。Swift 通过捕获列表来显式地指定闭包对捕获对象的弱引用或无主引用。

接下来，对捕获列表和弱引用以及无主引用分别进行详细的介绍。

1. 捕获列表

Swift 在闭包的捕获列表中声明闭包的捕获关系，捕获列表中的条目会在闭包创建时被初始化。

捕获列表的每一项都由一对元素组成，一个元素是 weak 或 unowned 关键字，另一个元素是类实例的引用（如 self）或赋值过的变量（如 delegate = self.delegate!）。这些项在方括号中用逗号分开。捕获列表的具体示例为：

```
[weak self, unowned delegate = self.delegate]
```

捕获列表的声明在闭包最开始的地方，紧挨着大括号。它的声明有两种情况。

- 如果闭包有参数列表和返回类型，把捕获列表放在参数类型前面，示例如下。

```
lazy var someClosure: (Int, String) -> String = {
    [unowned self, weak delegate = self.delegate!]
      (index: Int, stringToProcess: String) -> String in
    // 这里是闭包的函数体
}
```

- 如果闭包没有显式地指明参数列表或者返回类型，那么也要把捕获列表放在关键字 in 的前面。要注意的是，此时关键字 in 不能省略，示例如下。

```
lazy var someClosure: Void -> String = {
    [unowned self, weak delegate = self.delegate!] in
    // 这里是闭包的函数体
}
```

2. 弱引用和无主引用

选择弱引用还是无主引用的规则与类实例之间的选择条件也是一样的。如果闭包和捕获的对象总是互相引用并且同时销毁，或者捕获的对象绝对不会为 nil，则将闭包内的捕获声明为无主引用。当捕获的对象有可能为 nil 时，则将捕获声明为弱引用。

接下来用一个示例代码介绍如何解决闭包引起的循环强引用，如例 9-7 所示，它使用捕获列表解决了例 9-6 中的循环强引用问题。

例 9-7　解决闭包引起的循环强引用.playground

```
1    class Student{
2        var name: String?
3        var score: Int
4        lazy var level: (Void) -> String = {
5          [weak self] in
6          switch self!.score {
7          case 0..<60:
8              return "C"
9          case 60..<85:
10             return "B"
```

```
11        case 85..<100:
12            return "A"
13        default:
14            return "D"
15        }
16    }
17    init(name:String, score:Int){
18        self.name = name
19        self.score = score
20    }
21    deinit{
22        print("Student 对象:\(name) 被销毁了")
23    }
24 }
25 var xiaoMing:Student? = Student(name: "小明", score: 86)
26 print("\(xiaoMing!.name)成绩水平为：\(xiaoMing!.level())")
27 xiaoMing = nil
```

在例 9-7 的第 5 行通过[weak self] in 在闭包的定义前增加了捕获列表的定义，并且由于 self 可能为 nil，因此在第 6 行中使用 self 时需要通过感叹号!将 self 对象进行强制解包。其他都与例 9-6 的代码内容一致。

第 25 行代码创建了一个 Student 可变类型的 xiaoMing 变量，并创建了一个 Student 对象赋值给它，使得 xiaoMing 变量对 Student 对象持有一个强引用。

第 26 行代码访问了 xiaoMing 所指向的 Student 对象的 level 属性，创建了闭包，使得 Student 对象对闭包持有一个强引用，但是由于闭包捕获的是 self 的弱引用，所以并没有造成循环强引用，如图 9-19 所示。

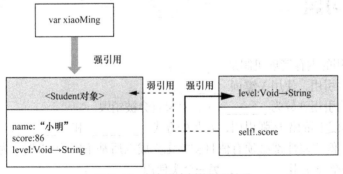

图 9-19 闭包和实例的引用关系

第 27 行代码 xiaoMing = nil 将 xiaoMing 对 Student 对象的强引用断开，由于闭包对 Student 对象持有的是弱引用，所以 Student 对象被销毁。当 Student 被销毁时，对闭包的强引用断开，闭包也就被销毁了。

程序的输出结果如图 9-20 所示。

图 9-20 例 9-6 的输出结果

由执行结果可知，Student 对象的析构函数被调用，说明 Student 对象被销毁了。

也可以将 level 属性的闭包定义为无主引用，示例代码如下。

```swift
lazy var level: (Void) -> String = {
    [unowned self] in
    switch self.score {
    case 0..<60:
        return "C"
    case 60..<85:
        return "B"
    case 85..<100:
        return "A"
    default:
        return "D"
    }
}
```

用户可以根据实际需求选择具体采用哪种形式。

9.3　本章小结

本章介绍了 Swift 中的内存管理机制 ARC（自动引用计数），然后介绍了类实例的循环强引用形成的原因及解决方法，最后介绍了闭包引起的循环强引用和解决方法。在实际开发中，需要理解 ARC 的工作机制，并要注意检查代码中是否可能出现循环强引用，如果出现则必须予以解决，防止内存泄露。

9.4　本章习题

一、填空题

1. Swift 使用的内存管理机制是_____。

2. 声明无主引用，使用关键词_____。

3. 当对象的引用计数为_____时，对象就会被销毁。

4. 解决对象之间的循环强引用，有两种方式：_____和_____。

5. 当两个实例的属性都必须有值且初始化完成以后都不能为 nil 时，为了解决循环强引用，需要一个类使用_____，另一个类使用_____。

6. 除了类的实例之间会产生循环强引用之外，在_____和类之间也可能产生强引用。

7. Swift 在闭包的_____中声明闭包的捕获关系。

8. 为避免循环强引用，如果闭包捕获的对象有可能为 nil 时，则将捕获声明为_____。

二、判断题

1. 引用类型的实例保存在栈区，不需要程序员管理它的内存。（　　　）

2. 对于正在使用的内存，不能收回和释放它的内存，否则应用程序很可能崩溃。（　　　）

3. 无主引用和弱引用都不会保持所引用的对象。(　　　)
4. ARC 在实例被销毁后将无主引用设为 nil。(　　　)
5. 使用弱引用的属性或变量必须是可选类型。(　　　)
6. 无主引用不能阻止被引用对象的销毁。(　　　)
7. 当在闭包内部引用类的实例属性和方法时，闭包默认对类的实例拥有强引用。(　　　)

三、选择题

1. 申明弱引用的关键字是 (　　　)。
   A. weak 　　　　　B. unowned 　　　C. strong 　　　　　D. assign
2. 以下 Swift 类型属于引用类型的是 (　　　)。
   A. 字符串 　　　　B. 类 　　　　　C. 结构 　　　　　D. 枚举
3. 以下哪一项是内存管理的目标？(　　　)
   A. 结构的实例 　　B. 枚举 　　　　C. 类的实例 　　　D. 元祖
4. 以下代码执行后，Student 对象的引用计数是多少？(　　　)

```
class Student {
    var name:String?
}
let a = Student()
var b:Student? = a
let c = b
b = nil
```

   A. 1 　　　　　　B. 3 　　　　　　C. 0 　　　　　　D. 2
5. 闭包是什么类型？(　　　)
   A. 引用类型 　　　B. 值类型 　　　C. 临时类型 　　　D. 组合类型

四、程序分析题

阅读下面的程序，分析代码是否能够编译通过，运行中是否有问题。如果没问题，请列出运行的结果，否则请说明代码中存在的问题。

1. 代码一

```
1    class Person {
2        var name:String
3        unowned var apartment:Apartment?
4        init(name:String, apartment:Apartment){
5            self.name = name
6            self.apartment = apartment
7        }
8    }
9    class Apartment{
10       var name:String
11       var tenant:Person?
12       init(name:String){
```

```
13        self.name = name
14    }
15  }
16  var apartment:Apartment? = Apartment(name: "和平路 11 号")
17  var xiaoMing:Person? = Person(name: "小明", apartment:apartment!)
18  print(xiaoMing?.apartment.name)
```

2. 代码二

```
1   class Person {
2       var name:String?
3       var car:Car?
4   }
5   class Car{
6       var model:String? //型号
7       var owner:Person?
8   }
9   var xiaoMing = Person()
10  var polo = Car()
11  polo.model = "Polo"
12  xiaoMing.car = polo
13  polo.owner = xiaoMing
14  print(xiaoMing.car?.model)
```

3. 代码三

```
1   class Student{
2       var name: String?
3       var score: Int
4       lazy var level: (Void) -> String = {
5           [weak self]
6           switch self.score {
7           case 0..<60:
8               return "C"
9           case 60..<85:
10              return "B"
11          case 85..<100:
12              return "A"
13          default:
14              return "D"
15          }
16      }
17      init(name:String, score:Int){
```

```
18          self.name = name
19          self.score = score
20      }
21  }
```

五、简答题

1. 请简述自动引用计数的工作机制。

2. 请简述什么是对象的循环强引用。

3. 请简述弱引用和无主引用的使用场合。

六、编程题

请按照题目要求编写程序并给出运行结果。

在 playground 中设计一个员工类 Employee 和一个部门类 Department，要求如下。

（1）Employee 类有不可变属性 name（姓名）和一个 Department 可变类型的属性 department（部门），一个构造函数用于给 name 属性赋值，一个析构函数用于在对象被销毁时打印信息。

（2）Department 类有不可变属性 name（姓名）和一个 Employee 可变类型的属性 manager（部门经理），一个构造函数用于给 name 属性赋值，一个析构函数用于在对象被销毁时打印信息。

（3）定义一个 Employee 类型的对象 xiaoMing 和一个 Department 类型的对象 department，并将 xiaoMing 的部门设置为 department，将 department 的经理设置为 xiaoMing。

（4）将 xiaoMing 和 department 设置为 nil，控制台输出两个对象被销毁的信息。

提示：避免对象之间的循环强引用。

PART 10

第 10 章
Swift 的其他高级特性

- 掌握泛型的使用
- 掌握错误处理机制的使用
- 掌握访问控制使用
- 掌握高级运算符的使用

Swift 作为苹果最新推出的一门编程语言，具有许多新的高级特性。比如可以使开发者避免重复代码的泛型，响应错误并从错误中恢复的错误处理机制，可以限定其他源文件或模块中的代码对自己代码的访问级别的访问控制，另外，在 Swift 中支持命名空间，而且 Swift 中的高级算术运算符默认是不会溢出的。本章中将针对 Swift 中的这些高级特性进行详细讲解。

10.1 泛型

泛型的本质是参数化类型，也就是说所操作的数据类型被指定为一个参数，这种参数类型可以用在类型、函数和方法中。

Swift 中对泛型的应用很普遍，许多标准库都是通过泛型代码构建的。例如，Swift 的 Array 和 Dictionary 都是泛型集合。在定义 Array 类型时，通过参数指定 Array 元素的数据类型。比如定义一个 Int 型的数组（Array<Int>），定义一个 String 型的数组(Array<String>)，还可以定义任意其他 Swift 类型的数组。同样地，也可以创建存储任意指定类型的字典。

本节将对 Swift 中泛型的使用进行详细的讲解。

10.1.1 泛型函数

泛型可以用于函数的参数、返回值等，使用了泛型的函数通常称为泛型函数。使用泛型函数可以避免多次书写重复代码，是一种很好的代码简化方式。

为了让大家更好地理解泛型用于函数对代码的简化，接下来，通过一个具体的案例对使用普通函数和泛型函数进行对比讲解，这个案例将分别定义普通函数和泛型函数实现两个数值的交换。

1. 普通函数实现

首先使用普通函数实现 Int 类型数值的交换，具体如例 10-1 所示。

例 10-1　普通函数.playground

```
1    func exchange( a: inout Int, _ b: inout Int) {
2        let temp = a
3        a = b
4        b = temp
5    }
6    var numb1 = 100
7    var numb2 = 200
8    print("交换之前  numb1 = \(numb1) and numb2 = \(numb2)")
9    exchange(a: &numb1, &numb2)
10   print("交换之后  numb1 = \(numb1) and numb2 = \(numb2)")
```

在例 10-1 中，第 1～5 行定义了一个标准的普通函数 exchange(_:_:)，用来交换两个 Int 类型的数。这个函数有两个输入输出参数（inout）a 和 b，表示要交换的 Int 类型的值。它交换 b 的原始值到 a，并交换 a 的原始值到 b。

第 6～8 行定义两个 Int 型的变量 numb1 和 numb2，并赋值输出。

第 9 行代码调用了 exchange(_:_:)方法将 numb1 和 numb2 的值进行交换，然后在第 10 行输出交换后的 numb1 和 numb2 的值。

程序的输出结果如图 10-1 所示。

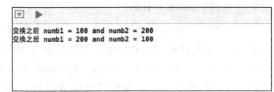

图 10-1　例 10-1 的输出结果

从图 10-1 可以看出 numb1 和 numb2 成功地进行了交换。但是 exchange(_:_:)函数只能交换 Int 值，如果想要交换两个 String 值或者 Double 值，就不得不写更多的函数，如 exchangeStrings(_:_:)和 exchangeDoubles(_:_:)，示例代码如下所示。

```
1    func exchangeStrings(a: inout String, _ b: inout String) {
2        let temp = a
3        a = b
4        b = temp
5    }
6    func exchangeDoubles(a: inout Double, _ b: inout Double) {
7        let temp = a
8        a = b
9        b = temp
10   }
```

通过对比可以看出 exchange (_:_:)、exchange Strings(_:_:)和 exchange Doubles(_:_:)的函数功能和实现都是相同的，唯一不同之处就在于传入的变量类型不同，分别是 Int、String 和 Double。这些重复的代码使得程序显得有点冗余。在实际应用中，需要一个更实用更灵活的函数来交换两个任意类型的值，幸运的是，泛型函数可以解决这种问题。

2. 泛型函数的使用

泛型函数的定义格式如下。

func 函数名<占位类型名>（参数名 1：占位类型名，参数名 2：占位类型名，……）

在泛型函数的定义中，使用了占位类型名来代替实际类型名（如 Int、String 或 Double 等），占位类型名紧随在函数名后面，并使用一对尖括号包含。可以使用占位类型作为函数的参数和返回值类型。当函数被调用时，占位类型所代表的类型根据所传入的实际类型决定。

接下来，将上例中的数据交换函数通过泛型函数来实现，具体如例 10-2 所示。

例 10-2　泛型函数.playground

```
1    //定义一个泛型函数，用于交换两个任意类型的数值
2    func exchangeGeneyics<T>(a: inout T, _ b: inout T) {
3        let temp = a
4        a = b
5        b = temp
6    }
7    //定义两个 Double 类型的变量并进行交换
8    var DoubleA = 3.00
9    var DoubleB = 107.77
10   print("交换之前  DoubleA = \(DoubleA) and DoubleB = \(DoubleB)")
11   exchangeGeneyics(a: &DoubleA, &DoubleB)
12   print("交换之后  DoubleA = \(DoubleA) and DoubleB = \(DoubleB)\n")
13   //定义两个 String 类型的变量并进行交换
14   var StringA = "传智播客"
15   var StringB = "欢迎你"
16   print("交换之前  StringA = \(StringA) and StringB = \(DoubleB)")
17   exchangeGeneyics(a: &StringA, &StringB)
18   print("交换之后  StringA = \(StringA) and StringB = \(StringB)")
```

在例 10-2 中，第 2~6 行定义了一个名为 exchangeValues(_:_:)的泛型方法，exchangeValues(_:_:)方法是上面三个方法的泛型版本。将 exchangeValues(_:_:)函数与 exchange(_:_:)函数进行比较，可以看出他们的实现体是一样的，只有函数定义不同。

其中，第 2 行代码 func exchangeValues<T>(inout a: T, inout _ b: T)是泛型函数的定义，T 就是占位类型名。占位类型名没有指明 T 必须是什么类型，但是它指明了 a 和 b 必须是同一类型 T。只有在调用 exchangeValues(_:_:)函数时，才能根据所传入的实际类型决定 T 所代表的类型。

第 8~12 行，定义了两个 Double 类型的变量 DoubleA 和 DoubleB，调用了 exchangeValues 函数，并分别输出 DoubleA 和 DoubleB 在调用 exchangeValues 函数前后的值。

第 14~18 行，定义了两个 String 类型的值 StringA 和 StringB，调用了 exchangeValues 函数，并分别输出 StringA 和 StringB 在调用 exchangeValues 函数前后的值。

程序的输出结果如图 10-2 所示。

```
交换之前 DoubleA = 3.0 and DoubleB = 107.77
交换之后 DoubleA = 107.77 and DoubleB = 3.0

交换之前 StringA = 传智播客 and StringB = 欢迎你
交换之后 StringA = 欢迎你 and StringB = 传智播客
```

图 10-2　例 10-2 的输出结果

注意:

在调用 exchangeValues 函数时，必须保证传入的两个参数的类型是一样的，如果传入的是 StringA 和 DoubleB，那么程序就会报错，如图 10-3 所示。

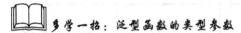

```
15  var StringA = "传智播客"
16  var StringB = "欢迎你"
17  print("交换之前 StringA = \(StringA) and StringB = \(DoubleB)")
18  exchangeGeneyics(a: &StringA, &StringB)
19  print("交换之后 StringA = \(StringA) and StringB = \(StringB)")
20  exchangeGeneyics(a: &StringA, &DoubleB)        ● Cannot convert value of type 'Double' to expected argument type 'String'
```

图 10-3　程序报错

📖 **多学一招：泛型函数的类型参数**

在上面例 10-2 中，占位类型 T 是类型参数的一个例子。类型参数指定并命名一个占位类型，并且紧随在函数名后面，使用一对尖括号括起来，如<T>。

（1）可以提供多个类型参数，将它们都写在尖括号中，用逗号分开，如<T, S >。

（2）一个类型参数一旦被指定，就可以用它来定义一个函数的参数类型。如 exchangeValues (_:_:) 函数中的参数 a 和 b，或者作为函数的返回类型，还可以用作函数主体中的类型的注释。在这些情况下，类型参数会在函数调用时被实际类型所替换。在上面的 exchangeValues (_:_:) 例子中，当函数第一次被调用时，T 被 Double 替换，第二次调用时，被 String 替换。

（3）在大多数情况下，类型参数具有一个描述性名字，如 Dictionary<Key, Value>中的 Key 和 Value，以及 Array<Element>中的 Element，这可以告诉阅读代码的人这些类型参数和泛型函数之间的关系。然而，当它们之间的关系没有意义时，通常使用单一的字母来命名，如 T、U、V，正如上面演示的 exchangeValues(_:_:) 函数中的 T 一样。

（4）类型参数也是一种类型，他的命名方式和类型命名一样采用驼峰式命名法，以表明它们是占位类型，而不是一个值，而且应尽量做到见名知意，如 T 和 MyTypeParameter。

10.1.2　泛型类型

Swift 不但允许定义泛型函数，而且还允许定义泛型类型。这些自定义泛型类型可以是类、结构体和枚举，能适用于任何类型。如同 Array 和 Dictionary 的用法一样。

为了让大家更好地学习如何定义泛型类型，接下来通过自定义一个名为 Stack（栈）的集合类型进行讲解。

1. 普通类型的栈

栈是一系列值的有序集合，和 Array 类似，但它的操作限制比 Array 类型更多。数组允许对其中任意位置的元素执行插入或删除操作，而栈，只允许在集合的末端添加新的元素（称之为入栈）和移除元素（称之为出栈）。栈是一种后进先出的单向线性数据结构。

图 10-4 所示展示了一个栈的入栈（push）和出栈（pop）的行为。

图 10-4 中，第一列表示栈中有三个有序存储的元素 A，B，C。第二列表示将元素 D 存入栈的顶部，也就是入栈。第三列表示现在栈中有四个有序的元素，最后入栈的元素 D 位于顶部。第四列表示从栈的最顶部移除一个元素 D，也就是出栈。第五列表示移除操作后，栈中保存着三个元素。

栈里的元素类型相同，普通类型的栈，其元素类型在定义时已经确定。以下示例定义了一个 Int 型的普通类型的栈，具体如下所示。

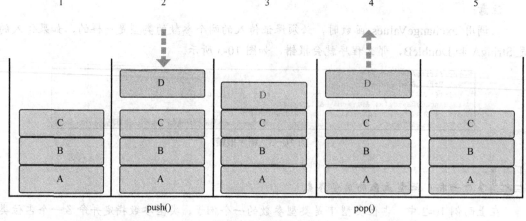

图 10-4 出栈和入栈

```
1    struct IntStack {
2        var items = [Int]()
3        mutating func push(item: Int) {
4            items.append(item)
5        }
6        mutating func pop() -> Int {
7            return items.removeLast()
8        }
9    }
```

上述代码定义了一个名为 IntStack 的结构体，用来模拟栈。

第 2 行代码定义了一个存储属性 items，它是 Int 型的数组，用于存储栈中的元素。

第 3～8 行，IntStack 提供了两个方法：push(_:)和 pop()，分别用来执行入栈和出栈操作。这些方法被标记为 mutating，因为它们需要修改结构体的 items 数组。

IntStack 结构体只能用于 Int 类型，如果要存储其他类型，需要定义其他类型的栈，这造成了代码的重复。

2.泛型类型的栈

可以定义一个泛型 Stack 结构体，以处理任意类型的值。泛型定义类型的格式是在类型名后紧随着<占位类型名>。定义一个泛型结构体的格式如下。

struct 结构体名<占位类型名> { }

从定义格式可知，泛型类型使用了占位类型名代替实际的数据类型（如 Int、String 或 Double 等）。在泛型类型定义时，可以使用占位类型作为属性、方法参数和返回值的类型等。占位类型的实际类型只有在泛型类型的对象创建时才能确定。

接下来，通过一个案例来演示如何使用泛型定义一个栈，如例 10-3 所示。

例 10-3 泛型类型–栈.playground

```
1    //定义一个泛型栈
2    struct Stack<Element> {
3        var items = [Element]()
```

```
4        mutating func push(item: Element) {
5            items.append(item)
6        }
7        mutating func pop() -> Element {
8            return items.removeLast()
9        }
10   }
11   //创建一个 String 类型的栈实例
12   var stackOfStrings = Stack<String>()
13   //向栈中添加元素
14   stackOfStrings.push(item: "A")
15   stackOfStrings.push(item: "B")
16   stackOfStrings.push(item: "C")
17   stackOfStrings.push(item: "D")
18   // 从栈中移除一个元素
19   let fromTheTop = stackOfStrings.pop()
20   print("fromTheTop 的值是\(fromTheTop)")
```

在例 10-3 中，第 2～10 行代码定义了一个泛型类型的栈 Stack。与泛型的 IntStack 进行对比可以看出，Stack 和 IntStack 大致相同，只是用占位类型参数 Element 代替了实际的 Int 类型。在 Stack 的定义体内有三处使用到了 Element 占位类型，包括：

（1）第 3 行定义 items 属性时，使用 Element 类型的空数组对其进行初始化；

（2）第 4 行定义 push 方法时，将方法的参数类型指定为 Element 类型；

（3）第 7 行定义 pop 方法时，将方法的返回值指定为 Element 类型。

第 12 行代码使用 Stack<String>() 创建了一个 String 类型的 Stack 实例 stackOfStrings。由于 Stack 是泛型类型，因此通过在尖括号中指定元素类型，就可以创建并初始化一个指定类型的 Stack 实例。

第 14～17 行代码向 stackOfStrings 中添加了四个元素，图 10-5 展示了 stackOfStrings 将这四个值入栈的过程。

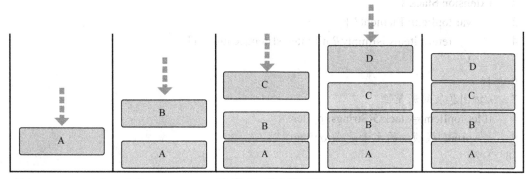

图 10-5　值入栈过程

从图 10-5 可以看出，此时栈中有序存储着 A、B、C、D 四个元素。

第 19～20 行代码从栈中移除并返回栈顶部的值 "D"，然后将该元素输出。其出栈的示意图如图 10-6 所示。

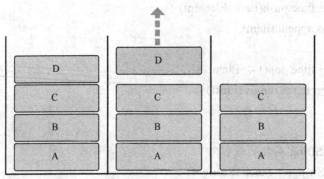

图 10-6　栈顶值出栈

从图 10-6 可知，将元素 D 移除后，此时栈中有序存储着 A、B、C 三个元素。程序的输出结果如图 10-7 所示。

fromTheTop的值是D

图 10-7　例 10-3 的运行结果

3.扩展泛型栈

在前面的章节已经学习过，可以通过扩展为一个已有的类、结构体、枚举类型或者协议类型添加新功能。同样地，也可以对泛型类型进行扩展。

当定义一个泛型类型的扩展时，并不需要单独提供类型参数列表，而是直接使用在原始类型定义中的类型参数列表和类型参数名。

为了让大家更好地理解对泛型的扩展，接下来在例 10-3 的基础上，对泛型类型 Stack 进行扩展，为其添加一个名为 topItem 的只读计算型属性，其作用是返回当前栈顶端的元素而不会将其从栈中移除，如例 10-4 所示。

例 10-4　扩展泛型栈.playground

```
1    //对 Stack 进行扩展，添加一个新属性
2    extension Stack {
3        var topItem: Element? {
4            return items.isEmpty ? nil : items[items.count - 1]
5        }
6    }
7    //访问扩展的新属性
8    if let topItem = stackOfStrings.topItem {
9        print("栈顶端的元素是 \(topItem).")
10   }
```

在例 10-4 中，第 2～6 行定义了对 Stack 类型的扩展，为 Stack 类型添加了 topItem 属性，topItem 属性会返回一个 Element 类型的可选值。当栈为空的时候，topItem 会返回 nil；当栈不为空的时候，topItem 会返回 item 数组中的最后一个元素。

其中，第 3 行代码定义 topItem 属性时，使用了在 Stack 的原始定义中声明的 Element 占

位类型，而扩展并没有定义一个类型参数列表。

第 8 ~ 10 行代码访问了计算型属性 topItem 的值，并输出到控制台。

程序的输出结果如图 10-8 所示。

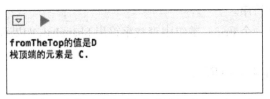

fromTheTop的值是D
栈顶端的元素是 C.

图 10-8　例 10-4 的输出结果

10.1.3　类型约束

默认情况下，泛型函数和泛型类型可作用于任何类型，不过，有的时候需要对泛型函数和泛型类型中的类型做一些强制约束。例如，Swift 的 Dictionary 类型对字典的键类型做出约束，要求键类型必须是可哈希的，而所有的 Swift 基本类型默认都是可哈希的。

将泛型函数和泛型类型中的类型，强制约束为某种特定类型，是非常有用的。例如，把字典类型的键约束为可哈希的，能够帮助字典快速查找到特定的键。

类型约束可以指定一个类型参数必须继承自指定类，或者符合一个特定的协议或协议组合。可以在一个类型参数名后面放置一个类名或者协议名，通过冒号分隔，从而定义类型约束，它们将作为类型参数列表的一部分。这种基本的类型约束作用于泛型函数时的语法如下所示。

```
func 函数名<T: 类名, U: 协议名>(参数名称 1: T, 参数名称 2: U) {
    // 这里是泛型函数的函数体部分
}
```

上述函数定义中有两个类型参数。第一个类型参数 T，有一个 T 必须是某个类的类型约束；第二个类型参数 U，有一个 U 必须符合某个协议的类型约束。类型约束用于泛型类型时的语法，与用于泛型函数时的语法相同。

为了让大家更好地理解类型约束，接下来通过一个具体的例子讲解类型约束的应用，如例 10-5 所示。

例 10-5　类型约束.playground

```
1    func findStringIndex(array: [String], _ valueToFind: String) -> Int? {
2        for (index, value) in array.enumerated() {
3            if value == valueToFind {
4                return index
5            }
6        }
7        return nil
8    }
9    let strings = ["Beijing", "Shagnhai", "Guangzhou", "Zhengzhou", "Xi'an"]
10   if let foundIndex = findStringIndex(array: strings, "Shagnhai") {
11       print("Shagnhai 在数组中的位置是 \(foundIndex)")
12   }
```

在例 10-5 中，第 1~8 行定义了一个名为 findStringIndex 的非泛型函数，该函数的功能是在 String 值的数组中查找给定 String 值的索引。若查找到匹配的字符串，findStringIndex(_:_:) 函数返回该字符串在数组中的索引值，反之则返回 nil。findStringIndex(_:_:) 函数可以用于查找字符串数组中的某个字符串。

第 9~12 行用于从一个 strings 数组中查找字符串 Shanghai，如果存在就输出字符串在数组中的位置。

程序的输出结果如图 10-9 所示。

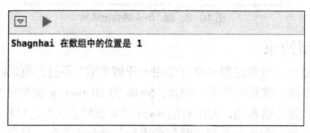

图 10-9　例 10-5 的输出结果

findStringIndex(_:_:) 函数只能查找字符串在数组中的索引，用处不是很大。下面写出相同功能的泛型函数 findIndex(_:_:)，用占位类型 T 替换 String。

```
1    func findIndex<T>(array: [T], _ valueToFind: T) -> Int? {
2        for (index, value) in array.enumerated() {
3            if value == valueToFind {
4                return index
5            }
6        }
7        return nil
8    }
```

在上例中定义了一个名为 findIndex 的泛型函数，该函数的功能是在传入的数组 array 中查找给定值 valueToFind 的索引。若查找到匹配的值，findIndex 函数返回该值在数组中的索引值，反之则返回 nil。其中泛型函数使用的实际类型只有在创建时才能确定。

可能有的人会注意到这个函数返回 Int?，那是因为函数返回的是一个可选的索引数，而不是从数组中得到的一个可选值。

但是，这个函数无法通过编译，错误信息如图 10-10 所示。

```
29    for (index, value) in array.enumerated() {
30        if value == valueToFind {
31            return index              ① Binary operator '==' cannot be applied to two 'T' operands
32        }
33    }
```

图 10-10　程序报错

如图 10-10 所示，上例中的函数无法通过编译，在语句"if value == valueToFind"处程序报错。原因在于不是所有的 Swift 类型都可以用等式符（==）进行比较。例如，如果创建一个自己的类或结构体，那么 Swift 无从得知这个自定义类或结构体"相等"的标准是什么。正因如此，这部分代码无法保证适用于任意类型 T，因此编译出错。

不过，在 Swift 标准库中定义了一个 Equatable 协议，该协议要求其遵守者必须实现等式符（==），从而能使用==对符合该协议的类型值进行比较。所有的 Swift 标准类型都自动支持 Equatable 协议。因此，在定义 findIndex(_:_:)函数时，可以定义一个 Equatable 类型约束作为泛型类型参数定义的一部分，如例 10-6 所示。

例 10-6　Equatable 实现类型约束.playground

```
1   func findIndex<T: Equatable>(array: [T], _ valueToFind: T) -> Int? {
2       for (index, value) in array.enumerated() {
3           if value == valueToFind {
4               return index
5           }
6       }
7       return nil
8   }
9   //findIndex 函数用于浮点型
10  let doubleIndex = findIndex(array: [3.14159, 0.1, 0.25], 9.3)
11  print("9.3 在数组中的位置是\(doubleIndex)")
12  //findIndex 函数用于字符串型
13  let stringIndex = findIndex(array: ["传智 iOS", "传智 Swift", "传智 java"], "传智 iOS")
14  print("传智 iOS 在数组中的位置是\(stringIndex)")
```

在例 10-6 中，第 1 行代码在对泛型函数 findIndex(_:_:)进行定义时，将占位类型参数写作 T: Equatable，也就意味着"任何符合 Equatable 协议的 T 类型"。findIndex(_:_:)函数现在可以成功编译了，并且可以作用于任何符合 Equatable 的类型。

第 10～11 行代码将 findIndex(_:_:)函数用于浮点型，第 13～14 行代码将 findIndex(_:_:)函数用于字符串型。

程序的输出结果如图 10-11 所示。

从程序输出结果看出，因为 double

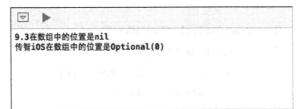

图 10-11　例 10-6 输出结果

Index 数组中没有"9.3"这个数，所以它在数组中的位置是 nil，"苹果 iOS"是 stringIndex 数组的第一个元素，所以"苹果 iOS"在数组中位置是 0。

10.1.4　关联类型

在定义协议时，有时候会对协议遵守者的元素类型有要求，此时可以在协议内声明一个或多个关联类型。关联类型可以理解为协议的泛型类型。关联类型提供了一个占位名（或者说别名），其代表的实际类型在协议被采纳时才会被指定。通过 associatedtype 关键字来指定关联类型。

为了让大家更好地理解关联类型，接下来定义一个协议 Container，该协议定义了一个关联类型 ItemType，具体代码如下。

```
1   protocol Container {
2       associatedtype ItemType
```

```
3        mutating func append ( _ item: ItemType)
4        var count: Int { get }
5        subscript(i: Int) -> ItemType { get }
6    }
```

上述代码中定义了一个 Container 协议，第 3~5 行代码中，为 Container 协议定义了三个功能，任何采纳协议的类型都必须提供，具体如下。

（1）通过 append(_:)方法添加一个新元素到容器里。

（2）通过 count 属性获取容器中元素的数量，并返回一个 Int 值。

（3）通过接受 Int 索引值的下标检索到每一个元素。

这个协议没有指定容器中元素该如何存储及元素必须是何种类型，但是指定了任何通过 append(_:)方法添加到容器中的元素和容器中的元素是相同类型，并且通过容器下标返回的元素的类型也是这种类型。

为此，第 2 行代码 associatedtype ItemType 为 Container 协议声明了一个关联类型 ItemType。ItemType 的实际类型由采纳协议的类型来提供。在协议定义中，可以使用关联类型指定 append(_:)方法的参数和下标类型都与元素类型相同，从而保证任何 Container 的预期行为都能够被执行。

Container 协议定义以后，协议遵守者可以通过多种方式确定关联类型的实际类型，接下来举例说明。

1. 普通类型定义

普通类型遵守 Container，可以直接指定关联类型的实际类型。

接下来修改之前介绍的 IntStack 结构体的定义，让它采纳并符合 Container 协议，具体代码如下。

```
1    struct IntStack: Container {
2        var items = [Int]()
3        mutating func push(_ item: Int) {
4            items.append(item)
5        }
6        mutating func pop() -> Int {
7            return items.removeLast()
8        }
9        // Container 协议的实现部分
10       typealias ItemType = Int
11       mutating func append(_ item: Int) {
12           self.push(item)
13       }
14       var count: Int {
15           return items.count
16       }
17       subscript(i: Int) -> Int {
18           return items[i]
```

```
19        }
20    }
```

上述代码中，第 1 行代码指定了 IntStack 类型遵守了 Container 协议。

第 10 行代码中，IntStack 指定 ItemType 为 Int 类型，从而将 Container 协议中的关联类型 ItemType 转换为实际的 Int 类型。

第 11～19 行代码中 IntStack 结构体实现了 Container 协议的三个要求，并且其原有功能也不会和这些要求相冲突。

需要注意的是，Swift 具备类型推断的功能，因为 IntStack 符合 Container 协议的所有要求，Swift 只需通过 append(_:)方法的 item 参数类型和下标返回值的类型，就可以推断出 ItemType 的具体类型。所以，如果删除第 10 行，这段代码仍旧可以正常工作。

2. 泛型类型定义

泛型类型遵守 Container 协议时，也可以指定协议的关联类型。

接下来，修改泛型类型 Stack 结构体的定义，让它符合 Container 协议，示例代码如下。

```
1     struct Stack<Element>: Container {
2         var items = [Element]()
3         mutating func push(_ item: Element) {
4             items.append(item)
5         }
6         mutating func pop() -> Element {
7             return items.removeLast()
8         }
9         // Container 协议的实现部分
10        mutating func append(_ item: Element) {
11            self.push(item)
12        }
13        var count: Int {
14            return items.count
15        }
16        subscript(i: Int) -> Element {
17            return items[i]
18        }
19    }
```

在上述代码中，泛型结构体 Stack 符合 Container 协议时，占位类型参数 Element 被用作 append(_:)方法的参数类型和下标的返回类型。Swift 可以据此推断出 Element 的类型即是 ItemType 的类型。

3. 在扩展中定义

除了类型定义中指定之外，还可以通过扩展为一个已存在的类型指定关联类型。在第八章介绍了如何利用扩展让一个已存在的类型符合一个协议，这包括了使用关联类型的协议。

例如，Swift 的 Array 已经提供 append(_:)方法、一个 count 属性和一个接受 Int 型索引值的可用来检索数组元素的下标。这三个功能都符合 Container 协议的要求，因此可以为 Array

定义扩展来符合 Container 协议，具体代码如下。

```
extension Array: Container {}
```

从扩展定义可以看出，这是一个空扩展，只是简单地声明了 Array 采纳了 Container 协议。

如同上例 10-3 中的泛型 Stack 结构体一样，Array 的 append(_:)方法和下标确保了 Swift 可以推断出 ItemType 的类型。定义了这个扩展后，就可以将任意 Array 当作 Container 来使用。

10.1.5　where 子句

之前的小节介绍过，类型约束为泛型函数或泛型类型的类型参数定义了强制约束。与之类似，为关联类型定义约束也是非常有用的。为关联类型定义约束的方法是在参数列表中添加 where 子句。

where 子句能够使一个关联类型符合某个协议，或者要求某个类型参数必须与关联类型的类型相同。where 子句紧跟在类型参数列表后面。

为了让大家更好地理解 where 子句的用法，接下来以 10.1.4 小节中的代码为基础，定义一个名为 allItemsMatch 的泛型函数，用来检查两个 Container 实例是否包含相同顺序的相同元素。如果所有的元素都能够匹配，那么返回 true，否则返回 false，具体代码如例 10-7 所示。

例 10-7　where 子句.playground

```
1   func allItemsMatch<
2       C1: Container, C2: Container
3       where C1.ItemType == C2.ItemType, C1.ItemType: Equatable>
4       (_ someContainer: C1, _ anotherContainer: C2) -> Bool
5   {
6       // 检查两个容器含有相同数量的元素
7       if someContainer.count != anotherContainer.count {
8           return false
9       }
10      // 检查每一对元素是否相等
11      for i in 0..<someContainer.count {
12          if someContainer[i] != anotherContainer[i] {
13              return false
14          }
15      }
16      // 所有元素都匹配，返回 true
17      return true
18  }
19  //使用 allItemsMatch(_:_:)函数
20  var stackOfStrings = Stack<String>()
21  stackOfStrings.push("A")
22  stackOfStrings.push("B")
23  stackOfStrings.push("C")
24  var arrayOfStrings = ["A", "B", "C"]
```

```
25    if allItemsMatch(stackOfStrings, arrayOfStrings) {
26        print("所有的元素都匹配.")
27    } else {
28        print("存在不匹配的元素.")
29    }
```

例 10-7 中，第 1～18 行是对泛型函数 allItemsMatch 的定义，通过一个类型约束及一个 where 子句来要求进行对比的两个 Container 可以不是相同类型的容器，但它们必须拥有相同类型的元素。

其中第 2～3 行是这个泛型函数的类型参数列表，定义了两个类型参数的要求，具体如下。

（1）C1 必须符合 Container 协议，写作 C1: Container。

（2）C2 必须符合 Container 协议，写作 C2: Container。

（3）C1 的 ItemType 必须和 C2 的 ItemType 类型相同，写作 C1.ItemType == C2.ItemType。

（4）C1 的 ItemType 必须符合 Equatable 协议，写作 C1.ItemType: Equatable。

第 4 行代码定义了这个函数接受的 someContainer 和 anotherContainer 两个参数。参数 someContainer 的类型为 C1，参数 anotherContainer 的类型为 C2。C1 和 C2 是容器的两个占位类型参数，函数被调用时才能确定它们的具体类型。

where 子句后面的要求意味着，someContainer 是一个 C1 类型的容器，anotherContainer 是一个 C2 类型的容器。someContainer 和 anotherContainer 包含相同类型的元素。someContainer 中的元素可以通过不等于操作符（!=）来检查它们是否彼此不同。这也意味着 anotherContainer 中的元素也可以通过 "!=" 操作符来比较，因为它们和 someContainer 中的元素类型相同。

这些要求让 allItemsMatch(_:_:)函数能够比较两个容器，即使它们是不同的容器类型。

第 7～9 行 allItemsMatch(_:_:)函数首先检查两个容器是否拥有相同数量的元素，如果它们的元素数量不同，那么一定不匹配，函数就会返回 false。

第 11～15 行通过 for-in 循环和半闭区间操作符（..<）来迭代每个元素，检查 someContainer 中的元素是否不等于 anotherContainer 中的对应元素。如果两个元素不相等，那么两个容器不匹配，函数返回 false。

第 17 行如果循环体结束后未发现任何不匹配的情况，表明两个容器匹配，函数返回 true。

第 20～29 行演示了 allItemsMatch(_:_:)函数的使用。

其中第 20 行创建一个 Stack 实例来存储一些 String 值，第 21～23 行将三个字符串压入栈中。第 24 行通过数组字面量创建了一个 Array 实例，数组中包含三个同栈中一样的字符串。

第 25 行使用 allItemsMatch(_:_:)函数对这两个实例进行比较。虽然栈和数组是不同的类型，但它们都符合 Container 协议，而且它们都包含相同类型的值。allItemsMatch(_:_:)函数正确地显示了这两个容器中的所有元素都是相互匹配的。

程序的输出结果如图 10-12 所示。

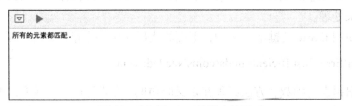

图 10-12　例 10-7 的输出结果

10.2　错误处理机制

由于外部环境的原因或者程序本身的失误，程序在运行时，并不能保证所有的操作都能成功执行完或者达到预期结果。当某个操作失败时，程序最好能得知失败的原因，从而做出相应的应对措施。

比如，假如有个读取磁盘上的某个文件内容并进行处理的任务，该任务会有多种可能失败的情况，包括指定路径下文件并不存在，文件不具有可读权限，或者文件编码格式不兼容等。程序有必要区分这些不同的失败情况，解决并处理某些错误，然后把它解决不了的错误报告给用户。

错误处理机制就是响应错误及从错误中恢复的过程。Swift 提供了在运行时对可恢复错误的抛出、捕获、传递和操作的一流支持。本节将对 Swfit 的错误处理机制进行详细讲解。

10.2.1　错误的表示

在 Swift 中，使用符合 ErrorProtocol 协议的类型来表示错误，这是一个来自系统的空协议，凡是符合该协议的类型都可以用于错误处理。

Swift 中的枚举类型最适合构建一组相关的错误状态，枚举的关联值还可以为错误状态提供额外信息。例如，可以用枚举表示在传智自动选课时可能遇到的错误状态，具体代码如下所示。

```
enum EnrollError: ErrorProtocol {
    case InvalidSelection                    //选择无效
    case InsufficientFunds(coinsNeeded: Int) //金额不足
    case OutOfQualifications                 //暂无课程
}
```

上述代码定义了一个枚举 EnrollError，它符合了 ErrorProtocol 协议，因此能够用于表示错误。EnrollError 定义的错误都是自动选课时可能遇到的错误，因此是相关的。

10.2.2　错误处理

当某个错误出现时，附近的某部分代码必须负责处理这个错误，如纠正这个问题、尝试另外一种方式或是向用户报告错误。这才是错误处理机制的核心所在。

在 Swift 中有 4 种处理错误的方式，包括把函数抛出的错误传递给调用此函数的代码、用do-catch 语句处理错误、将错误作为可选类型处理或者断言此错误根本不会发生。下面就分别对它们进行介绍。

（1）用 throwing 函数传递错误

当函数或者方法里遇到错误而不在内部处理时，需要将错误抛出，将错误传递给函数或方法的调用者来处理。

抛出错误使用 throw 关键字。例如，下面的代码抛出一个错误，提示学费还需 1000 元。

```
throw EnrollError.InsufficientFunds(coinsNeeded: 1000)
```

可能会抛出错误的函数和方法必须在定义时声明，方式是在函数或方法的返回箭头 "->"前添加关键字 throws。一个标有 throws 关键字的函数被称作 throwing 函数。

如果这个函数指明了返回值类型，throws 关键词需要写在箭头 "->" 的前面，示例代码如下。

```
func canThrowErrors() throws -> String
func cannotThrowErrors() -> String
```

如果没有返回值，只需在末尾处加上 throws 即可，示例代码如下。

```
func canThrowErrorsRetrunNothing() throws
```

为了让大家更好地理解如何将错误抛出，接下来定义一个名为 VendingCourse 的类，VendingCourse 类有一个 vend(itemNamed:)方法，如果请求的课程不存在、暂无课程或者花费超过了投入金额，该方法就会抛出一个相应的 EnrollError，具体代码如下所示。

```
1    class VendingCourse {
2      var inventory = [
3        "传智 iOS": Item(price: 12000, count: 7),
4        "传智 Java": Item(price: 10000, count: 4),
5        "传智 PHP": Item(price: 7000, count: 11)
6      ]
7      var coinsDeposited = 0
8      func dispenseCourse(snack: String) {
9          print("Dispensing \(snack)")
10     }
11     //条件判断
12     func vend(itemNamed name: String) throws {
13         guard var item = inventory[name] else {
14             throw EnrollError.InvalidSelection    //抛出错误
15         }
16         guard item.count > 0 else {
17             throw EnrollError.OutOfQualifications    //抛出错误
18         }
19         guard item.pricc <= coinsDeposited else {
20             throw EnrollError.InsufficientFunds(coinsNeeded:    //抛出错误
21             item.price - coinsDeposited)
22         }
23         coinsDeposited -= item.price
24         item.count -= 1
25         inventory[name] = item
26         dispenseCourse(snack: name)
27     }
28   }
```

上述代码定义了 VendingCourse 类，其中第 12～27 行代码定义了 vend(itemNamed:)方法。

该方法的实现中使用了 guard 语句对购买课程所需的条件进行判断，有任一条件不满足时，就抛出相应的错误。由于 throw 语句会立即退出方法，所以课程只有在所有条件都满足时才会被售出。

当函数或方法抛出错误时，程序流程会发生改变，所以在编写代码时，识别代码中会抛出错误的地方就变得非常重要。为了标识出这些地方，需要在调用一个可能抛出错误的函数、方法或者构造函数之前，加上 try 关键字、或者 try?或 try!这种变体。

接下来使用一段示例代码说明，这段代码中定义的 buyFavoriteCourse(_:vendingCourse:) 是一个 throwing 函数，具体如下。

```
1   let favoriteCourse = [
2       "Alice": "传智 iOS",
3       "Bob": "传智 Java",
4       "Eve": "传智 PHP",
5   ]
6   func buyFavoriteCourse(person: String, vendingCourse:
7       VendingCourse) throws {
8       let courseName = favoriteCourse[person] ?? "传智 iOS"
9       try vendingCourse.vend(itemNamed: courseName)
10  }
```

在上述代码中，第 6 ~ 10 行定义了 buyFavoriteCourse (_:vendingCourse:)函数，该函数会查找某人最喜欢的课程，并通过调用 vend(itemNamed:)方法来尝试为他们购买。其中，第 9 行代码中因为 vend(itemNamed:)方法能抛出错误，所以在调用它的时候在前面加了 try 关键字。

上述代码中，对抛出的错误做出的处理是继续传递错误，所以任何由 vend(itemNamed:)方法抛出的错误会一直被传递到 buyFavoriteCourse (_:vendingCourse:)函数被调用的地方。

注意：

只有 throwing 函数可以传递错误。任何在某个非 throwing 函数内部抛出的错误只能在函数内部处理。

（2）用 do-catch 处理错误

可以使用一个 do-catch 语句运行一段闭包代码来处理错误。如果在 do 子句中的代码抛出了一个错误，这个错误会与 catch 子句做匹配，从而决定哪条子句能处理它。

do-catch 语句的格式一般如下所示。

```
do {
    try 可能抛出错误的语句
    ......
} catch 匹配模式 1{
    ......
} catch 匹配模式 2 where 条件{
    ......

}
```

在以上格式中，在 catch 后面有一个匹配模式用于表明这个子句能处理什么样的错误。如果一条 catch 子句没有指定匹配模式，那么这条子句可以匹配任何错误，并且把错误绑定到一个名字为 error 的局部常量。

catch 子句不必将 do 子句中的代码所抛出的每一个可能的错误都作处理。如果 catch 子句未能处理错误，错误就会传递到周围的作用域。然而，错误还是必须要被某个周围的作用域处理的——要么是一个外围的 do-catch 错误处理语句，要么是一个 throwing 函数的内部。

接下来使用一个案例进行说明，如例 10-8 所示。该例在之前定义的 EnrollError 枚举、VerdingCourse 函数、favoriteCourse 常量和 buyFavoriteCourse 函数的基础上，继续增加新的代码，具体如下。

例 10-8　do-catch 语句处理错误.playground

```
1   let vendingCourse = VendingCourse()
2   vendingCourse.coinsDeposited = 8000
3   do {
4       try buyFavoriteCourse(person: "Alice", vendingCourse: vendingCourse)
5   } catch EnrollError.InvalidSelection {
6       print("选择无效.")
7   } catch EnrollError.OutOfQualifications {
8       print("还没有达到报名资格.")
9   } catch EnrollError.InsufficientFunds(let coinsNeeded) {
10      print("金额不足. 请再添加 \(coinsNeeded) 元.")
11  } catch{
12      print("未知错误")
13  }
```

在例 10-8 中，使用了 do-catch 语句对代码中可能出现的错误进行处理。

其中，第 5~10 行代码使用 catch 子句处理了 EnrollError 枚举类型包含的所有错误类型。第 11~13 行对所有其他的错误进行了处理。

第 4 行代码中，使用了 try 表达式调用 buyFavoriteCourse(_:vendingCourse:)函数，因为它可能抛出错误。如果错误被抛出，相应的执行会马上转移到 catch 子句中，并判断这个错误是否与 catch 子句中的错误类型匹配。如果没有错误抛出，就会执行 do 子句中余下的语句。

例 10-8 的运行结果如图 10-13 所示。

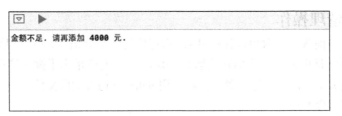

图 10-13　例 10-8 的输出结果

（3）将错误转换成可选值

可以使用 try?将错误转换成一个可选值来处理错误。如果 try?表达式执行时一个错误被抛出，那么表达式的值就是 nil。例如，下面代码中的 x 和 y 具有相同的值。

```
func someThrowingFunction() throws -> Int {
    // ...
}
let x = try? someThrowingFunction()
let y: Int?
do {
    y = try someThrowingFunction()
} catch {
    y = nil
}
```

如果 someThrowingFunction()抛出一个错误，x 和 y 的值是 nil，否则 x 和 y 的值就是该函数的返回值。注意，无论 someThrowingFunction()的返回值类型是什么类型，x 和 y 都是这个类型的可选类型。例子中此函数返回一个整型，所以 x 和 y 是可选整型。

如果想对所有的错误都采用同样的方式来处理，用 try?就可以写出简洁的错误处理代码。例如，下面的代码用几种方式来获取数据，如果所有方式都失败了则返回 nil。

```
func fetchData() -> Data? {
    if let data = try? fetchDataFromDisk() { return data }
    if let data = try? fetchDataFromServer() { return data }
    return nil
}
```

（4）禁用错误传递

虽然在程序中使用了 throw 关键字，但是程序员可以确保不会抛出任何异常，这时，在表达式前面可以添加 thy! 用来强制禁止错误传递。

例如，下面的代码使用了 loadImage(_:)函数，该函数从给定的路径加载图片资源，如果图片无法载入则抛出一个错误。在这种情况下，因为图片是和应用绑定的，运行时不会有错误抛出，所以适合禁用错误传递。

```
let photo = try! loadImage("./Resources/User itcast.jpg")
```

综上所述，在代码中遇到错误必须进行处理，要么直接处理这些错误——使用 do-catch 语句，try?或 try!，要么继续将这些错误传递下去。

10.2.3 清理操作

当即将离开当前代码块时可以使用 defer 语句执行一系列语句，该语句能够执行一些必要的清理工作，不管是以何种方式离开当前代码块的——无论是由于抛出错误而离开，还是由于诸如 return 或者 break 的语句。例如，可以用 defer 语句来确保文件描述符得以关闭，以及手动分配的内存得以释放。

defer 语句将代码的执行延迟到当前的作用域退出之前。该语句由 defer 关键字和要被延迟执行的语句组成。延迟执行的语句不能包含任何控制转移语句，如 break 或是 return 语句，或是抛出一个错误。延迟执行的操作会按照它们被指定时的顺序的相反顺序执行——也就是说，第一条 defer 语句中的代码会在第二条 defer 语句中的代码被执行之后才执行，以此类推。

为了让大家更好地理解 defer 语句的使用，接下来使用一个示例代码说明，具体如下。

```
func processFile(filename: String) throws {
    if exists(filename) {
        let file = open(filename)
        defer {
            close(file)
        }
        while let line = try file.readline() {
            // 处理文件。
        }
        // close(file) 会在这里被调用，即作用域的最后。
    }
}
```

这段代码使用一条 defer 语句来确保 open(_:)函数有一个相应的对 close(_:)函数的调用。以确保打开的文件，最后都会关闭。

注意：
就算没有涉及错误处理，也可以使用 defer 语句。

10.3 访问控制

访问控制用于限定其他源文件或模块中的代码对自己的代码的访问级别。这个特性可以隐藏自己代码的一些实现细节，并且能为其他人访问和使用的代码提供接口。

Swift 不仅提供了多种不同的访问级别，还为某些典型场景提供了默认的访问级别，这样就不需要在每段代码中都显式地申明访问级别。其实，如果只是开发一个 Single-Target 的应用程序，完全可以不用显式申明代码的访问级别。接下来，本节将针对 Swift 中的访问控制进行详细的讲解。为了方便学习，对于代码中可以设置访问级别的特性（属性、基本类型、函数等），在本节中会称之为"实体"。

10.3.1 模块、源文件及访问级别

Swift 中的访问控制模型基于模块和源文件这两个概念。其中，模块指的是独立的代码发布单元，通常是一个应用程序或框架，通过 Xcode 的 target 可以创建一个独立的模块。在 Swift 中，可以使用 import 关键字将一个模块导入到另外一个模块中，此时，另一个模块就拥有了被导入模块的所有内容。

源文件就是一个源代码文件，它通常属于一个模块，即一个应用程序或者框架。尽管一般会将不同的类型分别定义在不同的源文件中，但是同一个源文件也可以包含多个类型和函数。

Swift 为代码中的实体提供了三种不同的访问级别。这些访问级别不仅与源文件相关，而且也与源文件所属的模块相关。这些访问级别的具体介绍如下。

（1）public：public 修饰的实体可以被模块内和模块外的代码访问，模块外可以通过导入该模块来访问。通常情况下，框架中的某个接口可以被任何人使用时，可以将其设置为 public 级别。public 是最高的访问级别，其限制最少。

（2）internal：internal 修饰的实体只能在模块内被访问，不能从模块外访问。通常情况下，定义应用程序或者框架的内部结构时，使用 internal 级别。

（3）private：private 修饰的实体只能在所处源文件内部使用，同一模块内的其他源文件也不能访问。使用 private 级别可以隐藏某些功能的实现细节。private 是最低的访问级别，限制最多。

1. 访问级别的基本原则

Swift 中的访问级别遵循一个基本原则：实体在定义时不能使用比它访问级别更低、限制性更高的实体。

例如：

- 一个 public 的变量，不能定义成访问级别为 internal 或 private 的类型。因为无法保证能访问 public 变量的地方也能访问该变量的类型；
- 函数的访问级别不能高于它的参数类型和返回类型的访问级别。因为很可能能够访问函数的地方，对函数的参数类型或返回类型没有访问权限。

2. 默认访问级别

除了少数例外情况，如果代码中的实体没有显式指定访问级别，那么它们默认都是 internal 的。因此，在大多数情况下，都不需要显式的指定实体的访问级别。

3. Single-Target Apps 的访问级别

当编写一个简单的 Single-Target App 时，应用程序的所有代码一般只用于应用程序自身，而不需要给其他模块使用。此时使用默认的访问级别 internal 即可，并不需要显式指定访问级别。但是，如果想要隐藏一些功能的实现细节，也可以使用 private 级别。

4. 框架的访问级别

当开发框架时，需要把对外的接口定义为 public 级别，以便其他模块导入该框架后可以查看和访问这些接口。这些对外的接口，就是这个框架的应用程序接口（API）。框架内默认使用 internal 级别，也可以显式指定为 private 级别。当要把某个实体作为框架的 API 时，需显式为其指定为 public 级别。

5. Unit Test Targets 的访问级别

当应用程序包含 Unit Test Targets 时，为了测试应用程序的功能，测试模块需要访问应用程序内的代码。默认情况下只有 public 级别的实体才可以被其他模块访问。然而，Unit Test Targets 可以访问应用程序中的 internal 实体，只需要在导入应用程序模块的语句前使用 @testable，然后在允许测试的编译设置（Build Options -> Enable Testability）下编译这个应用程序模块即可。

 脚下留心：Swift 中的 private 访问级别

Swift 中的 private 访问级别不同于其他语言，它的范围限于源文件内，而不是定义的范围。这就意味着，一个类型可以访问其所在源文件中的所有 private 实体，但是如果它的扩展定义在其他源文件中，就不能访问该类型的 private 成员。

10.3.2 类型的访问级别

访问控制通过修饰符 public、internal、private 来声明实体的访问级别，包括各种类型的访问级别。声明类型的访问控制时，将访问控制修饰符放在类型定义的前面，示例代码如下所示。

```
public class SomePublicClass {}
internal class SomeInternalClass {}
private class SomePrivateClass {}
```

如果没有显式指定，实体默认的访问级别就是 internal。所以，不使用修饰符显式声明时，SomeInternalClass 仍然拥有隐式的访问级别 internal，示例代码如下。

```
class SomeInternalClass {}      // 隐式访问级别 internal
```

明白了访问控制的基本用法和格式，就可以在开发中使用它了。接下来就围绕访问控制在不同类型及子类中的使用分别进行详细的讲解。

1. 自定义类型

自定义类型的访问级别在定义时指定，指定以后就可以在它的访问级别限制范围内使用了。例如，定义一个 private 级别的类，那这个类就只能在定义它的源文件中，作为属性类型、函数参数类型或者返回类型等使用。

一个类型的访问级别也会对类型成员（包括属性、方法、构造函数、下标）的默认访问级别产生影响。如果类型为 private 级别，那么该类型成员的默认访问级别也变成 private。如果类型为 public 或者 internal 级别，那么该类型成员的默认访问级别将是 internal。

也就是说，一个 public 类型的成员访问级别默认为 internal，而不是 public。如果要将某个成员指定为 public 级别，则必须显式指定。这样做能确保应用程序的 API 包含的都是要公开的接口，避免不小心将内部使用的接口公开。

接下来，通过一段示例代码演示自定义类型在各种情况下的访问级别，如下所示。

```
public class SomePublicClass {               // 显式的 public 类
    public var somePublicProperty = 0        // 显式的 public 类成员
    var someInternalProperty = 0             // 隐式的 internal 类成员
    private func somePrivateMethod() {}      // 显式的 private 类成员
}
class SomeInternalClass {                     // 隐式的 internal 类
    var someInternalProperty = 0             // 隐式的 internal 类成员
    private func somePrivateMethod() {}      // 显式的 private 类成员
}
private class SomePrivateClass {              // 显式的 private 类
    var somePrivateProperty = 0              // 隐式的 private 类成员
    func somePrivateMethod() {}              // 隐式的 private 类成员
}
```

2. 元组类型

元组的访问级别由元组中访问级别最严格的类型决定。例如，如果一个元组包含了两种不同类型，其中一个类型为 internal 级别，另一个类型为 private 级别，那么这个元组的访问级别为 private。

元组不同于类、结构体、枚举、函数那样有单独的定义。元组的访问级别无法明确指定，是在使用时自动推断出的。

3. 函数类型

函数的访问级别根据访问级别最严格的参数类型或返回类型来决定。但是，如果这种访问级别不同于函数定义所在环境的默认访问级别，那么就要显式指定该函数的访问级别。

接下来定义一个名为 someFunction 的全局函数，并且没有显式指定其访问级别。也许你会认为该函数应该拥有默认的访问级别 internal，但事实并非如此，示例代码如下。

```
func someFunction() -> (SomeInternalClass, SomePrivateClass) {
    // 此处是函数实现部分
}
```

事实上，如果按下面这种写法，代码将无法通过编译，如图 10-14 所示。

```
11  func someFunction() -> (SomeInternalClass, SomePrivateClass) {
12      // 此处是函数实现部分        Function must be declared private because its result uses a private type
13  }
```

图 10-14　程序报错

可以看到，这个函数的返回类型是一个元组，该元组中包含两个自定义的类。其中一个类的访问级别是 internal，另一个的访问级别是 private，所以根据元组访问级别的原则，该元组的访问级别是 private，即元组的访问级别与元组中访问级别最低的类型一致。

因为该函数返回类型的访问级别是 private，所以必须使用 private 修饰符，明确指定该函数的访问级别，正确的代码如下所示。

```
private func someFunction() -> (SomeInternalClass, SomePrivateClass) {
    // 此处是函数实现部分
}
```

将该函数指定为 public 或 internal，或者使用默认的访问级别 internal 都是错误的，因为如果把该函数当作 public 或 internal 级别来使用的话，可能会无法访问 private 级别的返回值。

4. 枚举类型

枚举成员的访问级别和该枚举类型相同，不能为枚举成员单独指定不同的访问级别。

比如下面的例子，枚举 School 被明确指定为 public 级别，那么它的成员 Beijing、Shanghai、Zhengzhou、Xi'an 的访问级别同样也是 public。

```
public enum School {
    case Beijing
    case Shanghai
    case Zhengzhou
    case Xi'an
}
```

枚举定义中的任何原始值或关联值的类型的访问级别至少不能低于枚举类型的访问级别。例如，不能在一个 internal 访问级别的枚举中定义 private 级别的原始值类型。

5. 嵌套类型

如果在 private 级别的类型中定义嵌套类型，那么该嵌套类型就自动拥有 private 访问级别。如果在 public 或者 internal 级别的类型中定义嵌套类型，那么该嵌套类型自动拥有 internal 访问级别。如果想让嵌套类型拥有 public 访问级别，那么需要明确指定该嵌套类型的访问级别。

6. 子类

子类的访问级别不得高于父类的访问级别。例如，父类的访问级别是 internal，子类的访问级别就不能是 public。此外，可以在符合当前访问级别的条件下重写任意类成员（方法、属性、构造函数、下标等），也可以通过重写为继承来的类成员提供更高的访问级别。

为了让大家更好地理解，接下来使用一个示例代码说明，具体如下。

```
1    public class A {
2        private func someMethod() {}
3    }
4    internal class B: A {
5        override internal func someMethod() {}
6    }
```

在上例中，第 1~3 行定义了类 A，它的访问级别是 public，它包含一个方法 someMethod()，方法的访问级别为 private。

第 4~6 行定义了类 B，继承自类 A，类 B 的访问级别为 internal。在类 B 中重写了类 A 中访问级别为 private 的方法 someMethod()，并重新指定为 internal 级别。通过这种方式，就把类 B 中的 private 级别的类成员重新指定为更高的访问级别，这样就方便了其他人的使用。

此外，还可以在子类的成员中访问级别更低的父类成员，只要这种访问在相应访问级别的限制范围内。也就是说，在同一源文件中访问父类 private 级别的成员，在同一模块内访问父类 internal 级别的成员。接下来使用一个示例代码说明，具体如下。

```
1    public class A {
2        private func someMethod() {}
3    }
4    internal class B: A {
5        override internal func someMethod() {
6            super.someMethod()
7        }
8    }
```

在上述代码中，因为父类 A 和子类 B 定义在同一个源文件中，所以子类 B 可以在重写的 someMethod() 方法中调用 super.someMethod()。

10.3.3　变量常量属性下标及构造函数的访问控制

对常量、变量、属性、下标和函数的访问控制，也是在定义前使用修饰符 public、internal、private 来声明。示例代码如下。

```
public var somePublicVariable = 0
internal let someInternalConstant = 0
private func somePrivateFunction() {}
```

其中，由于实体默认的访问级别就是 internal，所以定义 internal 级别的实体时，可以将 internal 修饰符省略。

接下来，针对常量、变量、属性、下标和构造函数的访问控制进行分别介绍。

1. 常量、变量、属性、下标

常量、变量、属性的访问级别必须等于或者低于它们的类型的访问级别。例如，如果一个类型是 private 级别，则不能定义它的属性为 public 级别。同样，下标的访问级别也必须等于或者低于它的索引类型和返回类型。如果所属类型是 private 级别的，则必须显式地指定常量、变量、属性、下标的访问级别为 private，示例代码如下。

```
private var privateInstance = SomePrivateClass()
```

常量、变量、属性、下标的 Getters 和 Setters 的访问级别和它们所属类型的访问级别相同。Setter 的访问级别可以低于对应的 Getter 的访问级别，这样就可以控制变量、属性或下标的读写权限。在 var 或 subscript 关键字之前，可以通过 private(set) 或 internal(set) 为它们的写入权限指定更低的访问级别。

这个规则同时适用于存储型属性和计算型属性。即使没有明确指定存储型属性的 Getter 和 Setter，Swift 也会隐式地为其创建 Getter 和 Setter，用于访问该属性的后备存储。

使用 private(set) 和 internal(set) 可以改变 Setter 的访问级别。为了让大家更好地理解，接下来使用一个示例进行详细讲解，如例 10-9 所示。

例 10-9   访问控制.playground

```
1    struct TrackedString {
2        private(set) var numberOfEdits = 0
3        var value: String = "" {
4            didSet {
5                numberOfEdits += 1
6            }
7        }
8    }
9    //创建一个 TackedString 类型的变量
10   var stringToEdit = TrackedString()
11   stringToEdit.value = "这个字符串将被跟踪."
12   stringToEdit.value += " 这个编辑将使 numberOfEdits 值增加."
13   stringToEdit.value += " 这个编辑也将使 numberOfEdits 值增加."
14   print("编辑的数量是 \(stringToEdit.numberOfEdits)")
```

在例 10-9 中，第 1~8 行定义了一个名为 TrackedString 的结构体，它有两个属性 numberOfEdits 和 value，它记录了 value 属性被修改的次数。

其中，第 3~7 行定义了 String 型的属性 value，并将初始值设为空字符串。这个功能通过属性 value 的 didSet 观察器实现，每当给 value 赋新值时就会调用 didSet 方法，然后将 numberOfEdits 的值加 1。

结构体 TrackedString 和它的属性 value 均没有显式指定访问级别，所以都拥有默认的访问级别 internal。

第 2 行定义了一个 Int 型的属性 numberOfEdits，用于记录属性 value 被修改的次数。numberOfEdits 属性使用了 private(set) 修饰符，将该属性的 Setter 的访问级别设置为 private，使得只能在定义它的源文件中为它赋值。该属性的 Getter 依然是默认的访问级别 internal，这表示该属性只在当前源文件中是可读写的，而在所属模块的其他源文件中是只读的。这一限制保护了该记录功能的实现细节，同时还提供了方便的访问方式。

第 10～14 行创建了一个 TrackedString 结构体的实例 stringToEdit，并多次对该实例的 value 属性的值进行修改，而 numberOfEdits 的值也随着修改次数而发生变化。

示例的输出结果如图 10-15 所示。

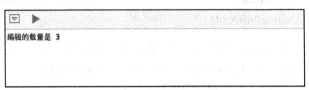

图 10-15　例 10-9 的输出结果

可以同时为 Getter 和 Setter 显式指定访问级别。接下来将例 10-9 稍作修改，讲解如何同时为 Getter 和 Setter 指定访问级别，具体代码如下。

```
1    public struct TrackedString {
2        public private(set) var numberOfEdits = 0
3        public var value: String = "" {
4            didSet {
5                numberOfEdits += 1
6            }
7        }
8    }
```

在上例中，将 TrackedString 结构体显式指定为 public 访问级别，结构体的成员默认的访问级别是 internal。

第 2 行代码结合 public 和 private(set) 修饰符，将 numberOfEdits 属性的 Getter 的访问级别设置为 public，而 Setter 的访问级别设置为 private。

2.构造函数

自定义构造函数的访问级别可以低于或等于其所属类型的访问级别。唯一的例外是 @required 修饰的必要构造函数，它的访问级别必须和所属类型的访问级别相同。与函数或方法的参数一样，构造函数参数的访问级别必须高于或者等于构造函数本身的访问级别。

默认构造函数是特定条件下 Swift 为结构体和类提供的无参数构造函数。如果类型是 internal 或者 private 级别，它的默认构造函数的访问级别与类型的访问级别相同。如果类型是 public 级别，那么默认构造函数的访问级别是 internal。要让一个 public 级别的类型在其他模块中也能使用无参数的构造函数，则只能自定义一个 public 访问级别的无参数构造函数。

对于结构体默认生成的逐一成员构造函数，如果结构体中任意存储型属性的访问级别为 private，那么该结构体默认的逐一成员构造函数的访问级别就是 private。否则，这种构造函数的访问级别依然是 internal。

与默认构造函数一样，要让一个 public 级别的结构体也能在其他模块中使用其默认的逐一成员构造函数，依然只能自定义一个 public 访问级别的成员逐一成员构造函数。

10.3.4　协议扩展的访问控制

协议，扩展也是有自己的访问控制的，接下来就分别讲解一下，它们各自的访问控制原则。

1. 协议

指定协议类型的访问级别，方法是在定义时在前面加上访问控制符，这些控制符限制该协议只能在适当的访问级别范围内被采纳，示例代码如下。

```
public protocol OneProtocol{}
private protocol AnotherProtocol{}
```

协议中每一个要求的访问级别都与协议相同，以确保该协议的所有要求对于任意采纳者都是可用的。一个 public 的协议，其所有实现的访问级别也是 public。这一点不同于其他类型，如一个 public 的类型，其成员的访问级别却只是 internal。

继承自其他协议的新协议，其访问级别只能等于或者低于被继承协议的访问级别。例如，继承自 internal 协议的新协议，其访问级别不能是 public。

一个类型可以采纳比自身访问级别低的协议。例如，定义一个 public 级别的类型，它可以在其他模块中使用，同时它也可以采纳一个 internal 级别的协议，但是只能在该协议所在的模块中，才能作为符合该协议的类型使用。

采纳了协议的类型，其访问级别取它本身和所采纳协议两者间较低的访问级别。也就是说，如果一个类型是 public 级别，采纳的协议是 internal 级别，那么采纳了这个协议后，该类型作为符合协议的类型使用时，其访问级别也是 internal。

采纳了协议的类型，在实现了协议的所有要求后，必须确保这些实现的访问级别高于或者等于协议的访问级别。例如，一个 public 级别的类型，采纳了 internal 级别的协议，那么协议的实现至少也得是 internal 级别。

Swift 和 Objective-C 一样，协议的一致性是全局的，也就是说，在同一程序中，一个类型不可能用两种不同的方式实现同一个协议。

2. 扩展

可以在访问级别允许的情况下对类、结构体、枚举进行扩展。扩展成员具有和原始类型成员一致的访问级别。例如，扩展了一个 public 或者 internal 类型，扩展中的成员具有默认的 internal 访问级别。而扩展了一个 private 类型，扩展成员则拥有默认的 private 访问级别。

另外，还可以显式指定扩展的访问级别（如 private extension），从而给扩展的所有成员指定一个新的默认访问级别。如果显式指定扩展成员的访问级别，则该成员不再使用默认的访问级别。

当通过扩展来采纳协议时，不能显式指定该扩展的访问级别。扩展中符合协议要求的实现，将具有与协议相同的默认访问级别。

3. 泛型

泛型类型或泛型函数的访问级别，由泛型类型或泛型函数本身的访问级别和类型参数的级别，两者之中较小的级别决定。

4. 类型别名

为了方便进行访问控制，类型别名被当作不同的类型。类型别名的访问级别只能等于或者低于所代表类型的访问级别。例如，private 级别的类型别名可以作为 public、internal、private 类型的别名，但是 public 级别的类型别名只能作为 public 类型的别名，不能作为 internal 或 private 类型的别名。

10.4 命名空间

Object-C 语言没有命名空间的特征一直被人诟病。为了避免类名重复，苹果官方推荐使用类名前缀，这种做法一定程度上避免了类名重复的问题。但是当在项目中引入一个第三方库，而这个第三方库和当前项目都引用了同一个库时就会出现名称冲突问题。

作为一个现代化语言，Swift 引入了命名空间，解决了这个问题。Swift 中的命名空间与传统意义上的命名空间并不相同，它没有关键字，也没有显式地在源文件中指定命名空间。接下来，本节将对 Swift 语言中的命名空间进行详细的介绍。

10.4.1 查看和修改命名空间

命名空间表示标识符（identifier）的可见范围。同样名称的标识符可在多个命名空间中定义，因此，在一个新的命名空间中可定义任何标识符，而不用考虑是否会与其他命名空间的标识符产生冲突。

Swift 中的命名空间是基于模块的，而不是在代码中显式地声明。一个模块就代表一个命名空间，在一个模块内部，命名空间是全局共享的，也就是说，一个模块只有一个命名空间。

在 Swift 项目中，命名空间名称就是 target 的 Product Name 名称。在 Xcode 中选中项目，进入项目设置页面。在该页面选择"Build Settings"，搜索"Product Name"，就可以看到该条目，如图 10-16 所示。

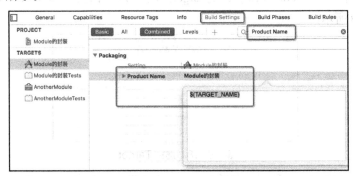

图 10-16　修改 namespace

从图 10-16 可以看出，Product Name 默认使用了项目的名称。如果要更改项目的命名空间名称，只需要双击"Product Name"条目，然后在弹出框中输入新名称即可。

📖 **多学一招：打印命名空间**

在 Swift 中，类名的组成格式是 namespace.类名。如在任意一个控制器的 viewDidLoad() 方法中打印 self，打印结果如图 10-17 所示。

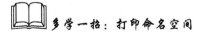

图 10-17　命名空间

在图 10-17 中，'Weibo' 就是命名空间名称，默认使用项目名称。

10.4.2 使用命名空间

Swift 中使用命名空间以后，即使是名字相同的类型，只要是来自不同的命名空间，都是可以和平共处的。和 C#这样的显式在文件中指定命名空间的做法不同，Swift 的命名空间是基于模块（Module）而不是在代码中显式地指明，每个模块代表了 Swift 中的一个命名空间。但是，同一个模块里的类型名称还是不能相同的。

当在项目中引用其他模块时，如果其他模块的标识符名称与本项目相同，只需要在其他模块的标识符名称上加上该模块的命名空间名称即可，从而避免了名称冲突的问题。

接下来，通过一个具体的案例来详细讲解如何使用命名空间解决名称冲突问题。具体步骤如下所示。

1. 创建两个不同的 Target

（1）新建一个 Single View Application 应用，名称为'MainModule'。

（2）新建一个继承自 NSObject 的名为'Dog'的类。在里面编写一个 shout 方法，具体如例 10-10 所示。

例 10-10 Dog.swift

```
1    class Dog: NSObject {
2        func shout(){
3            print("MainModule 里的 Dog 在汪汪叫")
4        }
5    }
```

（3）新建一个名为'AnotherTarget'的 target。单击"File"，选择"New"，然后选择"Target"，具体如图 10-18 所示。

图 10-18 选择 Target

弹出的窗口如图 10-19 所示。选择 Framework & library 下的 Cocoa Touch Framework，创建一个名为 AnotherTarget 的 Framework。

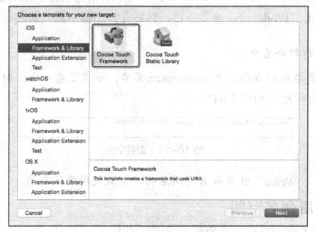

图 10-19 选择 Framework

（4）在 AnotherTarget 中同样创建一个名为'Dog'的类，并将类的权限设置为 public，在类中声明一个名为'shout'的方法，具体如例 10-11 所示。

例 10-11　Dog.swift

```
1   public class Dog: NSObject {
2       public func shout(){
3           print("AnotherTarget 里的 Dog 在汪汪叫")
4       }
5   }
```

此时程序并没有报错，这是因为两个 Dog 类不在同一个 Target 中，它们互不影响。

2.在同一个文件中访问两个名称相同的类

在 MainModule 项目的 ViewController.swift 文件里调用两个 Dog 类，具体代码如例 10-12 所示。

例 10-12　ViewController.swift

```
1   import UIKit
2   import AnotherTarget
3   class ViewController: UIViewController {
4       override func viewDidLoad() {
5           super.viewDidLoad()
6           let dog = AnotherTarget.Dog()
7           dog.shout()
8           let dog2 = Dog()
9           dog2.shout()
10      }
11  }
```

在例 10-12 中，第 2 行导入名为 "AnotherTarget" 的 framework。

第 6 行代码使用了命名空间+类的构造函数（AnotherTarget.Dog()）的方式创建了 AnotherTarget 模块里的 Dog 类型的实例 dog，第 7 行代码调用了 dog 的 shout 方法。

第 8~9 行代码创建了本项目的 Dog 类实例 dog2，并调用 dog2 的 shout 方法。

运行程序，结果如图 10-20 所示。

AnotherTarget里的Dog在汪汪叫
MainModule里的dog在汪汪叫

图 10-20　程序的输出结果

从运行结果可以看出，使用命名空间可以区分和访问不同模块中具有相同名称的类，成功地避免了名称冲突问题。

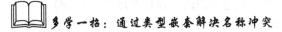

多学一招：通过类型嵌套解决名称冲突

除了使用命名空间之外，另一种解决名称冲突问题的方法就是使用类型嵌套来指定访问范围。常见做法是将名字重复的类型定义到不同的 struct 中，以此避免冲突。这样在不使用多个 module 的情况下也能实现隔离同样名字的类型的效果。接下来使用一个具体示例说明，如例 10-13 所示。

例 10-13　解决名称冲突.playground

```
1    //定义结构体类型 Target1
2    struct Target1 {
3        class MyClass {
4            class func hello() {
5                print("hello from Target1 ")
6            }
7        }
8    }
9    //定义结构体类型 Target2
10   struct Target2{
11       class MyClass {
12           class func hello() {
13               print("hello from Target2")
14           }
15       }
16   }
17   //分别调用 Target1 和 Target2 的同名方法
18   Target1.MyClass.hello()
19   Target2.MyClass.hello()
```

在 10-13 中，第 2～8 行代码定义了名为 Target1 的结构体，它包含了名为 MyClass 的类。第 10～16 行代码定义了名为 Target2 的结构体，它也包含了名为 MyClass 的类。

第 18～19 行代码分别访问了两个结构体 Target1 和 Target2 的同名类 MyClass，并打印了 MyClass 的 hello 方法。

程序的输出结果如图 10-21 所示。

从程序结果可以看出，将同样名称的实体定义在不同的类型中，能解决在同一个模块中的名称冲突问题。

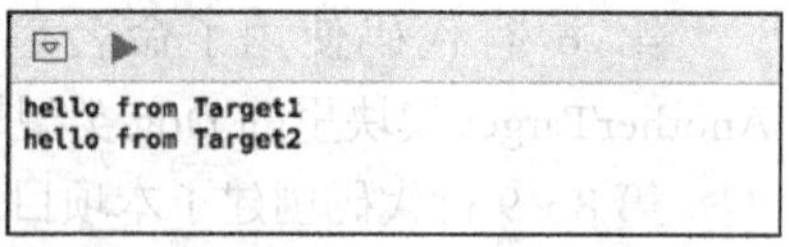

```
hello from Target1
hello from Target2
```

图 10-21　例 10-13 的输出结果

10.5　高级运算符

除了在之前介绍过的基本运算符，Swift 中还有许多可以对数值进行复杂运算的高级运算符。这些高级运算符包含了在 C 和 Objective-C 中已经被大家所熟知的位运算符和移位运算符。

与 C 语言中的算术运算符不同，Swift 中的算术运算符默认是不会溢出的，所有溢出行为都会被捕获并报告为错误。要想让系统允许溢出行为，可以选择使用 Swift 中另一套默认支持溢出的运算符，比如溢出加法运算符（&+）。所有的这些溢出运算符都是以&开头的。

自定义结构体、类和枚举时，如果也为它们提供标准 Swift 运算符的实现，将会非常有用。在 Swift 中自定义运算符非常简单，运算符也会针对不同类型使用对应实现，不用被预定义的运算符所限制。在 Swift 中可以自由地定义中缀、前缀、后缀和赋值运算符，以及相应的优先级与结合性。这些运算符在代码中可以像预定义的运算符一样使用，甚至可以扩展已有的类型以支持自定义的运算符。

10.5.1　位运算符

位运算符可以操作数据结构中每个独立的比特位（bit）。它们通常被用在底层开发中，比如图形编程和创建设备驱动。位运算符在处理外部资源的原始数据时也十分有用，比如对自定义通信协议传输的数据进行编码和解码。

Swift 支持 C 语言中的全部位运算符，接下来对它们进行一一介绍。首先用一张表介绍位运算的所有运算符，如表 10-1 所示。

表 10-1　位运算符

位运算符符号	名称
~	按位取反运算符
&	按位与运算符
|	按位或运算符
^	按位异或运算符
<<	按位左移运算符
>>	按位右移运算符

1. 按位取反运算符

按位取反运算符（~）对一个数值的全部比特位进行逐一取反，如果该位的值为 1，则返回 0。如果该位的值为 0，则返回 1。它是一个前缀运算符，需要直接放在运算的数之前，并且它们之间不能添加任何空格代码。

接下来使用一段示例代码讲解如何对数值取反，在代码中使用了 UInt8 类型，该类型有 8 个比特位，可以存储 0 ~ 255 的任意整数，具体代码如下。

```
1    let initialBits: UInt8 = 0b00001111
2    let invertedBits = ~initialBits // 等于 0b11110000
```

在上例中，第 1 行代码初始化了一个 UInt8 类型的整数，并赋值为二进制的 00001111（0b 表示二进制数），它的前 4 位都为 0，后 4 位都为 1。这个值等价于十进制的 15。

第 2 行代码使用按位取反运算符创建了一个名为 invertedBits 的常量，这个常量的值与全部位取反后的 initialBits 相等。即所有的 0 都变成了 1，同时所有的 1 都变成 0。invertedBits 的二进制值为 11110000，等价于无符号十进制的 240。

该例的示意图如图 10-22 所示。

2. 按位与运算符

按位与运算符（&）对两个数的比特位逐一进行合并。当两个数的对应位都为 1 的时候，合并结果为 1，其他情况下，合并结果都为 0。

接下来使用一个示例代码说明，具体如下。

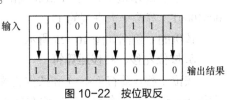

图 10-22　按位取反

```
1    let firstSixBits: UInt8 = 0b11111100
2    let lastSixBits: UInt8 = 0b00111111
3    let middleFourBits = firstSixBits & lastSixBits // 等于 00111100
```

上例中，第 1 行定义了 UInt8 类型的常量 firstSixBits，它的二进制数是 0b11111100，第 2 行定义了 UInt8 类型的常量 lastSixBits，它的二进制数是 0b00111111，第 3 行将 firstSixBits 和 lastSixBits 进行按位与运算，得到二进制数值 00111100，等价于无符号十进制数的 60。该示例的示意图如图 10-23 所示。

3. 按位或运算符

按位或运算符（|）对两个数的比特位进行逐一比较并返回结果。当两个数的对应位中有任意一个为 1 时，返回 1，否则返回 0。

接下来使用一个示例代码说明，具体如下。

```
let someBits: UInt8 = 0b10110010
let moreBits: UInt8 = 0b01011110
let combinedbits = someBits | moreBits // 等于 11111110
```

在上例中，对 someBits 和 moreBits 进行按位或运算，得到二进制数值 11111110，等价于无符号十进制数的 254。

该例的示意图如图 10-24 所示。

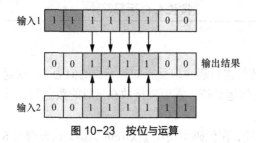

图 10-23 按位与运算   图 10-24 按位或运算

4. 按位异或运算符

按位异或运算符（^）对两个数的比特位进行逐一比较并返回结果。当两个数的对应位不相同时，返回值 1，否则返回 0。

接下来使用一段示例代码说明，具体如下。

```
let firstBits: UInt8 = 0b00010100
let otherBits: UInt8 = 0b00000101
let outputBits = firstBits ^ otherBits // 等于 00010001
```

在上面的示例中，对 firstBits 和 otherBits 进行按位异或运算，得到的结果是二进制数 00010001，等价于十进制的 17。

该例的示例图如图 10-25 所示。

5. 按位左移、右移运算符

按位左移运算符（<<）和按位右移运算符（>>）可以对一个数的所有位进行指定位数的左移和右移。对一个数进行按位左移或按位右移，相当于对这个数进行乘以 2 或除以 2 的运算。将一个整数左移一位，等价于将这个数乘以 2，同样地，将一个整数右移一位，等价于将这个数除以 2。

无符号整数和有符号整数进行按位移动的运算规则有所不同，接下来分别对这两种情况进行讲解。

（1）无符号整数的移位运算

对无符号整数进行移位的规则是已经存在的位按指定的位数进行左移和右移，任何因移动而超出整型存储范围的位都会被丢弃，用 0 来填充移位后产生的空白位。这种方法称为逻辑移位。

图 10-26 展示了将 11111111 向左移动 1 位（即 11111111 << 1）和将 11111111 向右移动 1 位（即 11111111 >> 1 的结果）。其中，有箭头连接的部分是被移位的，没有箭头连接的数字 1 是被抛弃的，没有箭头连接的数字 0 则是被填充进来的。

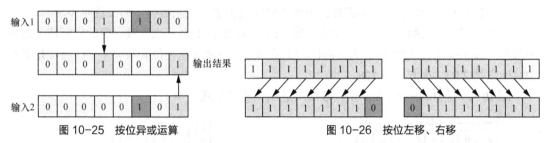

图 10-25　按位异或运算　　　　　图 10-26　按位左移、右移

以下是一段示例代码，用于展示整型按位左移和右移的结果。

```
let shiftBits: UInt8 = 4 // 即二进制的 00000100
shiftBits << 1        // 00001000
shiftBits << 2        // 00010000
shiftBits << 5        // 10000000
shiftBits << 6        // 00000000
shiftBits >> 2        // 00000001
```

为了让大家更好地理解按位移动的运算规则，接下来使用一个具体示例进行说明。在示例中，将十六进制数表示的颜色分离出红、绿、蓝三个部分的值。比如粉色的十六进制值表示为 0xCC6699，可以利用按位与运算符（&）和按位右移运算符（>>）从这个颜色值中分解出红（CC）、绿（66）和蓝（99）三个部分，具体代码如下所示。

```
1    let pink: UInt32 = 0xCC6699
2    let redComponent = (pink & 0xFF0000) >> 16   // redComponent 是 0xCC，即 204
3    let greenComponent = (pink & 0x00FF00) >> 8 // greenComponent 是 0x66，即 102
4    let blueComponent = pink & 0x0000FF         // blueComponent 是 0x99，即 153
```

在上述示例中，第 1 行定义了 UInt32 类型的常量 pink，值是粉色的十六进制数 0xCC6699。

第 2 行代码中，先对 0xCC6699 和 0xFF0000 进行按位与运算，取出红色部分的值。按位与运算后，0xCC6699 中的第二、第三个字节的运算结果变成 0，只留下 0xCC0000。

再将这个数向右移动 16 位（>> 16）。十六进制中每两个字符表示 8 个比特位，所以移动 16 位后 0xCC0000 就变为 0x0000CC。这个数和 0xCC 是等同的，也就是十进制数值的 204。

第 3 行代码使用同样的方法得到绿色部分的值。首先对 0xCC6699 和 0x00FF00 进行按位与运算得到 0x006600。然后将这个数向右移动 8 位，得到 0x66，也就是十进制数值的 102。

第 4 行代码通过对 0xCC6699 和 0x0000FF 进行按位与运算得到 0x000099，也就是蓝色部分的值。这里不需要再向右移位，所以结果为 0x99 ，也就是十进制数值的 153。

（2）有符号整数的移位运算

相比无符号整数，有符号整数的移位运算相对复杂得多，这种复杂性源于有符号整数的二进制表现形式（为了简单起见，以下的示例都是基于 8 比特位的有符号整数的，但是其中的原理对任何位数的有符号整数都是通用的）。

有符号整数使用第 1 个比特位（通常被称为符号位）来表示这个数的正负。符号位为 0 代表正数，为 1 代表负数。

其余的比特位（通常被称为数值位）存储了实际的值。有符号正整数和无符号数的存储方式是一样的，都是从 0 开始算起。图 10-27 是值为 4 的 Int8 型整数的二进制位表现形式。

符号位为 0，说明这是一个正数，另外 7 位则代表了十进制数值 4 的二进制表示。

负数的存储方式略有不同。它存储的值的绝对值等于 2 的 n 次方减去它的实际值（也就是数值位表示的值），这里的 n 为数值位的比特位数。一个 8 比特位的数有 7 个比特位是数值位，所以是 2 的 7 次方，即 128。

图 10-28 是值为-4 的 Int8 型整数的二进制位表现形式。

图 10-27 二进制表示正数　　　　　　　　　图 10-28 二进制表示负数

这次的符号位为 1，说明这是一个负数，另外 7 个存储值位则代表了数值 124（即 128 - 4）的二进制表示，如图 10-29 所示。

负数的表示通常被称为二进制补码表示。用这种方法来表示负数乍看起来有点奇怪，但它有几个优点。首先，如果想对-1 和-4 进行加法运算，只需要将这两个数的全部 8 个比特位进行相加，并且将计算结果中超出 8 位的数值丢弃，如图 10-30 所示。

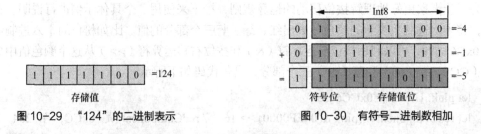

图 10-29 "124"的二进制表示　　　　　　　图 10-30 有符号二进制数相加

其次，使用二进制补码可以使负数的按位左移和右移运算得到跟正数同样的效果，即每向左移一位就将自身的数值乘以 2，每向右一位就将自身的数值除以 2。要达到此目的，对有符号整数的右移有一个额外的规则，即当对正整数进行按位右移运算时，遵循与无符号整数相同的规则，但是对于移位产生的空白位使用符号位进行填充，而不是用 0，如图 10-31 所示。

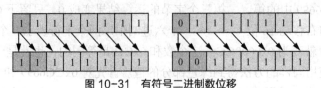

图 10-31 有符号二进制数位移

这个行为可以确保有符号整数的符号位不会因为右移运算而改变，这通常被称为算术移位。由于正数和负数的特殊存储方式，在对它们进行右移的时候，会使它们越来越接近 0。在移位的过程中保持符号位不变，意味着负整数在接近 0 的过程中会一直保持为负。

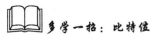

多学一招：比特位

比特位即 Bit，是计算机最小的存储单位。以 0 或 1 来表示比特位的值。越多的比特位数可以表现越复杂的图像信息。

10.5.2 溢出运算符

在默认情况下，当向一个整数赋予超过它容量的值时，Swift 默认会报错，而不是生成一个无效的数。这在运算过大或者过小的数的时候提供了额外的安全性。

例如，Int16 型整数能容纳的有符号整数范围是 −32768 到 32767，当为一个 Int16 型变量赋的值超过这个范围时，系统就会报错。接下来，定义一个变量 potentialOverflow，将它的值设置为 32767，这是 Int16 能容纳的最大整数，示例代码如下所示。

```
var potentialOverflow = Int16.max
potentialOverflow += 1
```

上述代码中，potentialOverflow 的值加 1 后超出了 Int16 型的存储范围，系统报错，错误信息如图 10-32 所示。

```
22    var potentialOverflow = Int16.max
28    potentialOverflow += 1    ● Arithmetic operation '32767 + 1' (on type 'Int16') results in an overflow
```

图 10-32 溢出报错

为过大或者过小的数值提供错误处理，能让对边界值的处理更加灵活。

然而，除了报错之外，还有另一种处理方式，即让系统在数值溢出的时候进行截断处理。针对这种方式，Swift 提供了三个溢出运算符来支持整数溢出运算，这些运算符都是以&开头的，如表 10-2 所示。

表 10-2 溢出运算符

溢出运算符号	名称
&+	溢出加法
&−	溢出减法
&*	溢出乘法

数值的溢出包括上溢和下溢。下面的例子展示了当对一个无符号整数使用溢出加法（&+）进行上溢运算时的情形，具体代码如下。

```
var unsignedOverflow = UInt8.max
unsignedOverflow = unsignedOverflow &+ 1
```

在上例中，定义了一个 unsignedOverflow 变量，并赋值为 UInt8 所能容纳的最大整数 255，以二进制表示即 11111111。然后使用溢出加法运算符（&+）对它进行加 1 运算。这使得它的二进制表示正好超出 UInt8 所能容纳的位数，也就导致了数值的溢出。数值溢出后，留在 UInt8 边界内的值是 00000000，也就是十进制数值的 0。运算过程的示意图如图 10-33 所示。

同样地，当对一个无符号整数使用溢出减法（&-）进行下溢运算时也会产生类似的现象，示例代码如下。

```
var unsignedOverflow = UInt8.min
unsignedOverflow = unsignedOverflow &- 1
```

上例中定义了一个 unsignedOverflow 变量，并赋值为 UInt8 型整数能容纳的最小值 0，以二进制表示为 00000000。当使用溢出减法运算符对其进行减 1 运算时，数值会产生下溢并被截断为 11111111，也就是十进制数值的 255，如图 10-34 所示。

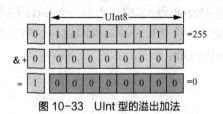

图 10-33　UInt 型的溢出加法

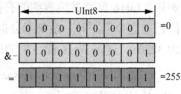

图 10-34　UInt 型的溢出减法

溢出也会发生在有符号整型数值上。在对有符号整型数值进行溢出加法或溢出减法运算时，符号位也需要参与计算，正如按位左移、右移运算符所描述的。下面的示例代码定义了一个 signedOverflow 变量，并让它等于 Int8 所能容纳的最小整数-128，然后使用溢出减法运算符（&-）对其进行减 1 运算，具体代码如下。

```
var signedOverflow = Int8.min
signedOverflow = signedOverflow &- 1
```

Int8 型整数能容纳的最小值是-128，以二进制表示为 10000000。当使用溢出减法运算符对其进行减 1 运算时，符号位被翻转，得到二进制数值 01111111，也就是十进制数值的 127，这个值也是 Int8 型整数所能容纳的最大值，如图 10-35 所示。

对于无符号与有符号整型数值来说，当出现上溢时，它们会从数值所能容纳的最大数变成最小的数。同样地，当发生下溢时，它们会从所能容纳的最小数变成最大的数。

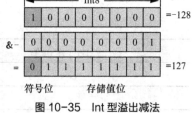

图 10-35　Int 型溢出减法

10.5.3　优先级和结合性

Swift 语言规定了表达式求值过程中，各运算符的优先级和结合性。在算数表达式中，若包含不同级别的运算符，则按运算符的优先级别由高到低进行运算；若表达式中运算符的优先级别相同时，则按运算符的结合方向进行运算。一般来说，不同运算符的优先级是！>算术运算符>关系运算符>&&> || >赋值运算符。

运算符的优先级使得一些运算符优先于其他运算符，高优先级的运算符会先被计算。

结合性定义了相同优先级的运算符是如何结合的，也就是说，是与左边结合为一组，还是与右边结合为一组。可以理解为"它们是与左边的表达式结合的"或者"它们是与右边的表达式结合的"。表 10-3 给出了算数运算符的优先级和结合性。

表 10-3　算数运算符的优先级和结合性

运算种类	结合性	优先级
*，/，%	从左到右	高
+，−	从左到右	↓ 低

在复合表达式的运算顺序中，运算符的优先级和结合性是非常重要的。举例来说，运算符优先级解释了为什么下面这个表达式的运算结果会是 17。

```
print(2 + 3 % 4 * 5)// 结果是 17
```

上述表达式，如果完全从左到右进行运算，则运算的过程是这样的 2 + 3 = 5，5 % 4 = 1，1 * 5 = 5。但是正确答案是 17 而不是 5，因为优先级高的运算符要先于优先级低的运算符进行计算。

与 C 语言类似，在 Swift 中，乘法运算符（*）与取余运算符（%）的优先级高于加法运算符（+）。因此，它们的计算顺序要先于加法运算。

而乘法与取余的优先级相同。这时为了得到正确的运算顺序，还需要考虑结合性。乘法与取余运算都是左结合的。可以将这考虑成为这两部分表达式都隐式地加上了括号。

```
2 + ((3 % 4) * 5)
```

(3 % 4)等于 3，所以表达式相当于：

```
2 + (3 * 5)
```

3 * 5 等于 15，所以表达式相当于：

```
2 + 15
```

因此计算结果为 17。

相对 C 语言和 Objective-C 来说，Swift 的运算符优先级和结合性规则更加简洁易用。但是，这也意味着它们与 C 语言及其衍生语言并不是完全一致的。在对现有的代码进行移植的时候，要注意确保运算符的行为仍然符合预期。

在书写包含多种运算符的表达式时，应注意各个运算符的优先级，从而确保表达式中的运算符能以正确的顺序执行，如果对复杂表达式中运算符的计算顺序没有把握，可用圆括号强制实行运算顺序。

 多学一招：操作符的属性

下面的列表声明了各种操作符的官方标准库。表 10-4 列出了前缀操作符，表 10-5 列出了后缀操作符，表 10-6 列出了中级操作符。

表 10-4　前缀操作符

操作符	描述
!	逻辑非
~	按位取反
+	一元加操作
−	一元减操作

表 10-5 后缀操作符

操作符	描述
?	可选值
!	强行解包

表 10-6 中缀操作符

操作符	描述	结合性	优先级
<<	左移	none	160
>>	右移		
*, /	乘，除	从左到右	150
%	余数		
&*	溢出乘法		
&	按位与		
+，−	加，减		140
&+	溢出加法		
&−	溢出减法		
|	按位或		
^	按位异或		
..<	半开值域区域	none	135
...	闭值域区域		
is	类型检查	从左到右	132
as,as?,and as!	类型转换		
??	空目运算符	从右到左	131
<,<=	小于，小于等于	none	130
>,>=	大于，大于等于		
==	等于		
!=	不等于		
===	恒等于		
!==	恒不等于		
~=	模式匹配		
&&	逻辑与	从左到右	120
||	逻辑或		110
?:	三目运算符	从右到左	100
=	等于		
*=	乘后赋值		90
/=	除后赋值		

操作符	描述	结合性	优先级
%=	取余后赋值		
+=	加后赋值		
−=	减后赋值		
<<=	左移后赋值		
>>=	右移后赋值	从右到左	90
&=	按位与后赋值		
|=	按位或后赋值		
^=	按位异或后赋值		
&&=	逻辑与后赋值		
||=	逻辑或后赋值		

表 10-6 中数字越大表示优先级最高，即从上到下优先级是由高到低的。在官方文档中，结合性的默认值是 none，优先级的默认值是 100。

10.5.4　运算符函数

类和结构体可以为现有的运算符提供自定义的实现，通常称为运算符重载。在 Swift 中，可以对多种类型的运算符进行重载实现，接下来就对不同类型的运算符重载分别进行介绍。

1. 算术运算符

Swift 中可以对算术运算符进行重载。例如，加法运算符，它是一个双目运算符，可以对两个值进行运算，同时它还是中缀运算符，出现在两个值中间。接下来就通过一个例子展示如何为自定义的结构体实现加法运算符（+）的重载，如例 10-14 所示。

例 10-14　运算符函数.playground

```
1    struct Vector2D {
2        var x = 0.0, y = 0.0
3    }
4    //定义加号运算符的重载实现
5    func + (left: Vector2D, right: Vector2D) -> Vector2D {
6        return Vector2D(x: left.x + right.x, y: left.y + right.y)
7    }
8    //使用重载加号运算符进行运算
9    let vector = Vector2D(x: 3.0, y: 1.0)
10   let anotherVector = Vector2D(x: 2.0, y: 4.0)
11   let combinedVector = vector + anotherVector
```

在例 10-14 中，第 1～3 行代码定义了一个名为 Vector2D 的结构体用来表示二维坐标向量（x，y）。

第 5～7 行代码定义了一个可以对两个 Vector2D 结构体进行相加的运算符函数。

该运算符函数被定义为一个全局函数，并且函数的名字与它要进行重载的"+"运算符名字一致。因为算术加法运算符是双目运算符，所以这个运算符函数接收两个类型为 Vector2D 的参数，同时有一个 Vector2D 类型的返回值。

在这个实现中，输入参数分别被命名为 left 和 right，代表在+运算符左边和右边的两个 Vector2D 实例。函数返回了一个新的 Vector2D 实例，这个实例的 x 和 y 分别等于作为参数的两个实例的 x 和 y 的值之和。

这个函数被定义成全局的，而不是 Vector2D 结构体的成员方法，所以任意两个 Vector2D 实例都可以使用这个中级运算符。

第 9～11 行定义了两个向量，（3.0，1.0）和（2.0，4.0），并使用自定义加法运算符进行相加，得到新的向量（5.0，5.0）。这个运算过程如图 10-36 所示。

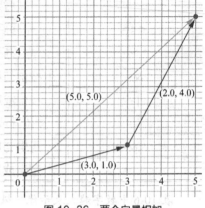

图 10-36 两个向量相加

2. 前缀和后缀运算符

类与结构体也能提供标准单目运算符的实现。单目运算符只运算一个值。当运算符出现在值之前时，它就是前缀的（如-a），而当它出现在值之后时，它就是后缀的（如 b!）。

要实现前缀或者后缀运算符，需要在声明运算符函数的时候在 func 关键字之前指定 prefix 或者 postfix 修饰符。

接下来使用一个示例实现单目负号运算符的重载实现，如例 10-15 所示。

例 10-15　单目运算符函数.playground

```
1    struct Vector2D {
2        var x = 0.0, y = 0.0
3    }
4    //实现单目负号运算符的重载
5    prefix func - (vector: Vector2D) -> Vector2D {
6        return Vector2D(x: -vector.x, y: -vector.y)
7    }
8    //使用重载运算符进行运算
9    let positive = Vector2D(x: 3.0, y: 4.0)
10   let negative = -positive
11   let alsoPositive = -negative
12   print(negative)
13   print(alsoPositive)
```

在例 10-15 中，第 5～7 行代码为 Vector2D 类型实现了单目负号运算符的重载实现。由于该运算符是前缀运算符，所以这个函数需要加上 prefix 修饰符。

对于简单数值，单目负号运算符可以对它们的正负性进行改变。对于 Vector2D 来说，该运算将其 x 和 y 属性的正负性都进行了改变。

第 9～13 行使用重载后的单目负运算符对 Vector2D 类型的实例进行运算。

程序的输出结果如图 10-37 所示。

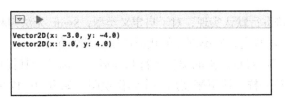

图 10-37　例 10-15 的输出结果

3. 复合赋值运算符

复合赋值运算符将赋值运算符（＝）与其他运算符进行结合。例如，将加法与赋值结合成加法赋值运算符（+=）。在实现的时候，需要把运算符的左参数设置成 inout 类型，因为这个参数的值会在运算符函数内直接被修改。

接下来，使用一个示例实现加法赋值运算符的重载实现，如例 10-16 所示。

例 10-16　加法赋值运算符函数.playground

```
1    struct Vector2D {
2        var x = 0.0, y = 0.0
3    }
4    func + (left: Vector2D, right: Vector2D) -> Vector2D {
5        return Vector2D(x: left.x + right.x, y: left.y + right.y)
6    }
7    //定义加法赋值运算符的重载实现
8    func += ( left: inout Vector2D, right: Vector2D) {
9        left = left + right
10   }
11   //使用
12   var original = Vector2D(x: 2.0, y: 3.0)
13   let vectorToAdd = Vector2D(x: 3.0, y: 5.0)
14   original += vectorToAdd
15   print(original)
```

因为加法运算在之前已经定义过了，所以在这里无需重新定义。在这里可以直接利用现有的加法运算符函数，用它来对左值和右值进行相加，并再次赋值给左值。

程序的输出结果如图 10-38 所示。

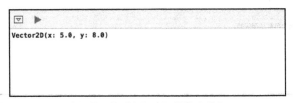

图 10-38　例 10-16 的输出结果

但是，不能对默认的赋值运算符（＝）进行重载。只有组合赋值运算符可以被重载。同样地，也无法对三目条件运算符（a ? b : c）进行重载。

4. 等价运算符

等价运算符通常被称为"相等"运算符（==）与"不等"运算符（!-）。自定义的类和结构体没有对等价运算符进行默认实现，对于自定义类型，Swift 无法判断其是否"相等"，因为"相等"的含义取决于这些自定义类型在的代码中所扮演的角色。

为了使用等价运算符对自定义的类型进行判等运算，需要为其提供自定义实现，实现的方法与其他中缀运算符一样。接下来使用一个示例说明，如例 10-17 所示。

例 10-17　等价运算符.playground

```
1    struct Vector2D {
2        var x = 0.0, y = 0.0
3    }
4    //定义等价运算符的自定义实现
5    func == (left: Vector2D, right: Vector2D) -> Bool {
6        return (left.x == right.x) && (left.y == right.y)
7    }
8    //定义不等运算符的自定义实现
9    func != (left: Vector2D, right: Vector2D) -> Bool {
10       return !(left == right)
11   }
12   //使用自定义的等价运算符
13   let twoThree = Vector2D(x: 2.0, y: 3.0)
14   let anotherTwoThree = Vector2D(x: 2.0, y: 3.0)
15   if twoThree == anotherTwoThree {
16       print("这两个向量是相等的.")
17   }
```

在例 10-17 中，第 5～7 行代码实现了"相等"运算符（==）来判断两个 Vector2D 实例是否相等。对于 Vector2D 类型来说，"相等"意味着"两个实例的 x 属性和 y 属性都相等"，这也是代码中用来进行判等的逻辑。

第 9～11 行代码实现了"不等"运算符（!=），它简单地将"相等"运算符的结果进行取反后返回。

第 13～17 行代码使用这两个运算符来判断两个 Vector2D 实例是否相等。

程序的输出结果如图 10-39 所示。

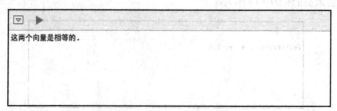

图 10-39　例 10-17 的输出结果

10.5.5　自定义运算符

在 Swift 中不仅可以实现标准运算符，还可以声明和实现自定义运算符。可以自由地自定义中缀、前缀、后缀和赋值运算符，以及相应的优先级与结合性。

新的运算符要使用 operator 关键字在全局作用域内进行定义，同时还要指定 prefix、infix

或者 postfix 修饰符。接下来，在例 10-16 的基础上，自定义一个对 Vector2D 结构体进行运算的前缀双自增运算符(+++)。这个运算符在 Swift 中并没有意义，因此针对 Vector2D 的实例来定义它的意义，如例 10-18 所示。

例 10-18　自定义运算符.playground

```
1    // 定义前缀双自增运算符
2    prefix func +++ ( vector: inout Vector2D) -> Vector2D {
3        vector += vector
4        return vector
5    }
6    // 使用自定义运算符进行运算
7    var toBeDoubled = Vector2D(x: 1.0, y: 4.0)
8    let afterDoubling = +++toBeDoubled
9    print(toBeDoubled)
10   print(afterDoubling)
```

在例 10-18 中，第 2～5 行代码自定义了前缀双自增运算符（+++），定义时使用了 prefix 关键字。它使用了前面定义的复合加法运算符来让矩阵对自身进行相加，从而让 Vector2D 实例的 x 属性和 y 属性的值翻倍。

第 7～10 行代码创建了一个 Vector2D 类型的实例，并使用+++运算符对它进行运算。

程序的输出结果如图 10-40 所示。

自定义的中缀运算符也可以指定优先级和结合性。在 10.5.3 小节中详细阐述了这两个特性是如何对中缀运算符的运算产生影响的。

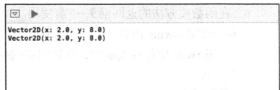

图 10-40　例 10-18 输出结果

结合性可取的值有 left，right 和 none。当左结合运算符跟其他相同优先级的左结合运算符写在一起时，会跟左边的值进行结合。同理，当右结合运算符跟其他相同优先级的右结合运算符写在一起时，会跟右边的值进行结合。而非结合运算符不能跟其他相同优先级的运算符写在一起。

在官网中，结合性的默认值是 none，优先级的默认值 100。

接下来，定义一个新的中缀运算符"+-"，此运算符的结合性为 left，并且它的优先级为 140，示例代码如下所示。

```
1    infix operator +- { associativity left precedence 140 }
2    func +- (left: Vector2D, right: Vector2D) -> Vector2D {
3        return Vector2D(x: left.x + right.x, y: left.y - right.y)
4    }
5    let firstVector = Vector2D(x: 3.0, y: 4.0)
6    let secondVector = Vector2D(x: 3.0, y: 5.0)
7    let plusMinusVector = firstVector +- secondVector
```

这个运算符把两个向量的 x 值相加，同时用第一个向量的 y 值减去第二个向量的 y 值。因为它本质上是属于"相加型"运算符，所以它的结合性和优先级被分别设置为 left 和 140，这与"+"和"−"等默认的中级"相加型"运算符是相同的。

10.6 本章小结

在本章中，主要讲解了 Swift 语言中的一些高级特性。首先讲解的是泛型的概念，以及泛型函数、泛型类型的定义和使用，接着介绍了 Swift 中的错误处理机制，包括错误的表示、捕获及处理，然后介绍了 Swift 中的访问控制特性，最后介绍了 Swift 中的一些高级运算符，包括位运算符、溢出运算符、运算符函数等。关于 Swift 这些高级特性，在实际开发中还是挺重要的，希望读者能够多加揣摩练习，熟练地掌握它们。

10.7 本章习题

一、填空题

1. 在 Swift 中访问控制的标示符有_____，_____，_____。

2. 在 Swift 中，如果一个函数可以传入任何类型的参数，那么称该函数为_____函数。

3. 如果一个协议的访问级别是_____则它只能被协议所在的源文件访问。

4. 在 Swift 中，新的运算符要使用关键字_____在全局作用域内进行定义，同时还要指定 prefix、infix 或者 postfix 修饰符。

5. 在 Swift 中，使用_____语句处理错误。

6. 在函数或方法的返回箭头−>前使用_____关键字来标明将会抛出异常。这样的函数被称作 throwing 函数。

7. 在用 Swift 开发的 App 中，默认的访问级别是_____，所以不必导入本应用程序中的头文件。

8. 将运算符&&，>>，+，%，=按照优先级从高到低顺序书写_____。

二、选择题

1. 以下选项中，哪些是 Swift 中访问控制修饰符（多选）？（   ）
   A. public   B. internal   C. private   D. protected

2. 在 Swift 中有几种错误处理方式？（   ）
   A. 1 种   B. 2 种   C. 3 种   D. 4 种

3. 有如下函数定义

```
func exchangeGeneyics<T>(a: inout T, _ b: inout T) {
  let temp = a
  a = b
  b = temp
}
```

则下列语句能够正确执行的是（多选）（   ）。

A.

```
var Double1 = 3.33
var Double2 = 3.21
exchangeGeneyics(a: &Double1, &Double2)
```

B.

```
var Int1 = 3
var Int2 = 21
exchangeGeneyics(a: &Int1, &Int2)
```

C.

```
var Double1 = 3.33
var Int2 = 21
exchangeGeneyics(a: &Double1, & Int2)
```

D.

```
var Int1= 3
var Double2 = 3.21
exchangeGeneyics(a: &Int1, &Double2)
```

4. 下列运算符中，属于位运算符的是（多选）。（　　　）

  A. ~　　　　　　　　B. &　　　　　　　　C. |　　　　　　　　D. +

5. 下列运算符中，属于溢出运算符的是（多选）。（　　　）

  A. &&　　　　　　　B. &+　　　　　　　C. &−　　　　　　　D. &*

6. 下列运算符中，属于右结合型的运算符是（　　　）。

  A. %　　　　　　　　B. +　　　　　　　　C. ??　　　　　　　D. &*

7. 下列运算符中，优先级最低的运算符是（　　　）。

  A. &&　　　　　　　B. &　　　　　　　　C. !=　　　　　　　D. &*

三、判断题

1. 在 Swift 中诸如 Array 和 Dictionary 类型就是使用泛型的经典例子。（　　　）

2. Swift 只允许开发者定义泛型函数，不允许开发者定义泛型类型。（　　　）

3. Swift 中允许自定义运算符。（　　　）

4. 只可以为类、结构体、枚举进行访问控制，不能对常量、变量和下标进行访问控制。
（　　　）

5. 含有关键字 throws 的函数称作 throwing 函数。（　　　）

6. 在 Swift 中默认的访问级别是 internal。（　　　）

7. 位运算符的优先级高于溢出运算符的优先级。（　　　）

8. 如果定义了一个 public 访问级别的协议，那么该协议的所有实现也会是 public 访问
级别。（　　　）

9. 如果扩展了一个 private 类型，扩展成员则拥有默认的 private 访问级别。（　　　）

10. 只有 throwing 函数可以传递错误。任何在某个非 throwing 函数内部抛出的错误只能
在函数内部处理。（　　　）

四、问答题

1. 请说说 public、internal、private 有什么区别。

2. 简单描述一下错误处理机制。

3. 简述泛型的概念。

五、程序分析题

1. 试分析下列代码能否通过编译。

```
var x = Int16.max
x += 1
```

2. 阅读下面程序代码，写出 IntA 和 IntB 的值。

```
func exchangeGeneyics<T>( a: inout T, _ b: inout T) {
    let temp = a
    a = b
    b = temp
}
var IntA = 30
var IntB = 1
exchangeGeneyics(a: &IntA, &IntB)
```

六、编程题

请编程实现一个泛型的队列（Queue）类型，队列类型的特点是先进先出，即按照元素添加的顺序进行移除，先添加的元素先移除，后添加的元素后移除。

提示：

（1）定义一个名为 Queue 的泛型结构体，它有一个 add 方法用于添加元素，一个 remove 方法用于移除元素；

（2）创建一个 Int 类型的 Queue 实例，名为 queue，向该实例添加 3 个元素，然后打印 queue；

（3）从实例 queue 中移除一个元素，再次打印 queue。

PART 11　第11章

Swift 与 Objective-C 的相互操作

- 掌握 Swift 项目中调用 Objective-C 类的技巧
- 掌握 Objective-C 项目中调用 Swift 类的技巧
- 了解 Objective-C 项目到 Swift 项目的迁移

苹果开发从一开始就使用了 Objective-C 语言，而 Swift 语言是 2014 年新推出的。苹果公司既然大力推广 Swift 语言，说明 Swift 语言有许多优点，而 Objective-C 语言使用时间长，不会立即被抛弃。在实际开发中，除了单纯使用一种语言开发之外，也可能遇到两种语言交叉使用的情况，也就是在 Swift 项目中使用 Objective-C 的类，或者在 Objective-C 项目中使用 Swift 类。本章就针对 Swift 和 Objective-C 的相互操作进行详细的介绍。

11.1　Swift 项目中调用 Objective-C 类

在 Swift 项目中，充分地利用已有的 Objective-C 文件，可以减少重复编写代码，提高工作效率。接下来，本节将针对如何在 Swift 项目中调用 Objective-C 类进行详细的介绍。

11.1.1　实现原理分析

在 Swift 项目中调用 Objective-C 类需要一个名为"<项目名>-Bridging-Header.h"的桥接头文件，该文件的作用是为 Swift 调用 Objective-C 对象搭建一个桥，在 Swift 项目中调用 Objective-C 类的原理如图 11-1 所示。

图 11-1　在 Swift 项目中调用 Objective-C 的原理

需要注意的是，我们需要在桥接头文件中引入 Objective-C 头文件，而且桥接头文件是需要管理和维护的。

11.1.2　创建 Swift 项目

为了能够更好地介绍如何在 Swift 项目中使用 Objective-C 文件，我们首先创建一个基于 Swift 的 OS X 项目，具体步骤如下。

（1）启动 Xcode 7.3，打开 Xcode 的欢迎界面。单击"Create a new Xcode project"选项，弹出"Choose a template for your new project"窗口，选择 OS X 的 Application，具体如图 11-2 所示。

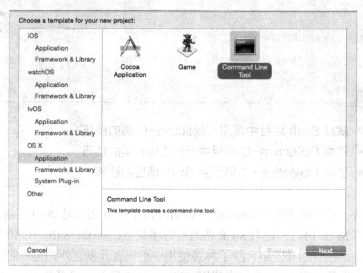

图 11-2　选择项目模板

（2）选中图 11-2 右侧的"Command Line Tool"，单击"Next"按钮，弹出图 11-3 所示的窗口。

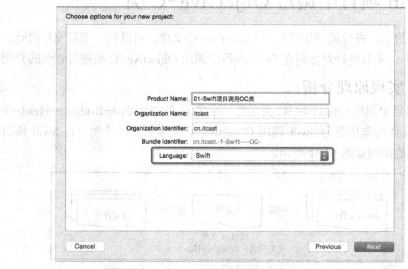

图 11-3　新项目的选项

（3）在图 11-3 的窗口中，填写项目的名称，指定"Language"为 Swift，单击"Next"按钮，进入到下一级界面。根据提示选择要保存文件的位置，单击"Create"按钮，创建好的项目如图 11-4 所示。

图 11-4　创建好的项目

11.1.3　新建 Objective-C 类

前面已经创建好了 Swift 项目，现在需要调用一个 Objective-C 类来实现某些功能。为此，接下来创建一个 Objective-C 类，并添加到 Swift 工程中，具体步骤如下。

（1）使用快捷键"command+N"，弹出新建文件的模板，选择 OS X 左侧的 Source，如图 11-5 所示。

图 11-5　新建文件模板

（2）在右侧对应的面板中，选择"Cocoa Class"，单击"Next"按钮，弹出图 11-6 所示的窗口。

（3）填写"Class"的名称为 Calculator，"Language"选择"Objective-C"，其他的选项使用默认值即可。单击"Next"按钮，进入保存文件的界面，根据提示选择存放文件的位置，单击"Create"按钮，弹出是否创建桥接头文件的窗口，如图 11-7 所示。

图 11-6　新建 Objective-C 类

（4）单击"Create Bridging Header"按钮，左侧导航面板添加了 Calculator 类和一个桥接头文件，如图 11-8 所示。

图 11-7　Xcode 自动提示创建桥接头文件　　　　图 11-8　Xcode 创建的 OC 类和桥接头文件

11.1.4　在 Swift 项目中调用 Objective-C 代码

Objective-C 类创建完成后，Xcode 工程中会看到新增加的 Calculator.h 和 Calculator.m 两个文件。其中，Calculator.h 是头文件，用于声明类的成员变量和方法。接下来，为大家分步骤介绍如何在 Swift 项目中调用 Calculator 类，具体如下。

（1）首先，打开 Calculator.h 文件，定义 2 个属性和 4 个方法，如例 11-1 所示。

例 11-1　Calculator.h

```
1    #import <Foundation/Foundation.h>
2    @interface Calculator : NSObject
3    @property (nonatomic, assign) int number1;
4    @property (nonatomic, assign) int number2;
5    //加
6    - (int)add;
7    //减
8    - (int)subtract;
```

```
9     //乘
10    - (int)multiply;
11    //除
12    - (int)divide;
13    @end
```

在例 11-1 中，第 1 行代码引入了 Foundation 框架的头文件 Foundation.h，第 3 行和第 4 行定义了两个 int 类型的属性分别是 number1 和 number2，用于记录参与计算的数字。第 6~12 行代码定义了 4 个方法，分别是 add、subtract、multiply 和 divide，用于计算两个数的和、差、乘积和商。这些方法都没有参数，只有 1 个 int 类型的返回值。值得一提的是，Calculator.h 文件只能定义属性和方法。

（2）在 Calculator.m 文件中，依次实现 Calculator.h 文件中定义的 4 个方法，完成功能的逻辑实现，如例 11-2 所示。

例 11-2 Calculator.m

```
1     #import "Calculator.h"
2     @implementation Calculator
3     //无参数构造函数
4     - (id)init
5     {
6         if (self = [super init]) {
7             self.number1 = 30;
8             self.number2 = 3;
9         }
10        return self;
11    }
12    //加法
13    - (int)add
14    {
15        return self.number1 + self.number2;
16    }
17    //减
18    - (int)subtract
19    {
20        return self.number1 - self.number2;
21    }
22    //乘
23    - (int)multiply
24    {
25        return self.number1 * self.number2;
26    }
27    //除
```

```
28    - (int)divide
29    {
30        return self.number1 / self.number2;
31    }
32    @end
```

在例 11-2 中，第 4~9 行代码重写了 init 构造方法，这样对象一旦创建后，该对象的属性就会有值。第 13~31 行代码依次实现了 add、subtract、multiply、divide 这 4 个方法，实现了相应的逻辑功能。

（3）接下来进入 main.swift 文件，它是调用文件。使用 Swift 代码创建 Calculator 类的实例，依次调用 Calculator 类的四个方法，如例 11-3 所示。

例 11-3 main.swift

```
1    import Foundation
2    let calculator = Calculator()
3    print(calculator.add())
4    print(calculator.subtract())
5    print(calculator.multiply())
6    print(calculator.divide())
```

在例 11-3 中，第 1 行代码引入了 Foundation 框架，第 3~6 行代码依次调用了 Calculator 类定义的 4 个方法。值得一提的是，如果 OC 方法带有一个或者多个参数，Swift 调用时的方法名、参数和 OC 中该方法的方法名和参数都一一对应，如图 11-9 所示。

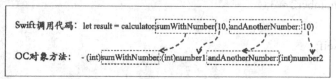

图 11-9 OC 与 Swift 调用方法和参数对应关系

（4）要想 Swift 能够调用 OC，还必须在桥接头文件中引入 Objective-C 头文件。进入 "01-Swift 项目调用 OC 类-Bridging-Header.h" 文件，导入 Calculator.h，具体代码如下。

```
import "Calculator.h"
```

运行程序，控制台的输出结果如图 11-10 所示。

从程序的运行结果可以看出，我们在 Swift 项目中成功地调用了 Objective-C 的代码。在实际开发中，应该尽量利用已有代码，提高编程效率。

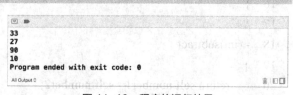

图 11-10 程序的运行结果

11.2 Objective-C 项目中调用 Swift 类

在实际开发中，在现有 Objective-C 项目中加入新功能时，除了使用 Objective-C 语言之外，也可以使用 Swift 语言进行开发。如此，可以充分利用 Swift 语言开发的优点。接下来，就为大家介绍如何在 Objective-C 项目中调用 Swift 类。

11.2.1 实现原理分析

Objective-C 项目中调用 Swift 类不需要桥接头文件，而需要 Xcode 生成的头文件，这种文件由 Xcode 自动生成，不需要我们维护，对于开发人员来说也是不可见的，如图 11-11 所示。

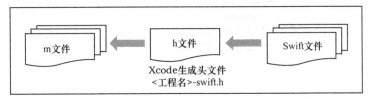

图 11-11 Objective-C 调用 Swift 与 Xcode 生成头文件

需要注意的是，Xcode 生成的头文件命名为"<工程名>-swift.h"，它能够将 Swift 中的类暴露给 Objective-C。我们需要将该头文件引入到 Objective-C 文件中，而且 Swift 中的类需要声明为@objc，表明该类能够被 Objective-C 项目访问。

11.2.2 创建 Objective-C 项目

为了介绍如何在 Objective-C 项目中使用 Swift 文件，首先要有一个 Objective-C 项目。为此，我们创建一个基于 Objective-C 的 OS X 项目，具体步骤如下。

（1）启动 Xcode 7.3，打开 Xcode 的欢迎界面。单击"Create a new Xcode project"选项，弹出"Choose a template for your new project"窗口，选择 OS X 的 Application，如图 11-12 所示。

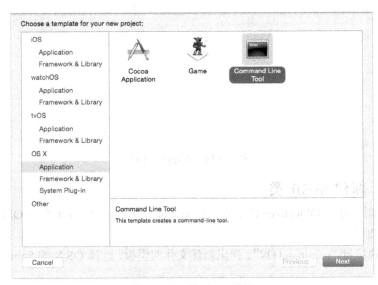

图 11-12 选择工程模板

（2）选中图 11-12 右侧的"Command Line Tool"，单击"Next"按钮，弹出图 11-13 所示的窗口。

（3）填写项目的名称，最好都是英文字母，指定 Language 为 Objective-C，单击"Next"按钮，进入到下一级界面。根据提示选择要保存文件的位置，单击"Create"按钮，创建好的工程如图 11-14 所示。

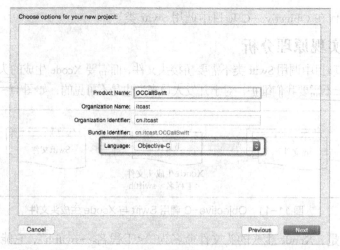

图 11-13　新工程的选项

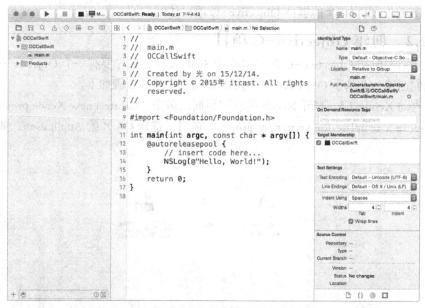

图 11-14　创建好的工程

11.2.3　新建 Swift 类

前面已经创建好了 Objective-C 工程，接下来需要添加一个 Swift 类到 Objective-C 工程中，具体步骤如下。

（1）使用快捷键 "command+N"，弹出新建文件的模板，选择 OS X 的 Source，如图 11-15 所示。

（2）在右侧对应的面板中，选择 "Cocoa Class"，单击 "Next" 按钮，弹出图 11-16 所示的窗口。

（3）填写 Class 的名称为 SwiftObject，Subclass of 选择 NSObject，这个选项可以让生成的 Swift 类继承于 NSObject，语言选择 "Swift"。单击 "Next" 按钮，进入保存文件的界面，根据提示选择存放文件的位置，单击 "Create" 按钮，弹出一个窗口，用于询问是否创建桥头文件。

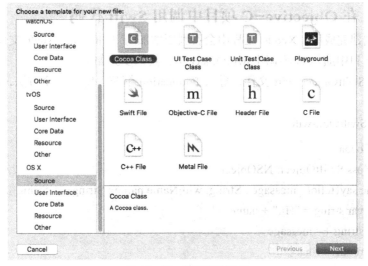

图 11-15 新建文件模板

图 11-16 新建 Swift 类

（4）单击 "Create Bridging Header" 按钮，左侧导航面板添加了 Swift 类和一个桥接头文件，如图 11-17 所示。

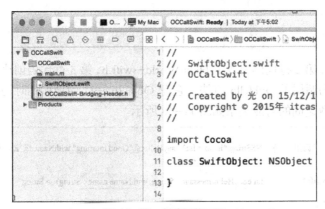

图 11-17 创建好的工程

11.2.4 在 Objective-C 项目中调用 Swift 代码

Swift 类创建完成后，Xcode 工程中会看到新增加的 SwiftObject.swift 文件。接下来，在 Objective-C 项目中演示如何调用 SwiftObject 类，具体步骤如下。

（1）打开 SwiftObject.swift 文件，导入 Foundation 框架，定义 1 个方法，代码如例 11-4 所示。

例 11-4　SwiftObj.swift

```
1    import Cocoa
2    @objc class SwiftObject: NSObject {
3        func sayHello(_ message : String, withName name : String) -> String {
4            var string = "Hi," + name
5            string += message
6            return string
7        }
8    }
```

在例 11-4 中，第 1 行代码导入了 Foundation 框架，第 2 行代码定义了 SwiftObject 类，并且 class 前面声明为@objc，这表明该类能够被 Objective-C 项目访问。第 3～7 行代码定义了 sayHello 方法，该方法有 2 个参数，第 2 个参数需要指定外部参数名，这样方便在 Objective-C 中调用。

（2）在 main.m 文件中，导入 Xcode 已经自动生成的头文件，该文件的名称为 OCCallSwift-swift.h（注意不要使用桥接文件的名称 OCCallSwift-Bridging-Header.h），在 main()函数中使用 SwiftObject 类，代码如例 11-5 所示。

例 11-5　main.m

```
1    #import <Foundation/Foundation.h>
2    #import "OCCallSwift-swift.h"
3    int main(int argc, const char * argv[]) {
4        @autoreleasepool {
5            SwiftObject *sobj = [[SwiftObject alloc] init];
6            NSString *hello = [sobj sayHello:@"Good morning" withName:@"Rose!"];
7            NSLog(@"%@", hello);
8        }
9        return 0;
10   }
```

在例 11-5 中，第 2 行代码引入了 HelloWorld-swift.h，第 5 行代码创建了一个 SwiftObject 实例，第 6 行代码调用了 sayHello 方法，它在 Objective-C 中被调用时的方法和参数命名与 Swift 的方法和参数之间的对应关系如图 11-18 所示。

图 11-18　OC 与 Swift 调用方法和参数对应关系

（3）单击运行按钮运行程序，控制台的输出结果如图 11-19 所示。

这样就实现了在 Objective-C 项目中调用 Swift 的代码，为编程提供了更多的选择，提高了代码的效率。

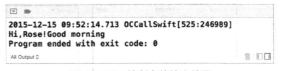

```
2015-12-15 09:52:14.713 OCCallSwift[525:246989]
Hi,Rose!Good morning
Program ended with exit code: 0
All Output ⬦
```

图 11-19　控制台的输出结果

11.3　Objective-C 项目到 Swift 项目的迁移

我们可以实现 Swift 与 Objective-C 在同一个项目中的兼容，也可以实现 Objective-C 项目到 Swift 项目的迁移。本节将围绕一个真实的案例，讲述将 Objective-C 代码迁移到 Swift 的步骤和细节。

11.3.1　准备工作

打开 GitHub，按照这个地址 https://github.com/levey/AwesomeMenu 找到一个叫做 AwesomeMenu 的开源项目，该项目完成的功能是 Path 2.0 著名的菜单，项目相对较小，是使用 Objective-C 编写的。接下来我们将这个项目迁移成 Swift 的项目，具体内容如下。

1. 下载 AwesomeMenu 框架

按照前面的地址，GitHub 打开了 AwesomeMenu 开源项目的页面。单击 "Download ZIP" 按钮，默认会将项目添加到下载目录中，如图 11-20 所示。

图 11-20　单击 "Download ZIP" 按钮下载项目

2. AwesomeMenu 框架的运行效果

在 Xcode 中打开 AwesomeMenu 项目，单击运行按钮运行程序。程序运行成功后，模拟器界面显示了一个 "+" 号按钮，单击该按钮，以动画效果弹出一圈星星，再次单击该按钮，星星动画地缩回去，如果单击某个弹出的星星，该星星会放大直至消失，从而实现了很炫的效果，如图 11-21 所示。

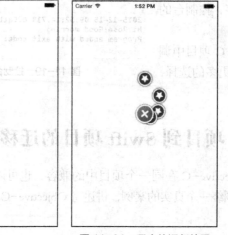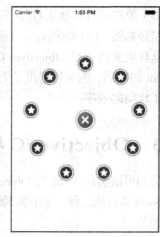

图 11-21　程序的运行结果

　　值得一提的是，由于 AwesomeMenu 项目版本比较老，在 Xcode7.3 环境下运行会有错误，可以根据提示信息给 AppDelegate 添加根控制器，也可以使用我们提供的调好的代码资源。

3. AwesomeMenu 框架的结构

　　打开 Xcode 的导航面板，我们可以看到 AwesomeMenu 项目的目录结构如图 11-22 所示。

　　从图 11-22 中可以看出，AwesomeMenu 目录下面只有 4 个库文件，这 4 个文件全部要导入到 Swift 项目中。为了实现示例的成功运行，还需要将 Images 分组下的全部图片资源文件导入 Swift 项目。值得一提的是，一个完整的项目的迁移必须是所有的文件都要迁移，包括 AppDelegate.h 和 AppDelegate.m。

4. 新建 Swift 项目，配置桥接头文件

　　（1）新建一个 Xcode 项目，在弹出的窗口左侧选择"iOS"->"Application"选项，在该窗口的右侧选择"Single View Application"模板，如图 11-23 所示。

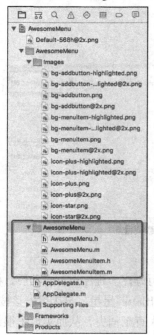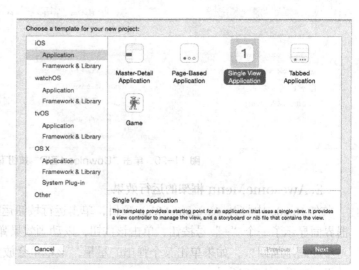

图 11-22　AwesomeMenu 项目目录结构　　　图 11-23　新建一个"Single View Application"项目

（2）单击图 11-23 的"Next"按钮，跳转至填写项目名称的窗口。在该窗口中，输入项目的名称为"OCMoveSwift"，设置 Language 为 Swift，如图 11-24 所示。

图 11-24 填写项目的名称和语言

（3）使用快捷键"command+N"新建一个桥接头文件，在弹出的窗口中选择"iOS"→"Source"→"Header File"，如图 11-25 所示。

图 11-25 创建桥接头文件

单击"Next"按钮，在新弹出的窗口中输入文件名为"OCMoveSwift-Bridging-Header.h"，单击"Create"按钮创建即可。

（4）桥接头文件创建完成后，需要将其配置到指定的位置。选择项目的根目录，在右侧的窗口中选择"Build Settings"→"Swift Compiler – Code Generation"→"Objective-C Bridging Header"设置项，双击其后面对应的空白位置，在弹出的弹框中输入"OCMoveSwift/OCMoveSwift-Bridging-Header.h"，如图 11-26 所示。

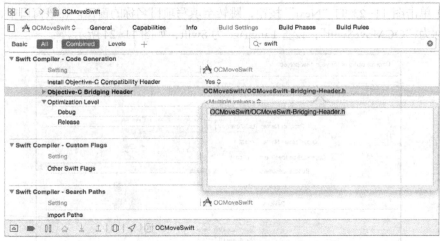

图 11-26　配置桥接头文件

（5）打开桥接头文件，并在该文件中引入 Objective-C 头文件，示例代码如下。

```
#import "AwesomeMenu.h"
```

11.3.2　迁移到 Swift 项目

准备工作完成之后，下面就要介绍如何将 Objective-C 项目迁移到 Swift 项目中，大体分为以下几个步骤。

1. 迁移 AppDelegate.m 调用库的代码

在 Objective-C 项目中，调用库的代码在 AppDelegate.m 文件中，下面来迁移调用代码，分为下面几步工作。

（1）分析放置代码的位置。

在 Objective-C 项目中，调用代码放置在 AppDelegate.m 中，而在 Swift 项目中，可以放置在 ViewController 的 viewDidLoad 方法中。

（2）迁移代码的规则。

在 AppDelegate.m 文件中，具有各种各样的代码，包括构造方法、数组、协议等，针对不同的代码，需要遵守一定的规则，分为以下情况。

● 构造方法

在 Objective-C 中，构造方法的示例代码如下。

```
1    AwesomeMenuItem *starMenuItem1 = [[AwesomeMenuItem alloc]
2    initWithImage:storyMenuItemImage highlightedImage:storyMenuItemImagePressed
3    ContentImage:starImage highlightedContentImage:nil];
```

而在 Swift 中，比前者更加清晰简单，示例代码如下。

```
1    var starMenuItem1 = AwesomeMenuItem(image: storyMenuItemImage,
2    highlightedImage: storyMenuItemImagePressed, contentImage: starImage,
3    highlightedContentImage: nil)
```

● UIImage 变量

对于 UIImage 变量的定义，在 Objective-C 中，示例代码如下。

```
UIImage *storyMenuItemImage = [UIImage imageNamed:@"bg-menuitem.png"];
```

在 Swift 中，示例代码如下。

```
var storyMenuItemImage = UIImage(named:"bg-menuitem.png")
```

- 数组

对于数组，在 Objective-C 中的示例代码如下。

```
NSArray *menuItems = [NSArray arrayWithObjects:starMenuItem1, starMenuItem2,
starMenuItem3, starMenuItem4, starMenuItem5, starMenuItem6, starMenuItem7,
starMenuItem8,starMenuItem9, nil];
```

在 Swift 中，示例代码如下。

```
var menuItems = [starMenuItem1, starMenuItem2, starMenuItem3, starMenuItem4,
starMenuItem5, starMenuItem6, starMenuItem7,starMenuItem8,starMenuItem9]
```

- 协议

对于实现协议的方法，也要遵守 Swift 的写法来改造，在 Objective-C 中的代码如下。

```
1   - (void)awesomeMenu:(AwesomeMenu *)menu didSelectIndex:(NSInteger)idx
2   {
3       NSLog(@"Select the index : %d",idx);
4   }
5   - (void)awesomeMenuDidFinishAnimationClose:(AwesomeMenu *)menu {
6       NSLog(@"Menu was closed!");
7   }
8   - (void)awesomeMenuDidFinishAnimationOpen:(AwesomeMenu *)menu {
9       NSLog(@"Menu is open!");
10  }
```

在 Swift 中，示例代码如下。

```
1   func awesomeMenu(_ menu: AwesomeMenu, didSelect idx: Int) {
2       print("Select the index : \(idx)")
3   }
4   func awesomeMenuDidFinishAnimationClose(_ menu: AwesomeMenu) {
5       print("Menu was closed!")
6   }
7   func awesomeMenuDidFinishAnimationOpen(_ menu: AwesomeMenu) {
8       print("Menu is open!")
9   }
```

按照前面的两个步骤，依据迁移代码的规则，将 AppDelegate.m 文件的代码迁移到 App Delegate.swift 文件中。由于代码篇幅过长，对于主要的功能代码进行了示例，这里就不再列出了。

2.迁移 AwesomeMenu 和 AwesomeMenuItem 类的代码

前面仅仅完成了调用的迁移，接下来，我们将完成整个 AwesomeMenu 和 Awesome MenuItem 代码的迁移。根据苹果官方的迁移指导原则，将每一个类改造成一个 Swift 相对应的类，具体内容如下。

（1）新建 Swift 文件。

新建两个 Swift 类，分别命名为 CZAwesomeMenu 和 CZAwesomeMenuItem。其中，前者继承自 UIView，而后者继承自 UIImageView。

（2）理清类和协议的关系。

在本例中，AwesomeMenuItem 类是 UIImageView 的子类，同时该类还定义了 Awesome MenuItemDelegate 协议。AwesomeMenu 是 UIView 的子类，还实现了 AwesomeMenuItem Delegate 协议，同时还定义了 AwesomeMenuDelegate 协议，该协议供外部调用 AwesomeMenu 的地方来获取菜单的单击等信息。

因此，我们在 Swift 中也要定义或者实现相应的协议。以 CZAwesomeMenu.swift 中的代码为例，我们定义了协议 CZAwesomeMenuDelegate 的代码如下。

```
1    protocol CZAwesomeMenuDelegate:NSObjectProtocol {
2        func awesomeMenu(_ menu : AwesomeMenu, didSelectIndex idx : Int)
3        func awesomeMenuDidFinishAnimationClose(_ menu : AwesomeMenu)
4        func awesomeMenuDidFinishAnimationOpen(_ menu : AwesomeMenu)
5        func awesomeMenuWillAnimateClose(_ menu : AwesomeMenu)
6    }
```

需要注意的是，该协议继承自 NSObjectProtocol 协议，这是因为需要回调和检测某个代理是否实现了某个方法，该协议使用的是 NSObjectProtocol 协议的 respondsToSelector 方法。另一个是这里的方法都是以小写开头，这是规范。

（3）处理外围资源。

在 AwesomeMenu.m 文件中，顶部定义了多个 Objective-C 静态函数和静态常量，将这些代码全部类化即可。以 RotateCGPointAroundCenter 函数为例，将其转换为 CZAwesomeMenu 类的类方法，迁移前的代码如下。

```
1    static CGPoint RotateCGPointAroundCenter(CGPoint point, CGPoint center,
2    float angle) {
3        CGAffineTransform translation =
4        CGAffineTransformMakeTranslation(center.x, center.y);
5        CGAffineTransform rotation = CGAffineTransformMakeRotation(angle);
6        CGAffineTransform transformGroup = CGAffineTransformConcat(
7        CGAffineTransformConcat(CGAffineTransformInvert(translation), rotation),
8        translation);
9        return CGPointApplyAffineTransform(point, transformGroup);
10   }
```

在上述代码中，RotateCGPointAroundCenter 函数需要传递 3 个参数，并返回一个 CGPoint

类型的值。对上述的代码进行改造，迁移后的代码如下所示。

```
1   class func RotateCGPointAroundCenter(point : CGPoint, center : CGPoint,
2   angle : CGFloat) -> CGPoint {
3       let translation = CGAffineTransformMakeTranslation(center.x, center.y)
4       let rotation = CGAffineTransformMakeRotation(angle)
5       let transformGroup = CGAffineTransformConcat(CGAffineTransformConcat(
6       CGAffineTransformInvert(translation), rotation), translation)
7       return CGPointApplyAffineTransform(point, transformGroup)
8   }
```

这时，我们直接使用 CZAwesomeMenu.RotateCGPointAroundCenter 调用迁移后的方法即可。同样的方法，将静态变量迁移成为类常量，迁移前的示例代码如下。

```
static CGFloat const kAwesomeMenuDefaultNearRadius = 110.0f;
```

迁移后的代码如下。

```
let kCZAwesomeMenuDefaultNearRadius = CGFloat(110.0)
```

值得一提的是变量类型，在所有进行数据运算的地方，只要结果需要的是 CGFloat，我们就强制转换，即使是整型的循环变量参与运算，也需要用 CGFloat 强制转换后再进行。

（4）匿名函数或者闭包的迁移。

关于动画的代码，有着较多的闭包函数，示例代码如下。

```
1   if (self.rotateAddButton) {
2       float angle = [self isExpanded] ? -M_PI_4 : 0.0f;
3       [UIView animateWithDuration:kCZAwesomeMenuStartMenuDefaultAnimationDuration
4       animations:^{
5           self.startButton.transform = CGAffineTransformMakeRotation(angle);
6       }];
7   }
```

迁移后的代码如下。

```
1   UIView.animateWithDuration(kAwesomeMenuStartMenuDefaultAnimationDuration,
2   animations:{
3       () -> Void in
4       self.startButton.transform = CGAffineTransformMakeRotation(CGFloat(angle))
5   })
```

（5）类似于 NSTimer 的构造函数。

这里讲解一个在语法上要注意的地方。例如，在 Objective-C 中可以直接使用 "if(_timer)" 这样的语句，应该调整为 "if(_timer==nil)" 这样的语句，这是因为_timer 不能转换为 Bool 变量，而 Bool 变量的值已经变成了 true，false。

（6）动画功能的迁移。

在 Objective-C 中，定义动画组的语句如下。

```
CAAnimationGroup *animationgroup = [CAAnimationGroup animation]
```

而在 Swift 中已过时，可以直接使用如下语句。

```
var animationgroup = CAAnimationGroup()
```

除此之外，在 Objective-C 中定义的动画路径，代码如下。

```
1  CGMutablePathRef path = CGPathCreateMutable();
2  CGPathMoveToPoint(path, NULL, item.endPoint.x, item.endPoint.y);
3  CGPathAddLineToPoint(path, NULL, item.farPoint.x, item.farPoint.y);
4  CGPathAddLineToPoint(path, NULL, item.startPoint.x, item.startPoint.y);
5  positionAnimation.path = path;
6  CGPathRelease(path);
```

在 Swift 中，第 6 行代码已经不能再加了，迁移后的代码如下。

```
1  var path = CGPathCreateMutable()
2  CGPathMoveToPoint(path, nil, item.startPoint.x, item. startPoint.y)
3  CGPathAddLineToPoint(path, nil, item.farPoint.x, item.farPoint.y)
4  CGPathAddLineToPoint(path, nil, item.nearPoint.x, item.nearPoint.y)
5  CGPathAddLineToPoint(path, nil, item.endPoint.x, item.endPoint.y)
6  positionAnimation.path = path
```

经历了上述这些步骤，我们将 ViewController.swift 中的调用代码替换成为迁移后的新类。运行程序，达到了想要的效果。鉴于代码比较长，这里就不再列出了。

11.4　本章小结

本章主要介绍了 Objective-C 与 Swift 之间的相互操作，包括 Swift 项目中调用 Objective-C 类、Objective-C 项目中调用 Swift 类，最后以一个实际的项目介绍了 Objective-C 项目往 Swift 项目迁移的途径和要处理的问题。通过本章的学习，大家要掌握 Objective-C 与 Swift 间相互操作的技巧，以更好地运用到工作中，提高开发效率。

11.5　本章习题

一、填空题

1. Swift 的类要用于 Objective-C 项目，需要声明为_____。
2. 在 Swift 项目中调用 Objective-C 类，需要一个_____头文件。

二、判断题

1. 有了 Swift 语言，Objective-C 语言会被抛弃。（　　）
2. 在 Swift 项目中，充分地利用已有的 Objective-C 文件，可以提高工作效率。（　　）
3. 在 Swift 项目中调用 Objective-C 类需要一个名为"<项目名>-Bridging-Header.h"的桥接头文件。（　　）
4. Objective-C 项目中调用 Swift 类需要 Xcode 生成的头文件。（　　）

5. 在 Objective-C 项目中调用的 Swift 类可以是一个基类。（　　　）

6. 根据苹果官方的迁移指导原则，在将 Objective-C 项目迁移到 Swift 项目时，要将每一个类改造成一个 Swift 相对应的类。（　　　）

三、选择题

1. 在桥接文件中导入 OC 类的头文件，以下选项哪个是正确的？（　　　）

    A. #include "Calculator.h"　　　　　B. #import "Calculator.h"

    C. #include Calculator.h　　　　　　　D. #import Calculator.h

2. 以下哪个选项可用于在 Swift 项目中导入 Objective-C 类的桥接头文件？（　　　）

    A. Swift 项目调用 OC 类-Header.h　　　B. Swift 项目调用 OC 类-Bridging-Header.h

    C. Swift 项目调用 OC 类-Bridging.h　　D. Swift 项目调用 OC 类-swift.h

3. 在 Objective-C 项目中使用 Swift 类文件，需要引入哪个文件？（　　　）

    A. #import "OCCallSwift-Bridging-Header.h "

    B. #import "OCCallSwift-Header.h "

    C. #import "OCCallSwift-swift.h "

    D. #import "OCCallSwift-Bridging.h "

4. 以下用于 Objective-C 项目中的 Swift 类的声明哪个是错误的？（　　　）

A.

```
@objc class SwiftObject : NSObject{
    func sayHello(name:String)->String{
        return "Hi,"+name
    }
}
```

B.

```
@objc class SwiftObject : NSString{
    func sayHello(name:String)->String{
        return "Hi,"+name
    }
}
```

C.

```
@objc class SwiftObject : NSArray{
    func sayHello(name:String)->String{
        return "Hi,"+name
    }
}
```

D.

```
@objc class SwiftObject {
    func sayHello(name:String)->String{
        return "Hi,"+name
```

```
    }
}
```

四、简答题

1. 请简述如何在 Swift 项目中调用 Objective-C 类。
2. 请简述如何在 Objective-C 项目中调用 Swift 类。
3. 请用 Swift 语言改写下列代码。

```
int sum = [CZTool sumWithNum1:10 andNum2:10];
```

五、编程题

请编程实现在 Swift 项目中调用 Objective-C 类。

提示：

（1）新建一个 Swift 语言的 OS X 控制台项目，取名为 "SwiftCallOC"；

（2）在项目中新建一个 Objective-C 的类，取名为 "Tool"，在该类增加一个类方法 getSum，该方法计算两个整型参数的和并传递出去；

该方法的声明如下。

```
+ (int) getSum:(int)firstValue andInt:(int)intValue;
```

实现如下。

```
+ (int) getSum:(int)firstValue andInt:(int)intValue{
    return firstValue + intValue;
}
```

（3）在 SwiftCallOC 项目中调用 Tool 类的 getSum 方法，并打印计算结果。

微信：208695827
QQ：208695827

PART 12

第 12 章
项目实战——《2048》游戏

学习目标

- 了解《2048》项目的开发流程
- 掌握 MVC 模式，理解程序的逻辑结构
- 理解游戏的逻辑，会使用代码编写实现

本章将会完成《2048》游戏的实战项目的开发，通过这个项目来实践前面所学的知识。由于本章的游戏开发是一个相对比较完整的项目，所以首先会带领大家学习如何设置图标、启动画面和新手引导等项目开发常见的功能，然后完成界面的搭建、游戏逻辑的实现。同时也会在项目的实现过程中为大家讲解一些项目开发的注意事项，为将来的项目开发奠定一个良好的基础。本章项目主要以 iPhone 6 设备为载体，能够更完整地展示整个游戏界面。

12.1 《2048》游戏项目分析

12.1.1 《2048》游戏简介

《2048》是比较流行的一款数字游戏。该游戏的原版首先在 GitHub 上发布，原作者是 Gabriele Cirulli，是基于《1024》和《小 3 传奇》的玩法开发而成的新型数字游戏。游戏设计初衷是一款益智类的游戏，其特点在于轻松、简单，因此，开发要求做到各项功能要完备、操作要简便、易学易用。图 12-1 所示是《2048》游戏界面截图。

《2048》的游戏规则很简单，每次可选择上下左右其中的一个方向去滑动，每滑动一次，所有的数字格子都会往滑动的方向靠拢，并且会在空白的地方随机生成一个数字格子。相同数字的格子在靠拢、相撞时会合并成一个格子，数字会相加。随机生成的数字格子 90%的几率是 2，10%的几率是 4。玩家需要想办法通过格子合并得到"2048"这个数字。

游戏的界面也很简单，是由 n×n 的方格组成，不同数字的颜色不一样，整体的格调很简洁。

游戏的得分是合并所得的，所有新生成的数字相加即为该步的有效得分。

当棋盘被数字填满，无法进行有效移动的时候，判负，游戏结束。当棋盘上出现"2048"这个数字格子时，判胜，游戏结束。

以上就是《2048》游戏的基本规则，在本章中我们将使用 Swift 语言来实现游戏的

开发。

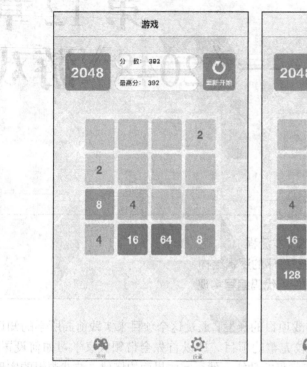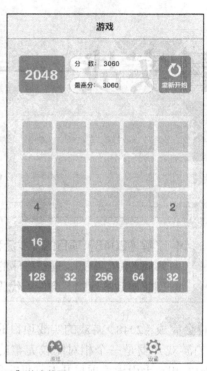

图 12-1 《2048》游戏截图

12.1.2 项目架构分析

在开发一个项目时，通常会有一些复杂的逻辑，所以我们需要思考项目的架构问题，将完整的逻辑拆解成独立的单元，这样既能让开发过程清晰明确，又能方便游戏的后期维护。

《2048》游戏项目包含游戏和设置两个界面，根据不同的界面来分配游戏的功能，从而一步一步实现游戏的效果。游戏的实现需要有几个主要功能。

- 随机生成数字。
- 响应数字的滑动。
- 数字的重排。
- 数字的合并。
- 设置游戏参数。
- 分数与最高分显示。
- 游戏分数的保存。

根据上述功能，我们制定了一个《2048》游戏的架构图，按照不同的界面来划分了完成项目所需要的功能，如图 12-2 所示。

根据图 12-2 中展示的架构图可知，项目结构比较简单，可以先搭建两个界面，然后再依次实现每个界面所需要的逻辑，项目的开发流程如下所示。

（1）新建一个 Xcode 项目，为其设置应用图标、启动界面、新手引导页面。

（2）新建一个标签控制器，使用标签来切换主页和设置界面。

（3）搭建游戏主界面和设置界面，显示分数、最高分标签、游戏界面、阈值文本框和维度分段。

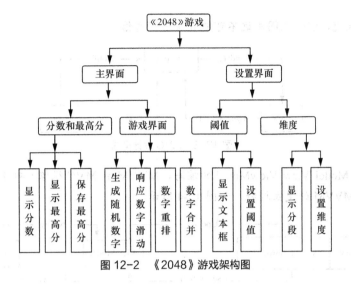

图 12-2 《2048》游戏架构图

（4）实现游戏的效果，主要包括生成随机数字、响应数字滑动、数字重排和数字合并。

（5）设置游戏的参数，通过设置阈值控制数字块的最大值，通过设置维度来控制游戏界面为 3×3、4×4 或者 5×5 的方格地图。

（6）完成分数和最高分的逻辑，并且将游戏的最高分保存到本地。

在《2048》游戏项目中，我们使用 MVC 的框架模式来构建游戏的框架。MVC 是一个框架模式，它强制性地把应用程序的输入、处理和输出分开。使应用程序被分为视图、模型和控制器（关于 MVC 模式将在下面的多学一招介绍）。在《2048》这个项目中，我们将在 Model（模型）层中处理游戏的业务逻辑，如重排、合并等。在 View（视图）层中处理数据的显示部分，如格子、分数等在视图上的显示。在 Controller（控制器）层中进行处理用户的交互部分，控制器负责从视图读取数据，响应用户的输入，并向模型发送数据。

 多学一招：MVC 模式和 MVVM 模式

MVC 全名是 Model View Controller，是模型(model) - 视图(view) - 控制器(controller)的缩写。它是 Xerox PARC 在 20 世纪 80 年代为编程语言 Smalltalk-80 发明的一种软件设计模式，至今已广泛应用于用户交互应用程序中。在 iOS 开发中 MVC 的机制被使用得淋漓尽致，充分理解 iOS 的 MVC 模式，有助于我们的程序组织地更加合理。

在 iOS 开发中，MVC 模式分为三个部分，具体如下。

● 模型（Model）：模型对象一般继承自 NSObject，封装了应用程序的数据，并定义操控和处理该数据的逻辑和运算。

● 视图（View）：视图对象是应用程序中用户可以看见的对象，并可以与用户之间进行交互，在 iOS 开发中视图组件可以用代码实现，也可以通过 StoryBoard 来创建。

● 控制器（Controller）：控制器在一个或多个视图对象和一个或多个模型对象之间充当媒介，控制器主要通过委托、事件和通知来实现。

接下来，我们用一张图来描述它们之间的交互过程，如图 12-3 所示。

图 12-3 所示的就是 iOS 开发中的 MVC 设计模式，控制器对象会分析用户在视图对象上的操作，将新数据或者更改后的数据传递给模型对象；在模型对象更改完毕后，控制器对象再将新的模型对象传递给视图对象，从而将模型对象的数据显示在视图对象上。对于模型对

象和视图对象来说，它们之间永远不可能直接进行通信。

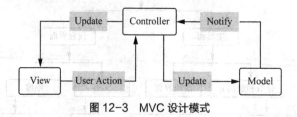

图 12-3　MVC 设计模式

MVVM 是 Model View ViewModel 的缩写，MVVM 和 MVC 很像。接下来，我们通过一张图来看一下 MVVM 的交互过程，如图 12-4 所示。

图 12-4　MVVM 设计模式

图 12-4 所示的就是 MVVM 设计模式，在 MVVM 里 View 和 View Controller 正式联系在一起，我们把它们视为一个组件。但是视图（View）仍然不能直接引用模型（Model），当然 Controller 也不能。相反，它们引用视图模型（ViewModel）。

ViewModel 用于放置用户输入检验逻辑，视图显示逻辑，发起网络请求和其他各种各样代码的地方。对于视图本身的引用，不应放入 ViewModel。由于展示逻辑放入了 ViewModel 中，视图控制器本身就不会再显得臃肿。

12.2　设置图标、启动画面和新手引导

从本节开始，将为大家讲解一个项目如何一步一步的实现。首先，我们要新建一个项目，选择 iOS 下 Application 里的 Single View Application，如图 12-5 所示。

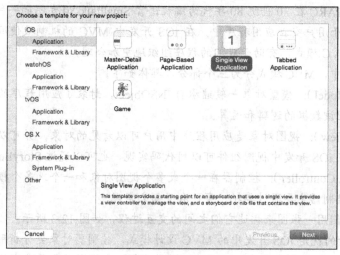

图 12-5　新建项目

单击图 12-5 的 "Next" 按钮，在 "Choose options for your new project"（设定新项目选

项）中填入详细的项目信息，如图 12-6 所示。

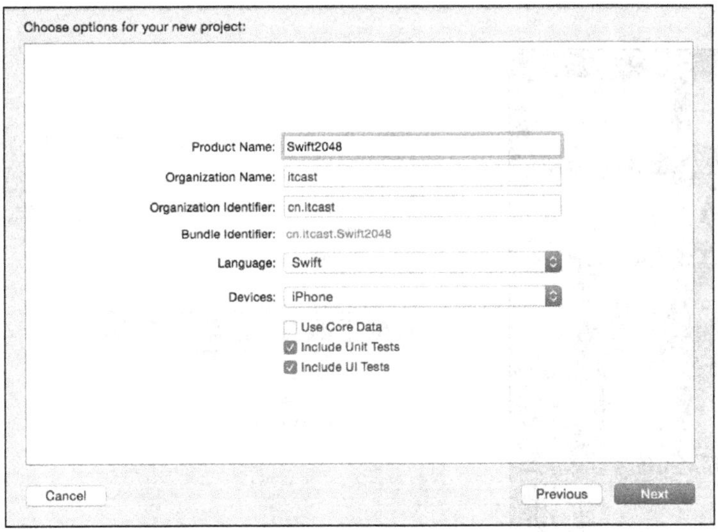

图 12-6　项目信息

图 12-6 是项目的配置窗口，它允许我们命名、定义项目的包 ID 前缀、选择设备等，具体的相关介绍如下所示。

● Product Name：项目名称，这里我们输入的项目名称为"Swift2048"。
● Organization Name：组织名称，应输入公司的名称，默认显示用户名。
● Organization Identifer：组织标识符，一般输入公司的域名，图中的公司域名为"cn.itcast"。
● Bundle Identifier：捆绑标识符，结合了 Product Name 和 Organization Identifier，在发布程序时会用到，所以命名不可以重复。
● Language：编程语言，包含 Objective-C 和 Swift 两项，由于我们使用 Siwft 语言开发，所以在这里选择 Swift。
● Device：设备类型，可以选择"iPhone""iPad"或者"Universal"（通用，同时支持 iPhone 和 iPad）。

单击图 12-6 中所示的"Next"按钮，进入到选取项目保存位置的窗口，选择项目存储的位置，然后单击"Create"按钮完成项目创建。

至此，项目已经创建完成。下面我们将学习如何设置应用的图标，启动界面和新手引导界面。

12.2.1　设置应用图标

对于 iOS 应用程序来说，所添加的应用图标将显示在设备的主屏幕和 App Store 上。一款好的应用程序图标，不仅会给用户留下良好的第一印象，而且还可以帮助用户在茫茫桌面图标中，快速发现所需。为了大家更好地理解，下面我们来观摩几个应用的图标，如图 12-7 所示。

图 12-7 展示了微信、QQ、微博这几款流行应用的图标。这些图标都可以吸引用户的眼球，快速地将用户的眼光定位到它们的具体位置。接下来，我们将介绍如何把设计好的图标添加到我们的应用程序上，具体步骤如下。

（1）当创建完一个项目之后，Xcode 将会创建一个名为"Assets.xcassets"的图像资源文件，如图 12-8 所示。

图 12-7　几款流行的应用图标

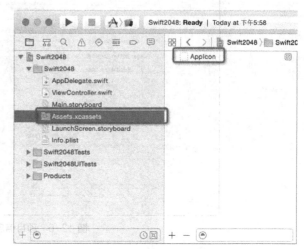

图 12-8　图像资源文件

（2）单击图 12-8 左侧的"Assets.xcassets"选项，接着在右侧的编辑区中单击"AppIcon"，展示了添加应用图标的编辑面板，如图 12-9 所示。

在图 12-9 中可以看到，导入的图片需要很多尺寸。图 12-9 中选中了一个 29pt 的 2x 的图，29pt 指的是 29×29 像素，29pt 的 2x 是指 29 像素×2，所以我们需要在这个位置插入一张 58×58 像素的图。同样的，在其他的图标位置上都要加入对应尺寸的图标。

（3）单击图 12-9 右上角的 ▢ 图标，在编辑区的右侧弹出设置设备和系统版本的窗口，如图 12-10 所示。

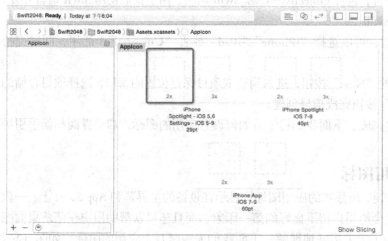

图 12-9　AppIcon 编辑区

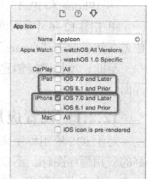

图 12-10　右侧的编辑区

在这里，我们选择勾选"iPhone"→"iOS7.0 and Later"对应的复选框。

（4）将设计好的图片全部选中，拖拽它们到图 12-9 对应的位置，效果如图 12-11 所示。

（5）项目的应用图标添加完毕后，接下来运行模拟器，并且指定 iPhone 6 的运行环境。

运行成功后，弹出一个 iPhone 6 大小的模拟器，然后按 shift+command+H 组合键回到模拟器的桌面，可以看到模拟器中的应用图标已经变成我们设置的图标，如图 12-12 所示。

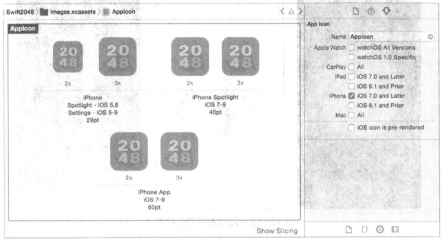

图 12-11　添加项目图标

图 12-12　2048 项目图标

12.2.2　设置启动界面

平时我们打开一款软件，经常需要等待应用程序的启动。当前比较成熟的应用都会在进入应用之时显示一个启动界面。这个启动界面或简单，或复杂，或简陋，或华丽，用意不同，风格也不同。下面观摩几个流行应用的启动界面，如图 12-13 所示。

图 12-13 分别是微信、QQ 和天猫商城的启动界面，它们可以增强程序启动时用户的体验。

接下来，我们将为 2048 项目设置启动界面。在 iOS8 以后，启动界面的设置主要有两种：

（1）使用传统的 Launch Image 设置启动界面；

（2）使用 LaunchScreen.stroyboard 设置启动界面。

本节主要为大家介绍使用 Launch Image 设置启动界面，跟设置应用图标的方式比较类似，直接添加需要的启动图片素材即可。

图 12-13　几款流行的启动界面

要想使用 Launch Image 设置启动图片，首先单击 Assets.xcassets 进入图片资源管理目录。在右侧面板空白区域右击，弹出一个下拉列表，选择"App Icons& Launch Images"→"New iOS Launch Image"新建一个 LaunchImage 选项，如图 12-14 所示。

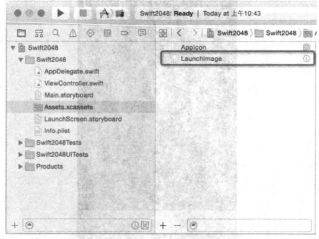

图 12-14　新建 Launch Image

选中图 12-14 中的"LaunchImage"，打开右侧其对应的设置窗口。在该窗口中，我们可以设置 iPhone、iPad、版本、竖屏（Portrait）和横屏（Landscape）。按照同样的方式，拖入准备好的相应尺寸的启动图片，这些图片的格式必须为 png 格式，图片的尺寸如表 12-1 所示。

表 12-1　启动图片的尺寸

图片尺寸（机型）	插入位置
640×960　（4/4s）	2x 位置
640×1136　（5/5s/5c）	R4 位置
750×1334　（6/6s）	R4.7 位置
1242×2208　（6 plus/6s plus）	R5.5 位置

接下来，选中左侧面板的顶级项目，将右侧 General 选项卡下面的"App Icons and Launch Images"→"Launch Images Source"设置为前面添加的 LaunchImage，并把 Launch Screen File 的内容删除为空，如图 12-15 所示。

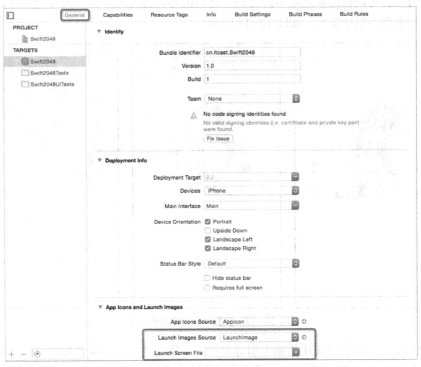

图 12-15　Launch Image Source 和 Launch Screen File

启动界面设置完成后，再次运行程序。程序启动后，这时看到屏幕上面出现一张我们设置的启动图片，如图 12-16 所示。

图 12-16　《2048》游戏启动图片

12.2.3　新手引导制作

在很多 iOS 产品或者一些应用的版本升级后，新手指导都是一个常用的功能，通过说明页的左右滑动，可以很清晰地展示产品的一些功能和特性。为了大家更好地理解，下面是美图秀秀的一个新手引导页面，如图 12-17 所示。

图 12-17　美图秀秀应用新手引导

图 12-17 是美图秀秀应用的新手引导页面。手指通过左右滑动来切换页面，详细地介绍了美图秀秀的一些新特性。接下来，我们将介绍如何制作新手引导页，具体步骤如下。

（1）首先，将引导页所需的图片资源导入 Images.xcassets 管理的图片资源目录中，如图 12-18 所示。

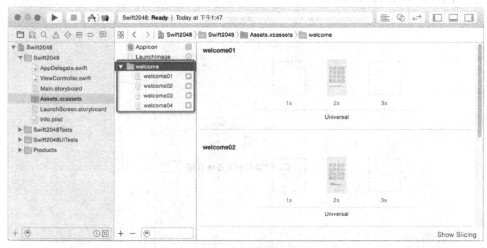

图 12-18　资源文件夹

（2）要想实现新手引导页面的展示，需要一个 UIScrollView（滚动视图）类的对象，用于滚动展示多张图片。例如，我们设置了 4 张新手引导图，需要把这 4 张图片都添加到 UIScrollerView 中，这个 UIScrollerView 的内容宽度是照片或者屏幕的 4 倍。

（3）我们需要一个控制器类，用于管理新手引导页的实现。新建一个继承自 UIView

Controller 的类，命名为 GuideViewController。在该文件中，添加一个滚动视图，并且为其添加 4 张图片，代码如例 12-1 所示。

例 12-1 GuideViewController.swift

```
1    import UIKit
2    class GuideViewController: UIViewController {
3        // 设置滚动视图中图片的页数
4        var numPages = 4
5        override func viewDidLoad(){
6            var frame = self.view.bounds
7            // 初始化 ScrollView
8            let scrollView = UIScrollView()
9            scrollView.frame = self.view.bounds
10           // 设置 ScrollView 的滚动区域
11           scrollView.contentSize = CGSize(
12           width: frame.size.width * CGFloat(numPages),height: frame.size.height)
13           scrollView.isPagingEnabled= true   // 设置分页
14           scrollView.showsHorizontalScrollIndicator = false// 不显示水平方向的滚动条
15           scrollView.showsVerticalScrollIndicator = false// 不显示垂直方向的滚动条
16           scrollView.scrollsToTop = false// 无需滚动至顶部
17           // 通过 for in 循环设置引导页图片
18           for i in 0 ..< numPages{
19             var imgfile = "welcome0\(Int(i + 1)).png"// 图片名称
20             var image = UIImage(named: "\(imgfile)")// 根据图片名称创建图像
21             var imgView = UIImageView(image: image)// 根据图像创建图像视图
22             imgView.frame = CGRect(x: frame.size.width * CGFloat(i), y: CGFloat(0),
23             width: frame.size.width, height: frame.size.height)
24             scrollView.addSubview(imgView)
25           }
26           scrollView.contentOffset = CGPoint.zero
27           self.view.addSubview(scrollView)
28       }
29   }
```

在例 12-1 中，第 1 行代码导入了 UIKit 框架；第 4 行代码定义一个变量表示滚动视图内图片的数量。

第 5～28 行代码是重写的 viewDidLoad()方法，当程序启动完成后，首先会调用该方法。其中，第 8～16 行代码创建了一个 UIScrollView 实例，分别设置了滚动视图允许分页、不显示水平和垂直方向的滚动条、无需滚动至屏幕顶部。

第 18～25 行代码通过 for-in 循环添加了 4 张图片到滚动视图中，第 19 行代码拼接了图片的名称，第 20 行代码根据图片的名称创建了一个表示图像的 UIImage 实例，第 21 行代码根据图像创建了一个表示图像视图控件的 UIImageView 实例,第 22 行代码设置了图像的位置，第 24 行代码调用 addSubview 方法将图像视图添加到滚动视图中。

（4）当用户完成了 4 张图片的浏览，继续滚动视图时跳转到程序的主页面。要监听滚动视图的滚动事件，就要成为它的代理对象来响应事件，前提是遵守 UIScrollViewDelegate 协议。在例 12-1 的第 2 行代码，遵守了 UIScrollViewDelegate 协议。让 GuideViewController 成为滚动视图的代理，在第 9 行代码下面插入如下代码。

```
scrollView.delegate = self
```

（5）UIScrollViewDelegate 协议定义了 scrollViewDidScroll(scrollView: UIscrollView!)方法，当滚动视图滚动时，就会触发该方法。在该方法内部，通过判断视图滑动是否超过滚动视图的宽度，若超过它的宽度，则引导页结束并进入主界面，代码如下。

```
1    //视图滚动时就会触发
2    func scrollViewDidScroll(_ scrollView: UIScrollView!)
3    {
4       let twidth = CGFloat(numPages-1) * self.view.bounds.size.width
5       // 当滚动视图滑动超过它的宽度时结束跳转到主界面
6       if(scrollView.contentOffset.x > twidth){
7          let TBviewController = MainTabBarViewController()
8          self.present(TBviewController, animated: true,
9          completion:nil)
10      }
11   }
```

在上述代码中，第 4 行代码定义了一个 3 倍于屏幕宽度的常量 twidth，第 6 行代码使用 if 语句判断，如果 scrollView 的偏移距离的 x 值大于 twidth，则跳转到主界面。第 7 行代码创建了一个表示标签控制器的实例，第 8 行代码调用 present 方法动画地切换至 TBviewController 的页面。

（6）使用 UserDefaults 类判断程序是不是第一次启动，若游戏第一次启动，则进入引导界面，反之则进入游戏主界面。在 AppDelegate.Swift 中，完成相应的逻辑，代码如例 12-2 所示。

例 12-2　AppDelegate.swift

```
1    import UIKit
2    @UIApplicationMain
3    class AppDelegate: UIResponder, UIApplicationDelegate {
4       var window: UIWindow?
5       func application(_ application: UIApplication,
6       didFinishLaunchingWithOptions launchOptions:
7       [NSObject: AnyObject]?) -> Bool {
8          let rect = UIScreen.main().bounds// 获取屏幕的 frame
9          self.window = UIWindow(frame: rect)// 创建一个 UIWindow 实例
10         self.window?.backgroundColor = UIColor.white()// 设置背景颜色
11         let sign:Bool = UserDefaults.standard().bool(forKey: "FirstStartSign")
```

```
12          if(!sign){
13              UserDefaults.standard().set(true, forKey: "FirstStartSign")
14              let guideViewController = GuideViewController()
15              self.window!.rootViewController = guideViewController
16          }else{
17              //这段代码以后添加
18          }
19          self.window?.makeKeyAndVisible()
20          return true
21      }
22  }
```

当程序的启动图片加载完成后，会调用上述方法。其中，第 8~10 行代码创建了一个用于显示内容的窗口，设置了背景颜色为白色。

第 11 行代码创建了用于保存程序的偏好设置的 UserDefaults 全局实例，接着调用 bool 方法获取了 FirstStartSign 对应的 Bool 值，并且将结果赋值给 sign。

第 12 ~ 18 行代码使用 if-else 语句判断是否为第一次登录。若是第一次登录，则使用 UserDefaults 存储一个 Bool 值 sign，然后进行判断。若 Bool 值为 false，则进入引导界面，若 Bool 值为 true，则进入主界面。

需要注意的是，系统启动完成后默认会加载 Main.storyboard 的控制器，这里我们无需使用 storyboard，因此需要将该文件删除，并且在项目设置中取消使用 Main.storyboard 文件。方法是选中项目根目录，在 "General" → "Deployment Info" → "Main Interface" 设置项里，将 Main Interface 后面输入框的 Main 去掉。

（7）按住 "shift+command+H" 组合键回到模拟器的桌面，长按住该项目图标，模拟器的图标出现晃动。单击图标左上角的删除按钮，在弹出的提示框中选择 "Delete"，程序出现报错情况。选择 Xcode 菜单中的 "Product" → "Clean"，程序恢复正常。再次运行程序，模拟器屏幕上面出现了第 1 张引导页，滑动屏幕切换到下一张，如图 12-19 所示。

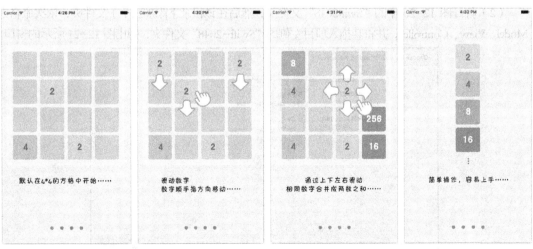

图 12-19　添加完成的新手引导页

12.3　编写游戏界面

前面已经完成了图标、启动画面、新手引导的部分，下面我们进入界面的实现环节。滚动最后一张新手引导页面后，跳转到主界面。给主界面和设置界面的控制器嵌套一个标签控制器，通过标签来切换主界面和设置界面。关于搭建界面的内容，本节将会进行详细的讲解。

12.3.1　添加游戏和设置标签

当新手引导页滚动到最后一页时，如果继续向右滚动，就会进入到主界面，也就是游戏界面。由于游戏的主界面和设置界面是并列的关系，因此我们可以嵌套一个标签视图控制器，通过选择标签的方式来切换控制器。具体内容如下。

1. 导入项目的素材

选择左侧的 Images.xcassets 文件，将提前准备好的 image 图片素材导入到图片资源目录中。

2. 给项目添加分组

这个项目主要使用 MVC 设计模式，为了使项目的结构更加清晰，可以通过添加多个分组来实现，大致分为以下步骤。

（1）选中窗口左侧的"Swift-2048"文件夹，右键在弹出的菜单中选择"Show in Finder"打开项目文件夹，如图 12-20 所示。

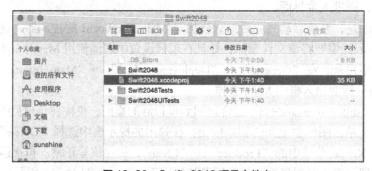

图 12-20　Swift-2048 项目文件夹

（2）打开图 12-20 中的"Swift2048"文件夹，然后在该目录下添加三个子文件夹，依次命名为 Model、View、Controller，并将其拖入项目左侧的"Swift-2048"文件夹，弹出图 12-21 所示的窗口。

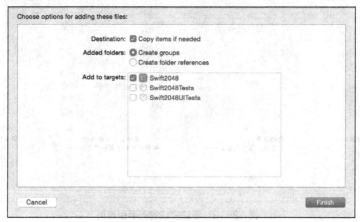

图 12-21　Finder 中的文件结构

（3）单击图 12-21 的"Finish"按钮，项目文件夹成功添加 Model、View、Controller 3 个分组，单击 Swift 2048 文件夹前面的三角图标，查看其内部结构，如图 12-22 所示。

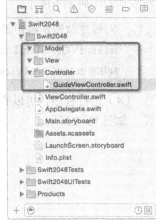

3. 创建标签控制器，并添加两个子控制器

（1）选中 Controller 文件夹，创建一个继承自 UITabBar Controller 类的标签控制器，命名为 MainTabBarViewController。同样的方式，新建两个继承自 UIViewController 的类作为它的子视图控制器，分别为主界面视图控制器 MainViewController 和设置界面视图控制器 SettingViewController。

（2）在 MainTabBarViewController.swift 文件中，设置 Main ViewController 和 SettingViewController 为它的子视图控制器，代码如例 12-3 所示。

例 12-3 MainTabBarViewController.swift

图 12-22 项目文件结构

```
1   import UIKit
2   class MainTabBarViewController: UITabBarController {
3       init(){
4           super.init(nibName: nil, bundle: nil)
5           let mainVC = MainViewController()
6           mainVC.title = "游戏"
7           mainVC.tabBarItem.image = UIImage(named: "game")// 设置游戏图标
8           let settingVC = SettingViewController()
9           settingVC.title = "设置"
10          settingVC.tabBarItem.image = UIImage(named: "set")
11          let main = UINavigationController(rootViewController: mainVC)
12          let setting = UINavigationController(rootViewController: settingVC)
13          self.viewControllers = [main, setting]
14          self.tabBar.tintColor = UIColor.orange()// 设置图标颜色为橙色
15      }
16      required init?(coder aDecoder: NSCoder) {
17          fatalError("init(coder:) has not been implemented")
18      }
19  }
```

在例 12-3 中，第 3~15 行代码是 init() 函数。其中，第 5~10 行代码创建了 MainView Controller 和 SettingViewController 两个控制器对象，分别设置了它们的标题和标签项的图标。

第 11~12 行代码通过指定根控制器的方式，给两个控制器对象各自包装了导航控制器，使得控制器的顶部多了一个带有标题的导航条。

第 13 行代码使用中括号将 main 和 setting 包装到一个数组中，并赋值给 viewControllers，给标签控制器添加了两个子控制器。需要注意的是，标签页默认选中索引为 0 的控制器，因此会进入到游戏的主界面。

（3）如果程序不是第一次启动，就需要显示 MainTabBarViewController 选中标签的界面。

在例 12-2 的代码中找到 else 语句，设置窗口的根视图控制器为 MainTabBarViewController。
新添加的代码如下所示。

```
1    // 创建初始化控制器
2    let startVC = MainTabBarViewController()
3    self.window?.rootViewController = startVC
```

（4）运行程序，可以看到屏幕下面多了两个标签，游戏的主界面和设置界面已经添加完成，如图 12-23 所示。

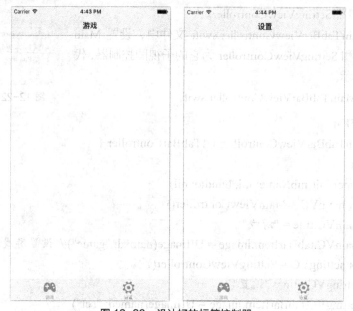

图 12-23　设计好的标签控制器

12.3.2　游戏主界面

当 "游戏" 标签呈选中状态的时候，默认会显示主界面的内容。主界面主要分为静态和动态两个模块，这里暂时只搭建静态的标签图片和重新开始按钮。接下来，带领大家来搭建游戏的主界面。

1. 定义图像视图和按钮属性

在 MainViewController.swift 文件中，分别定义了一个用于放置游戏标题图片的控件和一个用于单击的按钮控件，代码如下。

```
1    var imageView : UIImageView // 游戏标题
2    var reTryButton : UIButton // 重新开始按钮
```

2. 初始化属性

在 init()构造函数中，创建一个 UIImageView 类的实例和一个 UIButton 类的实例，并且赋值给 imageView 和 reTryButton，以完成这两个属性的初始化，代码如下。

```
1    init() {
2        self.reTryButton = UIButton()
3        self.imageView = UIImageView()
```

```
4        super.init(nibName: nil, bundle: nil)
5    }
6    // 必须实现的方法
7    required init?(coder aDecoder: NSCoder) {
8        fatalError("init(coder:) has not been implemented")
9    }
```

在上述代码中，第 1 ~ 5 行代码是 init 方法，第 4 行代码使用 super 关键字调用了 init(nibName，bundle)方法。需要注意的是，只要调用了该方法，就必须要添加 init(coder)方法，否则会出现编译错误。

3. 定义创建按钮的方法

在 View 文件夹里新建一个类，命名为 ControlView，用来创建在游戏和设置界面所需要的控件。在 ControlView.swift 文件中，定义一个创建按钮的方法，代码如例 12-4 所示。

例 12-4　ControlView.swift

```
1    import UIKit
2    class ControlView {
3        // 创建按钮, action 表示事件，sender 表示事件的触发者
4        class func createButton(_ action:Selector, sender:UIViewController)
5        -> UIButton{
6            let button = UIButton()
7            button.setBackgroundImage(UIImage(named: "retry"),
8             for: UIControlState())// 设置普通状态下按钮的背景图片
9            button.setBackgroundImage(UIImage(named: "retry-highlighted"),
10            for: UIControlState.highlighted)// 设置高亮状态下按钮的背景图片
11           button.addTarget(sender, action: action,
12            for: UIControlEvents.touchUpInside)// 给按钮添加点击事件
13           button.layer.cornerRadius = 16;// 设置圆角半径
14            return button
15       }
16   }
```

在例 12-4 中，第 4 ~ 15 行代码定义了一个用于创建按钮的方法，调用该方法时需要传递一个事件和事件的触发者。其中，第 7 ~ 10 行代码调用了 setBackgroundImage 方法，分别设置了普通和高亮状态下按钮的背景图片，接着第 11 行代码调用 addTarget 方法给按钮添加了单击事件。

4. 添加图片和按钮

在 MainViewController.swift 文件中，定义两个方法，分别用于创建主界面上面的标题图片和按钮，代码如下。

```
1    func setupTitleView()// 创建图片视图
2    {
3        imageView.image = UIImage(named: "title") // 添加图像
4        imageView.frame = CGRect(x: 22, y: 96, width: 89, height: 69)
5        self.view.addSubview(self.imageView)
```

```
6    }
7    func setupReTryBtn()
8    {
9        reTryButton = ControlView.createButton(#selector(MainViewController.reStart), sender: self)
10       reTryButton.frame = CGRect(x: 290, y: 96, width: 61, height: 69)
11       self.view.addSubview(reTryButton)
12   }
```

在上述代码中，第1～6行代码定义了创建图像视图的方法，用于添加主界面顶部的图片。第7～12行代码定义了创建按钮的方法，同样用于添加顶部的"重新开始"按钮，并且指定了按钮单击后响应的 reStart 方法。

5. 调用添加图片和按钮的方法

在 viewDidLoad 方法中，设置一张背景图片，然后依次调用添加图片和按钮的方法来搭建界面，代码如下。

```
1    override func viewDidLoad() {
2        super.viewDidLoad()
3        // 设置背景图片
4        self.view.backgroundColor = UIColor(patternImage:UIImage(named:
5            "backgroud")!)
6        // 创建游戏图片
7        setupTitleView()
8        // 创建按钮
9        setupReTryBtn()
10   }
```

运行程序，程序运行成功后，界面成功地添加了一张图片和一个"重新开始"按钮，如图 12-24 所示。

图 12-24　初步搭建好的主界面

12.3.3 游戏设置界面

之前我们写了一个游戏的设置界面。在游戏的设置界面中，我们可以通过设置它的维度和它的通关值来更改游戏的参数。例如，游戏启动后默认是 4×4 方格，若要让主界面以九宫格的形式显示，可以将维度更改为"3×3"，如图 12-25 所示。

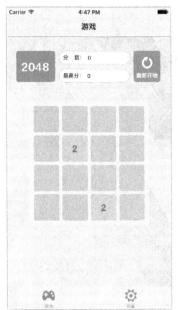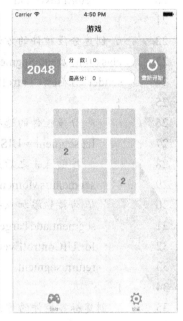

图 12-25　游戏维度设置为 3×3

接下来，我们先来简单地搭建一下游戏的设置界面。由图 12-25 可知，设置界面需要两个显示文字的 UILabel（标签）控件，一个用于输入文字的 UITextField（文本框）控件，一个用于提供多个选项的 UISegment（分段）控件。在 ControlView.swift 文件中，定义 3 个方法，分别用于创建文本框、标签、分段控件，代码如下所示。

```
1    //创建文本框的方法
2    class func createTextField(value:String, action:Selector,
3    sender:UITextFieldDelegate) -> UITextField
4    {
5        let textField = UITextField()
6        // 设置 textField 背景颜色为白色
7        textField.backgroundColor = UIColor.white()
8        textField.layer.borderWidth=1// 设置 textField 的边框粗细
9        textField.layer.cornerRadius = 15// 设置 textField 圆角半径大小
10       textField.layer.masksToBounds = true// 设置裁圆
11       //设置边框颜色
12       textField.layer.borderColor = UIColor(red: 254.0/255.0,
13       green: 204.0/255.0, blue: 57.0/255.0, alpha: 1.0).cgColor
14       // 设置 textField 的文字颜色为黑色
15       textField.textColor = UIColor.black()
```

```
16              // 设置 textField 的文字
17              textField.text = value
18              textField.adjustsFontSizeToFitWidth = true// 调整字体的尺寸来适应宽度
19              textField.delegate = sender// 设置代理
20              return textField
21          }
22      // 创建分段控件的方法
23      class func createSegment(items: [String], action:Selector,
24      sender:UIViewController) ->UISegmentedControl
25      {
26              // 分段控件的选项
27              let segment = UISegmentedControl(items:items)
28              // 按钮点击之后是否恢复原样
29              segment.isMomentary= false
30              // 为按钮添加点击事件
31              segment.addTarget(sender, action:action,
32              for:UIControlEvents.valueChanged)
33              return segment
34      }
35      // 创建标签控件的方法
36      class func createLabel(_title:String) -> UILabel
37      {
38              let label = UILabel()
39              label.textColor = UIColor.black();
40              label.text = title;
41              label.font =    UIFont(name: "HelveticaNeue-Bold", size: 16)
42              return label
43      }
```

在上述代码中，首先在第 2～21 行代码创建了一个设置文本框的方法，用以创建设置阈值的输入框。然后在第 23～34 行代码创建了设置分段控件的方法，用以创建设置维度的分段。最后在第 36～43 行代码创建了设置标签控件的方法，用来创建阈值和维度这两个文字标签。

在 SettingViewController.swift 文件中，依次调用上述代码的 3 个方法，添加文本框、标签、分段控件来搭建设置界面，代码如例 12-5 所示。

例 12-5   SettingViewController.swift

```
1 import UIKit
2 class SettingViewController: UIViewController,UITextFieldDelegate {
3     var txtNum:UITextField!
4     var segDimension:UISegmentedControl!
5     override func viewDidLoad()
6     {
```

```
7      super.viewDidLoad()
8      // 设置背景图片
9      self.view.backgroundColor = UIColor(patternImage:
10       UIImage(named: "backgroud")!)
11     self.setupControls()
12  }
13  func setupControls()
14  {
15     //创建阈值 Label
16     let labelNum = ControlView.createLabel("阈值:")
17     //设置 Label 位置和大小
18     labelNum.frame = CGRect(x: 30, y: 100, width: 60, height: 30)
19     self.view.addSubview(labelNum)
20     //创建文本输入框
21     txtNum = ControlView.createTextField("2048",
22     action:Selector(("numChanged")), sender:self)
23     txtNum.frame = CGRect(x:90,y:100,width:255,height:30)
24     txtNum.returnKeyType = UIReturnKeyType.done// 设置返回键的类型
25     self.view.addSubview(txtNum)
26     //创建维度的 Label
27     let labelDm = ControlView.createLabel("维度:")
28     labelDm.frame = CGRect(x: 30, y: 150, width: 60, height: 30)
29     self.view.addSubview(labelDm)
30     //创建分段单选控件
31     segDimension = ControlView.createSegment(["3x3", "4x4", "5x5"],action:
32     #selector(SettingViewController.dimensionChanged(_:)), sender:self)
33     segDimension.frame = CGRect(x:90,y: 150,width: 255,height: 30)
34     segDimension.tintColor = UIColor.orange()// 设置分段控件为橙色
35     segDimension.selectedSegmentIndex = 1
36     self.view.addSubview(segDimension)
37  }
38 }
```

在例 12-5 中，首先在第 13～37 行代码定义了一个 setupControls() 函数，用来创建设置界面上面的所有控件。其中，第 16～19 行代码创建了表示阈值的 labelNum，设置了它的尺寸和位置，并且调用 addSubview 方法把它添加到了父视图上。

第 21～25 行代码创建了输入阈值的文本框，设定默认的值为 "2048"，指定了数值变化后供监听的方法。第 27～29 行代码使用同样的方式创建了表示维度的 labelDm。

第 31～36 行代码调用 createSegment 方法创建了用于选择维度的分段控件 segDimension，设置默认选择索引为 1 的分段，指定了维度变化后会响应的方法。最后在 ViewDidLoad 方法中调用了 setupControls() 方法。

运行程序，单击模拟器屏幕下面的"设置"标签，切换到设置界面，我们可以看到控件已经添加完成，如图 12-26 所示。

图 12-26　设计好的设置界面

12.4　编写 4×4 方格数字界面

前面已经搭建好了《2048》游戏的界面，下面就开始主界面游戏模块的开发。默认情况下，主界面中间有一个 4×4 的方格地图，用于展示游戏过程中的动态变化。接下来，本节将围绕方格界面的相关内容进行讲解。

12.4.1　绘制 4×4 方格

想必大家对九宫格肯定很熟悉，4×4 方格自然也不例外，游戏主要围绕着 4×4 方格开发，可以将它作为一个入口来着手。从图 12-1 中可以看出，2048 游戏界面是由 16 个小方格拼好的，而且小方格与小方格之间存在着一定的间隙。要想绘制 4×4 方格，需要如下几个步骤。

1．确定方格的属性

在 MainViewController.swift 文件中，定义 5 个变量，分别表示方格的维度、小方格的宽度、格子与格子的间隙、保存背景图的数组、白色方块底图，代码如下。

```
1   // 游戏方格维度
2   var dimension : Int = 4
3   // 数字格子的宽度
4   var width : CGFloat = 58
5   // 格子与格子的间隙
6   var padding : CGFloat = 7
7   // 保存背景图数据
8   var backgrounds:Array<UIView>
```

```
9    // 白色方块底图
10   var whiteView : UIView
```

2. 初始化数组和底图

在 init 构造方法中，创建一个容纳 UIView 类型元素的数组，并且赋值给 backgrounds 属性，同样的方式，创建一个 UIView 实例赋值给 whiteView 属性，完成属性的初始化。添加到末尾的代码如下。

```
self.backgrounds = Array<UIView>()
self.whiteView = UIView()
```

3. 创建半透明的方块底图

定义一个创建半透明底图的方法，让背景图永远水平居中，并且根据数字块的个数和间隙来计算底图的尺寸，代码如下。

```
1    func setupWhiteView()
2    {
3        let rect = UIScreen.main ().bounds
4        let w:CGFloat = rect.width
5        // 白块的坐标和尺寸
6        let backWidth = width*CGFloat(dimension) +
7          padding * CGFloat (dimension - 1) + 20
8        let backX = (w - backWidth) / 2
9        // 添加白色方块
10       self.whiteView.frame = CGRect(x:backX, y: 208, width: backWidth,
11         height: backWidth)
12       self.whiteView.backgroundColor = UIColor(red: 255.0/255.0,
13         green: 255.0/255.0, blue: 255.0/255.0, alpha: 0.6)// 设置背景颜色
14       self.view.addSubview(self.whiteView)
15   }
```

在上述代码中，第 3～4 行代码获取了屏幕的宽度，第 6～8 行代码根据维度和间隙计算白色方块的坐标和宽度，接着将白色方块底图设置为半透明的颜色，并且添加到它的父视图上面。

4. 创建方格地图

定义一个创建方格地图的方法，通过控制嵌套 for 循环的方式，绘制一个 4×4 的方格地图背景，代码如下。

```
1    func setupBackground()
2    {
3        // 设置白色地图背景
4        setupWhiteView()
5        // 根据屏幕尺寸计算插入的位置
6        var x:CGFloat = 10
7        var y:CGFloat = 10
8        // 竖行逐一排列
```

```
9       for i in 0..<dimension{
10        y = 10 // 重置 Y 值
11        for j in 0..<dimension {
12         // 添加方格地图背景
13         let backgroundView = UIView(frame: CGRect(x: x, y: y, width: width, height: width))
14         backgroundView.backgroundColor = UIColor(red: 210.0/255.0,
15           green: 210.0/255.0, blue: 210.0/255.0, alpha: 1.0)
16         backgroundView.layer.cornerRadius = 4
17         self. whiteView.addSubview(backgroundView)
18         backgrounds.append(backgroundView)
19         y += padding + width
20        }
21        x += padding + width
22      }
23    }
```

在上述代码中，第 9～22 行代码是一个嵌套的 for 循环，绘制了一个 4×4 的方格地图。其中，第 9 行是一个外围的 for 循环，用于控制方格地图的列数，第 11～20 行代码是一个内围的 for 循环，用于添加每一行的小方格，并且将其保存到 backgrounds 数组中。

5. 调用 setupBackground 方法

程序一旦启动，视图已经加载完成后，会直接创建一个方格地图。在 viewDidLoad 方法的末尾，调用 setupBackground 方法创建方格地图，代码如下。

```
setupBackground()
```

运行程序，程序运行成功后，弹出的模拟器窗口出现了一个白底包裹的 4×4 方格地图，如图 12-27 所示。

图 12-27　成功添加的方格背景

12.4.2 建立方格视图类

开始游戏时，上节所述的方格地图背景上放置了带有不同数字和背景颜色的小方格，用于指代移动的数字方块。依据 MVC 的思想，我们可以定义一个方格视图基类，该类集合了所有数字方块的颜色。接下来，选中 View 分组，新建一个继承自 UIView 的 Swift 类，命名为 TileView。在 TileView.swift 文件中，使用代码完成相应的逻辑，具体步骤如下。

1. 定义数字和颜色字典

每个数字对应着固定的颜色。例如，8 这个数字对应的方格颜色为橙色，也就是说数字与颜色是映射的对应关系，需要使用字典来放置，代码如下。

```
1    let colorMap = [
2        2:UIColor(red: 235.0/255.0, green: 235.0/255.0, blue: 75.0/255.0, alpha: 1.0),
3        4:UIColor(red: 190.0/255.0, green: 235.0/255.0, blue: 50.0/255.0, alpha: 1.0),
4        8:UIColor(red: 95.0/255.0, green: 235.0/255.0, blue: 100.0/255.0, alpha: 1.0),
5        16:UIColor(red: 0.0/255.0, green: 235.0/255.0, blue: 200.0/255.0, alpha: 1.0),
6        32:UIColor(red: 70.0/255.0, green: 200.0/255.0, blue: 250.0/255.0, alpha: 1.0),
7        64:UIColor(red: 70.0/255.0, green: 165.0/255.0, blue: 250.0/255.0, alpha: 1.0),
8        128:UIColor(red: 180.0/255.0, green: 110.0/255.0, blue: 255.0/255.0, alpha: 1.0),
9        256:UIColor(red: 235.0/255.0, green: 95.0/255.0, blue: 250.0/255.0, alpha: 1.0),
10       512:UIColor(red: 240.0/255.0, green: 90.0/255.0, blue: 155.0/255.0, alpha: 1.0),
11       1024:UIColor(red: 235.0/255.0, green: 70.0/255.0, blue: 75.0/255.0, alpha: 1.0),
12       2048:UIColor(red: 255.0/255.0, green: 135.0/255.0, blue: 50.0/255.0, alpha: 1.0)
13    ]
```

在上述代码中，colorMap 字典中保存着多个键值对，它们的键都是 Int 类型的，值都是 UIColor 实例。值得一提的是，UIColor 提供了一个自定义颜色的构造函数，该方法需要传入 4 个参数，它们依次表示红色百分比、绿色百分比、蓝色百分比、透明度。

2. 实时更换方块颜色

当方块的数字发生变化时，方块的颜色会及时地跟着变化。可以使用 UILabel 控件来表示一个数字方格，它有一个 value 属性用于表示数字值，并使用 didSet 来响应数字的变化，代码如下。

```
1    // 数字标签
2    var numberLabel:UILabel
3    // 监测颜色和文字的变化
4    var value : Int = 0{
5        didSet{
6            backgroundColor = colorMap[value]
7            numberLabel.text = "\(value)"
8        }
9    }
```

在上述代码中，第 2 行定义了一个 UILabel 类型的标签属性，只用于显示文字。第 5～8 行代码通过 didSet 属性监视器来响应属性的变化，当属性的值在初始化之外的地方被设置时会被调用。

3. 初始化标签

在 init 构造方法中，对标签控件进行初始化。该方法包含 3 个参数，一旦传入 1 个位置、宽度和数值，就能够创建一个特定样式的数字方块，代码如下。

```
1   init(pos:CGPoint, width:CGFloat, value:Int){
2       numberLabel = UILabel(frame:CGRect(x: 0, y: 0, width: width, height: width))
3       numberLabel.textAlignment = NSTextAlignment.center// 设置文字居中
4       numberLabel.minimumScaleFactor = 0.5// 设置最小收缩比例
5       numberLabel.font = UIFont(name: "HelveticaNeue-Bold", size: 20)// 设置字体
6       numberLabel.text = "\(value)"// 设置文本内容
7       super.init(frame: CGRect(x: pos.x, y: pos.y, width: width, height: width))
8       addSubview(numberLabel)
9       self.value = value
10      backgroundColor = colorMap[value]
11      switch value{
12      case 2,4:// 如果标签数字为 2 或者 4，字体颜色深灰色
13          numberLabel.textColor = UIColor(red: 119.0/255.0, green: 110.0/255.0,
14                                  blue: 101.0/255.0, alpha: 1.0)
15          break
16      default:// 其它情况字体均为白色
17          numberLabel.textColor = UIColor.white()
18          break
19      }
20  }
21  required init?(coder aDecoder: NSCoder) {
22      fatalError("init(coder:) has not been implemented")
23  }
```

在上述代码中，第 1~20 行代码是 init 方法，第 2 行代码通过 UILabel 的初始化方法创建一个实例 numberLabel，第 3 行代码设置了标签的文字对齐方式，第 5~6 行代码设置了标签的字体和内容，第 9~10 行代码分别设置了初始化时标签的内容和背景颜色，第 11~19 行代码通过 switch 语句进行判断，只要 value 是 2 或者 4，标签的字体颜色为深灰色，其他情况均为白色。

12.4.3　建立游戏模型

玩 2048 游戏的时候，数字方块会随着手指滑动的方向移动，同时新的数字会在空白的位置闪现出来。由于方块无穷无尽的变化，我们需要对现有的位置进行检测，检测该位置是否有值，如果有值就换其他位置，直到不再出现空位置为止。为此，我们需要提供一个数据结构，将有数字的方格保存起来，这里使用的是数组。接下来，关于游戏模型的介绍如下。

1. 新建模型类

依据 MVC 的思想，我们需要一个纯粹地存放数据的模型。在 Model 分组下添加一个类

GameModel，它只是一个业务类，无需继承任何类。

2. 初始化数组

在 Swift 中，数组定义后不能直接使用，只有初始化后才能使用。在 GameModel.swift 文件中，定义一个数组，然后在初始化函数中初始化为 4*4=16 个元素的数组，代码如下。

```
1    import UIKit
2    class GameModel{
3        var dimension:Int = 0 // 维度
4        var tiles:Array<Int>   // 数组，保存4*4。
5        init(dimension:Int){
6            self.dimension = dimension
7            self.tiles = Array<Int>(repeating: 0,
8                        count: self.dimension * self.dimension)
9        }
10   }
```

在上述代码中，第 3 行代码定义了一个表示维度的属性，第 4 行代码定义了一个保存地图数据的数组，对于这两个属性，分别在第 5～9 行的 init 函数中进行了初始化，其中，第 7 行代码通过 init(repeating repeatedValue: Element, count: Int)函数创建了一个 Array 实例，count 表示该实例的容量，repeatedValue 表示重复的值。

3. 数组存放数据的分析

通过数组的索引来标识 16 个方格位置，该位置对应的值就会保存在数组中。对于空白的位置，直接使用 0 表示；只要该位置的值大于 0，就表示该位置已经有值，通过该位置的索引将这个值记录到数组中。例如，图 12-28 所示的地图。

根据图 12-28 提示，该界面对应的数组值为[0，2，0，2，0，0，2，2，2，0，0，0，0，2，2，0]。如果将这些值每隔 4 个换一行，就会得到一个如图 12-29 所示的矩阵。

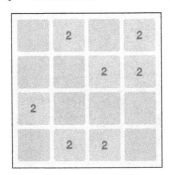

图 12-28　示例地图

0	2	0	2
0	0	2	2
2	0	0	0
0	2	2	0

图 12-29　矩阵示意图

图 12-29 是数组对应的矩阵示意图，由图可知，这个矩阵跟图 12-28 所示的地图是一一对应的。

4. 判断某个位置是否有值

在 GameModel.swift 文件中，定义一个往某个方块添加值的方法，在添加之前，先检查该方块中是否有值。如果数组中该位置的值大于 0，则表示这个位置有值，返回 false，反之则返回 true，并将值添加到这个位置，代码如下。

```
1    // 判断某个位置是否有值，false 表示有值
2    func setPosition(row:Int, col:Int, value:Int) -> Bool
3    {
4        assert(row >= 0 && row < dimension)
5        assert(col >= 0 && col < dimension)
6        let index = self.dimension * row + col// 索引
7        let val = tiles[index]
8        if val > 0 {
9            print("该位置已经有值了")
10           return false
11       }
12       tiles[index] = value
13       return true
14   }
```

在上述代码中，setPosition 方法需要传递 3 个参数，row 表示行号，col 表示列号，value 表示外界传递的值。在该方法中，第 4~5 行代码使用 assert 函数检查 row 和 col 是否大于等于 0 和小于 4，接着使用 row 和 col 来获取了位于数组的位置。

第 7 行代码根据索引获取该位置的值，如果值大于 0，返回 false，反之则将 value 添加到数组中的这个位置上，并且返回 true。

5. 检测剩余的空位置

定义一个检测剩余空位置的方法，通过遍历 tiles 数组，只要获取到的值等于 0，就表示一个空位置，代码如下。

```
1    // 检测剩余的空位置
2    func emptyPosition() -> [Int]
3    {
4        var emptytiles = Array<Int>()
5        for i in 0..<(dimension * dimension)
6        {
7            if tiles[i] == 0
8            {
9                emptytiles.append(i)
10           }
11       }
12       return emptytiles
13   }
```

在上述代码中，第 4 行代码初始化了一个空的 Int 类型的数组，接着使用 for-in 循环遍历，一旦某个位置上的值等于 0，就把这个索引值添加到数组的末尾。

6. 检测是否满了

定义一个检测方块地图是否满了的方法，通过空位置数组的个数进行判断，只要没有了

空位置，就代表方块地图满了，代码如下。

```
1    // 检测是否满了
2    func isFull() -> Bool
3    {
4        if emptyPosition().count == 0
5        {
6            return true
7        }
8        return false
9    }
```

12.5　游戏效果实现

前面我们绘制了 4×4 的地图背景，并且建立了模型和方格视图。本节将正式地响应屏幕上的滑动动作，根据滑动的方向来调整数据模型，最后将这个动作产生的效果反映到游戏主界面上。接下来，本节将针对实现游戏效果的相关内容进行讲解。

12.5.1　随机闪现数字

使用某个手势滑动屏幕，会随机地在某个位置出现一个方格视图，该方格视图的数值可能是 2 或者 4，它们是以 9∶1 的比例出现。接下来，对于随机闪现数字的内容进行详细的介绍。

1. 随机生成数字

使用 arc4random_uniform 函数生成 10 个随机数，如果这个数的值为 1，则闪现的方格视图的数值为 4；如果是其他的情况，则闪现的方格视图的数值为 2。在 MainViewController.swift 文件中，定义一个生成随机数的函数，代码如下。

```
1    // 随机生成数字
2    func genRandom() {
3        // 生成一个随机数
4        let radomNum = Int(arc4random_uniform(10))
5        // 以 9∶1 的比例显示数字 2 和 4
6        var seed:Int = 2
7        if radomNum == 1 {
8            seed = 4
9        }
10       // 根据维度来确定数字显示的位置
11       let col = Int(arc4random_uniform(UInt32(dimension)))
12       let row = Int(arc4random_uniform(UInt32(dimension)))
13       insertTile((row, col), value:seed)
14   }
```

在上述代码中，第 4 行代码使用 arc4random_uniform 函数生成了 10 个随机数；第 6 行代码定义了一个 seed 变量，并赋值为 2，如果随机数为 1，将 seed 的值修改为 4；第 11~12 行代码根据维度获取了随机的行号和列号，接着调用了 insertTile 函数，将行号和列号以元组的形式传递过去。

2. 插入数字块

前面随机生成了一个数字，我们需要根据传递过来的位置和数值，插入一个数字块。接着我们需要定义一个 insertTile 函数，根据行号和列号计算出插入的位置，关于这个算法如图 12-30 所示。

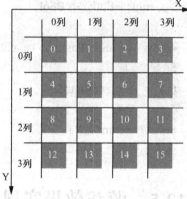

由图 12-30 所知，每一列的 X 值是一样的，列号决定了 X 值；每一行的 Y 值是一样的，行号决定了 Y 值，行号和列号都是从 0 开始的。如果数字块位于第 0 列，它对应的 X 值就是 0；如果位于第 1 列，它对应的 X 值就是 1 个方块的宽度和间隙。依次类推，总结得出计算 X 和 Y 的公式，分别如下。

图 12-30　根据行号和列号计算 X 和 Y 的示意图

```
X = 列号 * （方块的宽度 + 间隙）
Y = 行号 * （方块的宽度 + 间隙）
```

按照上面的公式，根据传入的行号和列号，计算出需要插入的位置，然后由小到大地展示数字块，代码如下。

```
1    func insertTile(_ pos:(Int, Int), value:Int) {
2        let (row, col) = pos
3        let x = 10 + CGFloat(col) * (width + padding) // X 值
4        let y = 10 + CGFloat(row) * (width + padding)// Y 值
5        // 插入数字块
6        let tile = TileView(pos: CGPoint(x: x, y: y), width: width, value: value)
7        tile.layer.cornerRadius = 4
8        self.whiteView.addSubview(title)
9        self.view.bringSubview(toFront: tile)
10       // 先将数字块大小置为原始尺寸的 1/10
11       title.layer.setAffineTransform(CGAffineTransformMakeScale(0.1, 0.1))
12       // 设置动画效果，动画时间长度为 0.3 秒
13       UIView.animate(withDuration: 0.3, delay: 0.1, options:
14           UIViewAnimationOptions(), animations:
15           {
16               () -> Void in
17               tile.layer.setAffineTransform(CGAffineTransform(scaleX: 1, y: 1))
18           },
19       completion:{
20           (finished:Bool) -> Void in
21               UIView.animate(withDuration: 0.08, animations: {
```

```
22                () -> Void in
23                    // 动画完成时, 数字块复原
24                    tile.layer.setAffineTransform(CGAffineTransform.identity)
25                })
26          })
27   }
```

在上述代码中, 第 2 行代码接收了外界传递过来的 row 和 col, 也就是行号和列号; 接着在第 3～4 行代码中, 根据 row 和 col 计算出来数字块的位置; 第 6 行代码通过 TileView 的初始化函数创建了一个数字块视图。

第 11 行代码通过 layer 访问到 title 的图层, 调用 setAffineTransform 方法将数字块的大小置为原始尺寸的 0.1 倍, 接着调用了 UIView 的 animate 方法设置了动画效果。该方法总共需要传递 5 个参数, withDuration 表示动画从开始到结束的持续时间, delay 代表动画开始前等待的时间, options 表示动画的效果, 这里设置的动画效果是矩阵变化, animations 表示动画效果的闭包, completion 表示动画执行完毕后执行的闭包。

3. 检测是否有重复的值

关于数字块插入的内容, 这里并没有使用到数据模型, 对重复数据进行检测。为此, 我们需要引入一个模型对象, 使用模型内部的方法来管理数据。在 MainViewController.swift 文件中, 首先定义一个游戏模型属性, 并且在 init() 函数中添加一行代码进行初始化, 代码如下。

```
1    // 游戏数据模型
2    var gameModel:GameModel
3    init(){
4        self.gameModel = GameModel(dimension: self.dimension)
5        self.backgrounds = Array<UIView>()
6        self.whiteView = UIView()
7        self.reTryButton = UIButton()
8        self.imageView = UIImageView()
9        super.init(nibName:nil,bundle:nil)
10   }
```

在上述代码中, 第 2 行和第 4 行代码均是新增的代码。其中, 第 2 行代码定义了 GameModel 类型的属性, 之后使用 GameModel 类的初始化函数创建了一个模型对象。

前面已经定义了生成随机数的 genRandom() 方法, 在该方法内部找到 insertTile 方法, 在这个方法前面插入检测重复数据的代码, 用来检测重复的数据, 代码如下。

```
1    // 如果位置满了, 直接返回
2    if gameModel.isFull()
3    {
4        print("满了")
5        return
6    }
7    if gameModel.setPosition(row, col: col, value: seed) == false
```

```
8    {
9        genRandom()
10       return
11   }
```

在上述代码中，第 2~6 行代码使用 if 语句进行了判断，如果数组满了直接结束函数；如果没有满的情况下，第 7 行代码使用 setPosition 方法检测某个位置是否有值，如果该位置有值，再次生成一个随机数，直至出现空位置为止。setPosition 方法有两个作用，一个是判断该格子是否有值，另一个是如果没有值，就更新数据模型。

4. 调用生成随机标签的方法

为了测试程序能够检测界面满了或出现了位置重复的情况，在 viewDidLoad 方法的最后，通过 for-in 循环连续调用 17 次 genRandom()函数，代码如下。

```
1    for i in 0..<17
2    {
3        genRandom()
4    }
```

运行程序，程序运行成功后，成功地添加了 16 个数字块，这些数字块的值只有 2 和 4。由于每次数字是随机添加的，每次添加的结果都不一样，其中一种可能结果如图 12-31 所示。

与此同时，控制台输出了检测重复数据和是否满了的信息，如图 12-32 所示。

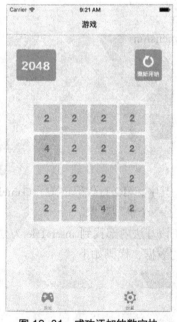

图 12-31　成功添加的数字块

图 12-32　控制台的输出结果

测试完成后需要将 for 循环执行的次数改为 4 次，为后续的操作测试做准备。

12.5.2　响应数字滑动

前面实现了随机出现数字块的功能，接下来就需要实现响应屏幕滑动事件的功能了。通过监听滑动手势的方向，从而能够正确地响应相应的事件。接下来，关于滑动手势监测的内容详细介绍如下。

1. 添加 4 个方向的手势识别器

创建 4 个 UISwipeGestureRecognizer 类的对象，分别用于表示向上、向下、向左和向右轻扫的手势识别器，一旦检测到这样的手势，就会响应相应的事件，代码如下。

```
1   // 添加 4 个方向的轻扫手势
2   func setupSwipeGuestures()
3   {
4       // 向上
5       let upSwipe = UISwipeGestureRecognizer(target: self,
6                       action: #selector(MainViewController.swipeUp))
7       upSwipe.numberOfTouchesRequired = 1
8       upSwipe.direction = UISwipeGestureRecognizerDirection.up
9       self.view.addGestureRecognizer(upSwipe)
10      // 向下
11      let downSwipe = UISwipeGestureRecognizer(target: self, action:
12                      #selector(MainViewController.swipeDown))
13      downSwipe.numberOfTouchesRequired = 1
14      downSwipe.direction = UISwipeGestureRecognizerDirection.down
15      self.view.addGestureRecognizer(downSwipe)
16      // 向左
17      let leftSwipe = UISwipeGestureRecognizer(target: self, action:
18                      #selector(MainViewController.swipeLeft))
19      leftSwipe.numberOfTouchesRequired = 1
20      leftSwipe.direction = UISwipeGestureRecognizerDirection.left
21      self.view.addGestureRecognizer(leftSwipe)
22      // 向右
23      let rightSwipe = UISwipeGestureRecognizer(target: self,
24                       action: #selector(MainViewController.swipeRight))
25      rightSwipe.numberOfTouchesRequired = 1
26      rightSwipe.direction = UISwipeGestureRecognizerDirection.right
27      self.view.addGestureRecognizer(rightSwipe)
28  }
```

在上述代码中，setupSwipeGestures 是创建 4 个手势的方法，第 5～6 行代码通过 UISwipe GestureRecognizer 初始化方法创建了一个轻扫手势识别器，一旦发生了轻扫手势，就会调用 self 的 swipeUp 方法。

第 7 行代码设置了滑动 1 个手指，第 8 行代码设置了手势滑动的方向为向上，第 9 行代码将手势识别器添加到控制器的视图。

同样的道理，创建其余的 3 个轻扫手势识别器，分别设置手势滑动的方向为向下、向左、向右。

2. 处理手势响应的方法

当用户使用手指在屏幕上轻扫一下，手势识别器会根据滑动的方向响应相应的事件。为了确保手势识别器监测到动作，依次实现 4 个响应事件的方法，代码如下。

```
1    func swipcUp()
2    {
3        print("向上")
4    }
5    func swipeDown()
6    {
7        print("向下")
8    }
9    func swipeLeft()
10   {
11       print("向左")
12    }
13   func swipeRight()
14   {
15       print("向右")
16   }
```

在上述代码中，只要某个方向上监听到轻扫手势，就会调用相应的方法。

3. 添加 4 个手势

在 viewDidLoad()方法的末尾，调用 setupSwipeGestures()方法，以添加 4 个不同方向的手势识别器，代码如下。

```
// 添加手势
setupSwipeGuestures()
```

运行程序，程序运行成功后，在模拟器的屏幕上快速地向上扫一下，控制台输出了正确的信息，如图 12-33 所示。

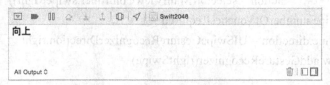

图 12-33　控制台的输出结果

从图 12-33 的运行结果看出，表明滑动事件监听成功，对于滑动后的事件响应，我们只需要在现成的代码中完成即可。

12.5.3　数字响应方向重排

前面已经成功地监听到滑动事件，接着我们来完善滑动事件的逻辑，这里分为两步实现，首先是变化数据模型中的数据，其次反应到界面上。跟随手指滑动的方向，现有的数字块朝着滑动的方向移动，如果数字块移动的方向上没有数据，则往相应的方向上移动，直到移动到边界上的那一行；如果有数字，则直接原地不动，实现数字重排的效果，如图12-34所示。

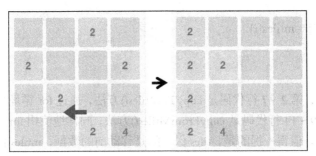

图 12-34　数字块向左重排

图12-34是数字块随着向左手势的滑动而重排的效果。由图可知，当检测到向左手势后，第0行和第2行的数字块会直接移动到左边界行；第1行左边的数字块位于边界，无需再移动，右边的数字块一直移动到紧挨前一个数字块的位置；第3行应该从数字2开始向左滑动，直到移动至左边界，再滑动数字4到第2列。

按照前面分析的逻辑，接下来，正式响应手势上下左右滑动的事件，每个事件发生时移动相应的数字，使这个数字向相应的方向滑动。详细内容介绍如下。

1. 初始化重排的数组

对于数字视图的变化，最好的方式是先在数据模型中操作，然后根据数据模型更新界面。在 GameModel.swift 文件中，添加一个用于保存重排数据的数组 mtiles，同样地在 init() 函数中对该数组初始化，增加的代码如下。

```
1    var mtiles:Array<Int>!  // 重排的数组
2    init(dimension:Int) {
3        self.mtiles = Array<Int>(repeating: 0,
4                    count: self.dimension * self.dimension)
5    }
```

在上述代码中，第1行代码定义了一个 Int 类型的数组，并在第3行代码进行了初始化，通过 Array 的初始化方法创建了16个元素的数组。

2. 交换 tiles 和 mtiles 的数据

定义两个方法，一个用于将 tiles 的数值拷贝到 mtiles 里面，另一个用于将 mtiles 里面的值拷贝到 tiles 里面，代码如下。

```
1    // 将 tiles 的值搬到 mtiles
2    func copyToMtiles(){
3        for i in 0..<self.dimension * self.dimension
4        {
5            mtiles[i] = tiles[i]
6        }
7    }
8    // 将 mtiles 的值搬到 tiles
9    func copyFromMtiles(){
```

```
10      for i in 0..<self.dimension * self.dimension
11      {
12          tiles[i] = mtiles[i]
13      }
14  }
```

在上述代码中，第 2～7 行代码是 copyToMtiles() 方法，通过 for 循环将 tiles 的值逐一复制到 mtiles 里面，第 9～14 行代码是 copyFromMtiles() 方法，同样地使用 for 循环将 mtiles 的值逐一复制到 tiles 里面。值得一提的是，tiles 保存的是移动前的数据，mtiles 保存的是移动后的数据，避免 tiles 数组的混乱。

3. 数据向上重排

在 GameModel.swift 文件中，定义一个用于向上重排的方法。如果向上滑动，应该从最后一行开始向上查找，直到第 2 行为止。如果某一行有值，而且上一行出现空隙，就要移动到上一行，将之前所处行的值置为 0，代码如下。

```
1   // 向上重排
2   func reflowUp()
3   {
4       copyToMtiles()
5       var index:Int
6       // i>0 表示第 1 行不用动，用于控制行数
7       for temp in 1...(dimension-1)
8       {
9           let i = dimension - temp
10          // 要执行 4 次，用于控制列数
11          for j in 0..<dimension
12          {
13              index = self.dimension * i + j
14              // 如果当前位置有值，上一行没有值
15              if (mtiles[index - self.dimension] == 0 ) && (mtiles[index] > 0)
16              {
17                  // 直接把当前行的值赋值给上一行
18                  mtiles[index - self.dimension] = mtiles[index]
19                  mtiles[index] = 0
20                  // 因为当前行发生了移动，得让其后面的行跟上
21                  // 否则滑动重排之后，会出现空隙
22                  var subindex:Int = index
23                  while (subindex + self.dimension < mtiles.count)
24                  {
25                      if mtiles[subindex + self.dimension] > 0
26                      {
27                          mtiles[subindex] = mtiles[subindex + self.dimension]
```

```
28                        mtiles[subindex + self.dimension] = 0
29                    }
30                    subindex += self.dimension
31                }
32            }
33        }
34    }
35    copyFromMtiles()
36 }
```

在上述代码中，第 4 行代码调用了 copyToMtiles()函数，将 tiles 的值复制到 mtiles 里面。接着使用嵌套的 for 循环，从方格地图的第 3 行开始查找。

第 15 行代码使用 if 语句判断，如果当前的位置有值，而且上一行没有值，就直接将当前行的值赋值给上一行，并将当前行的值置为 0。

由于当前行发生了移动，需要下面有值的行跟着上移，避免出现空隙。第 23~31 行代码使用了 while 循环检测，除了最下面一行外，如果当前行的下一行有值，直接将下一行的值赋值给当前行，并将下一行的值置为 0。

第 35 行代码调用了 copyFromMtiles()函数，将 mtiles 的值复制到 tiles 里面，循环地记录重排前与重排后的数据。

4. 定义打印矩阵的方法

为了更加直观地测试数据的前后变化，可以按照 4×4 方格的样式打印输出重排前与重排后的数据。因此，在 MainViewController.swift 文件中，定义一个打印输出方格地图的方法，代码如下。

```
1  func printTiles(tiles:Array<Int>)
2  {
3      let count = tiles.count
4      for i in 0..<count
5      {
6          if (i+1) % Int(dimension) == 0
7          {
8              print(tiles[i])
9          }
10         else
11         {
12             print(tiles[i], separator: "", terminator: "\t")
13         }
14     }
15     print("")
16 }
```

在上述代码中，第 6 行代码使用 if 语句进行判断，如果 dimension 的值能被 i+1 的值除开，这表示该数值位于方格的最右侧，需要换行显示；如果是其他的情况，直接在该数值的末尾插入一个制表符。

5. 测试数字向上重排

前面已经完成了向上重排的逻辑，接下来，我们先来调试一下代码，检测是否实现了相应的数据变更。在 MainViewController.swift 文件中，找到响应向上滑动手势的 swipeUp 方法，在该方法中比较重排前后的数据变化，代码如下。

```
1    func swipeUp()
2    {
3        printTiles(gameModel.tiles)
4        gameModel.reflowUp()
5        printTiles(gameModel.mtiles)
6    }
```

在上述代码中，第 3 行代码首先打印输出了移动前的模型数据，接着调用 reflowUp 方法进行了向上重排，最后第 5 行代码打印输出了移动后的模型数据。值得一提的是，测试完成之后就能够将打印输出的代码注释或者删除。

运行程序，程序输出了移动前后的结果，如图 12-35 所示。

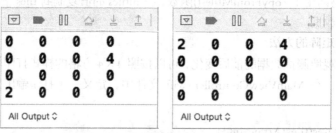

图 12-35　向上滑动前后的数据模型值

图 12-35 展示了向上滑动的前后变化，左图是滑动前的数据，右图是滑动后的数据。由图可知，数据成功地实现了向上重排的效果。

6. 数据响应其他方向的重排

向上滑动的功能实现以后，接着来实现其他三个方向的重排效果。在 GameModel.swift 文件中，依次定义 reflowDown、reflowLeft、和 reflowRight 3 个方法，分别代表向下重排、向左重排、向右重排，按照前面的思路通过代码实现相应的逻辑，具体如下。

```
1    // 向下重排
2    func reflowDown()
3    {
4        copyToMtiles()
5        var index:Int
6        // 从第 0 行开始往下找
7        // 只找到 dimension-1 行，因为最下面一行不用再动了
8        for i in 0..<dimension-1{
9            for j in 0..<dimension{
```

```
10              index = self.dimension * i + j
11              // 如果当前位置有值，下一行对应的位置没有值
12              if (mtiles[index + self.dimension] == 0 ) && (mtiles[index] > 0){
13                  // 将当前行的值赋值给下一行
14                  mtiles[index + self.dimension] = mtiles[index]
15                  mtiles[index] = 0
16                  var subindex:Int = index
17                  // 当下面的行发生了移动，上面的行得跟上
18                  // 否则滑动重排之后，会出现空隙
19                  while (subindex - self.dimension >= 0){
20                      if mtiles[subindex - self.dimension] > 0
21                      {
22                          mtiles[subindex] = mtiles[subindex - self.dimension]
23                          mtiles[subindex - self.dimension] = 0
24                      }
25                      subindex -= self.dimension
26                  }
27              }
28          }
29      }
30      copyFromMtiles()
31  }
32  // 向左重排
33  func reflowLeft()
34  {
35      copyToMtiles()
36      var index:Int
37      // 从最右侧开始往左找
38      // 只找到第 1 列，因为第 0 列不用再动了
39      for i in 0..<dimension{
40          for temp in 1...(dimension-1){
41              let j = dimension - temp
42              index = self.dimension * i + j
43              // 如果当前位置有值，其左侧没有值，向左移动
44              if (mtiles[index-1] == 0 ) && (mtiles[index] > 0){
45                  mtiles[index-1] = mtiles[index]
46                  mtiles[index] = 0
47                  var subindex:Int = index
48                  // 对右边的内容进行检查，如果有空隙就补上
49                  while (subindex + 1 < i * dimension + dimension)
```

```
50                    {
51                        if mtiles[subindex + 1] > 0{
52                            mtiles[subindex] = mtiles[subindex + 1]
53                            mtiles[subindex + 1] = 0
54                        }
55                        subindex += 1
56                    }
57                }
58            }
59        }
60        copyFromMtiles()
61    }
62    // 向右重排
63    func reflowRight()
64    {
65        copyToMtiles()
66        var index:Int
67        // 从第 0 列开始往右找
68        // 只找到第 dimension - 1 列，因为最右侧不用再动了
69        for i in 0..<dimension{
70            for j in 0..<dimension - 1{
71                index = self.dimension * i + j
72                // 如果当前位置有值，其右侧没有值，向右移动
73                if (mtiles[index + 1] == 0 ) && (mtiles[index] > 0){
74                    mtiles[index + 1] = mtiles[index]
75                    mtiles[index] = 0
76                    var subindex:Int = index
77                    // 对左边的内容进行检查，如果有空隙就补上
78                    while (subindex - 1 > i*dimension-1){
79                        if mtiles[subindex - 1] > 0{
80                            mtiles[subindex] = mtiles[subindex - 1]
81                            mtiles[subindex - 1] = 0
82                        }
83                        subindex -= 1
84                    }
85                }
86            }
87        }
88        copyFromMtiles()
89    }
```

在上述代码中，第 2 ~ 31 行代码是用于向下重排的方法，使用嵌套的 for 循环，从第 0 行开始查找，直到 dimension-1 行为止。第 33 ~ 61 行代码是用于向左重排的方法，从最右侧向左查找，直到第 1 列为止。第 63 ~ 89 行代码是用于向右重排的方法，从第 0 列开始向右查找，直到 dimension − 1 列为止。

7. 验证数据响应其他方向的重排

在 MainViewController.swift 文件中，找到响应向下、向左、向右滑动手势的 swipeDown、swipeLeft、swipeRight 方法，分别在这些方法中调用 reflowDown，reflowLeft，reflowRight 方法，实现数据模型重排的效果，代码如下。

```
1    func swipeDown()
2    {
3        printTiles(gameModel.tiles)
4        gameModel.reflowDown()
5        printTiles(gameModel.mtiles)
6    }
7    func swipeLeft()
8    {
9        printTiles(gameModel.tiles)
10       gameModel.reflowLeft()
11       printTiles(gameModel.mtiles)
12   }
13   func swipeRight()
14   {
15       printTiles(gameModel.tiles)
16       gameModel.reflowRight()
17       printTiles(gameModel.mtiles)
18   }
```

在上述代码中，第 3 行代码首先打印输出了移动前的模型数据，接着调用 reflowDown 方法进行了向下重排，最后第 5 行代码打印输出了移动后的模型数据。同理，其它两个方法也按照同样的思路来比较重排前后的结果。运行程序，程序输出了移动前后的结果，如图 12-36 所示。

向下				向左				向右			
0	0	0	0	0	0	0	0	0	2	0	0
0	0	0	0	0	0	0	0	0	0	0	2
4	0	0	0	0	2	0	0	0	0	0	0
0	0	0	2	0	0	2	0	0	0	0	0
0	0	0	0	0	0	0	0	0	0	0	2
0	0	0	0	0	0	0	0	0	0	0	2
0	0	0	0	2	0	0	0	0	0	0	0
4	0	0	2	2	0	0	0	0	0	0	0

图 12-36　向上滑动前后的数据模型值

8. 拿到界面的标签和数字

数据模型的变更已经做好了，接着将相应的值反映到界面上就行。要想将更改后的模型数据插入到界面上，需要将之前界面上的标签和数字清空，然后将模型的数据插入到界面上。这里可以通过两个字典来拿到界面上的标签和数字，并且在 init() 函数中初始化，在 MainViewController.swift 文件中添加代码，具体如下。

```swift
1    // 保存界面的标签
2    var tiles:Dictionary<NSIndexPath, TileView>
3    // 保存界面的数字
4    var tileVals:Dictionary<NSIndexPath, Int>
5    init() {
6        self.tiles = Dictionary()
7        self.tileVals = Dictionary()
8    }
```

在上述代码中，第 2 行代码定义了一个保存界面上数字标签的字典 tiles，该字典的 key 为 NSIndexPath 类型，value 为 TileView 视图类型。第 4 行代码定义了一个保存界面上纯数字的字典 tileVals，该字典的 key 为 NSIndexPath 类型，value 为 Int 类型。

接着在第 6~7 行代码中创建了两个空字典，需要往字典里面插入内容。只要界面上有数字块，肯定会调用 insertTile 函数，因此在该方法中拦截插入到界面的数字块，将全部的数字块信息保存到字典中。在 MainViewController.swift 文件的 insertTile 方法中，在动画的前面插入如下代码。

```swift
1    // 将 tile 保存到字典
2    let index = IndexPath(row: row, section: col) // key
3    tiles[index] = tile                          // value
4    tileVals[index] = value
```

在上述代码中，第 2 行代码根据 row 和 col 创建了一个表示索引的 IndexPath 对象，将标签和数字与索引一一对应地保存到字典中。

9. 界面展示重排效果

定义一个方法，将地图上所有的标签和数字清空；定义另一个方法，根据更改的模型数据更新界面，代码如下。

```swift
1    // 将所有的数字块从地图上删除
2    func resetUI()
3    {
4        for (key, tile) in tiles
5        {
6            tile.removeFromSuperview()
7        }
8        tiles.removeAll(keepingCapacity: true)
9        tileVals.removeAll(keepingCapacity: true)
10   }
11   // 根据模型数据更新界面
12   func initUI()
```

```
13  {
14      for i in 0..<dimension
15      {
16          for j in 0..<dimension
17          {
18              let index = i*self.dimension + j
19              if gameModel.tiles[index] != 0
20              {
21                  insertTitle((i,j), value: gameModel.tiles[index])
22              }
23          }
24      }
25  }
```

在上述代码中，resetUI 方法用于删除界面的内容，调用 removeFromSuperview() 方法从父视图中删除了 tile 视图，接着调用 removeAll 方法清空了两个字典。

initUI 方法用于根据模型更新界面的内容，第 19 行使用 if 语句判断，如果模型里面该索引的位置有值，调用 insertTitle 函数将标签和数字插入到该位置。

只要重排了模型数据，界面就要跟着更新。依次在 swipeUp、swipeDown、swipeLeft、swipeRight 这 4 个方法的后面，插入重新设置界面的代码，代码如下。

```
1  // 重设界面
2  resetUI()
3  initUI()
```

运行程序，程序运行成功后，弹出一个模拟器窗口。在该窗口中向上快速扫过屏幕，界面上的数字块全部移动到最上面的一行；再次向左快速滑动屏幕，界面上的数字块平行地移动的左侧，如图 12-37 所示。

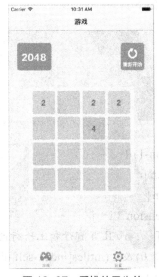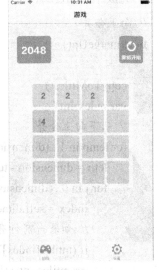

图 12-37 重排效果生效

从图 12-37 中可以看出，4 个方向的重排效果全部实现了。

12.5.4 合并数字实现与动画

前面实现了重排的数据变化和界面展示，接下来我们将实现数字合并的效果。

关于重排的实现，先在模型中实现，之后再反映到界面上，这样逻辑更加清晰，调用更加清楚。

同样地，我们先分析一下合并的逻辑。在往某一个方向滑动的时候，如果相邻的两个数字相同，则叠加。例如，如果向上滑动界面，数字先进行了向上重排，下面一行与上面一行出现相同的数字，则直接合并，如图 12-38 所示。

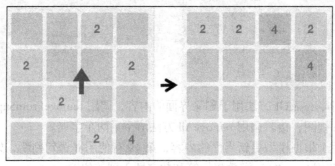

图 12-38　数字块向上合并示意图

图 12-38 是数字块向上合并的示意图。由图可知，向上滑动界面，全部的数字块进行了向上重排。由于第 2 列进行重排后，检测到第 0 行和第 1 行出现了同样的数字 2，所以需要将这两个数字进行相加，显示到最上面的一行。

按照前面的逻辑分析，在数字进行滑动的同时来判断，如果出现了相同的两个数字进行合并，最终将合并的效果展现到界面上，详细内容介绍如下。

1. 数字响应方向合并

在 GameModel.swift 文件中，同样地定义 mergeUp、mergeDown、mergeLeft、mergeRight 4 个方法，它们分别代表数字块向上合并、向下合并、向左合并和向右合并。接着实现这 4 个方法，完成相应的逻辑，代码如下。

```
1    // 向上合并
2    func mergeUp()
3    {
4        copyToMtiles()
5        var index:Int
6        // 从下向上合并
7        for temp in 1...(dimension-1) {
8            let i = dimension - temp
9            for j in 0..<dimension{
10               index = self.dimension * i + j
11               // 如果当前行有值，而且当前行和上一行的值相等
12               if (mtiles[index] > 0) && (mtiles[index-self.dimension]
13                   == mtiles[index]) {
```

```
14              // 将上一行的值变为当前行值的 2 倍，当前行的值置为 0
15              mtiles[index-self.dimension] = mtiles[index] * 2
16              mtiles[index] = 0
17          }
18       }
19    }
20    copyFromMtiles()
21 }
22 // 向下合并
23 func mergeDown()
24 {
25    copyToMtiles()
26    var index:Int
27    // 从上向下合并
28    for i in 0..<dimension-1{
29        for j in 0..<dimension{
30            index = self.dimension * i + j
31            // 如果当前行有值，而且当前行和下一行的值相等
32            if (mtiles[index] > 0) && (mtiles[index + self.dimension] ==
33            mtiles[index]){
34                // 将叠加合并后的结果放置到下一行，上一行的数字清空
35                mtiles[index + self.dimension] = mtiles[index] * 2
36                mtiles[index] = 0
37            }
38        }
39    }
40    copyFromMtiles()
41 }
42 // 向左合并
43 func mergeLeft()
44 {
45    copyToMtiles()
46    var index:Int
47    // 从右向左合并
48    for i in 0..<dimension{
49        for temp in 1...(dimension-1){
50            let j = dimension - temp
51            index = self.dimension * i + j
52            // 如果右边和左边的数字相邻相等，则合并
53            if (mtiles[index] > 0) && (mtiles[index-1] == mtiles[index]){
54                // 将叠加合并后的结果放置到左边一列，右边一列的数字清空
```

```
55                mtiles[index-1] = mtiles[index] * 2
56                mtiles[index] = 0
57            }
58        }
59    }
60    copyFromMtiles()
61 }
62 // 向右合并
63 func mergeRight()
64 {
65    copyToMtiles()
66    var index:Int
67    // 从左向右合并
68    for i in 0..<dimension{
69        for j in 0..<dimension-1{
70            index = self.dimension * i + j
71            // 如果左边和右边的数字相邻相等，则合并
72            if (mtiles[index] > 0) && (mtiles[index+1] == mtiles[index]){
73                // 将叠加合并后的结果放置到右边一列，左边一列的数字清空
74                mtiles[index+1] = mtiles[index] * 2
75                mtiles[index] = 0
76            }
77        }
78    }
79    copyFromMtiles()
80 }
```

在上述代码中，第7~9行代码通过嵌套for循环从下往上合并，第12行代码使用if语句判断，如果当前行有值且和上一行的数值相等，将叠加合并的结果放置到上一行，当前行的值清空。

第28~29行代码通过for循环从上往下合并，第32行代码使用if语句判断，如果当前行有值且和下一行的数值相等，将叠加合并的结果放置到下一行，当前行的值清空。下面使用同样地方式，实现了相应的结果，这里就不赘述了。

2. 界面展示合并效果

在MainViewController.swift文件中，找到响应向上、向下、向左、向右滑动手势的swipeUp、swipeDown、swipeLeft、swipeRight方法，分别在调用重排方法的后面，接着调用gameModel的mergeUp、mergeDown、mergeLeft、mergeRight方法，实现数据模型合并的效果，最后再次调用重排的方法，避免出现空行，代码如下。

```
1    gameModel.mergeUp()
2    gameModel.reflowUp()
```

运行程序，程序运行成功后，弹出一个模拟器窗口。在该窗口中向上快速扫过屏幕，界

面上的数字块全部移动到最上面的一行，该方向上出现了相同数字后实现了合并；再次向左快速滑动屏幕，界面上的数字块平行地移动的左侧，同样地出现了合并的效果，如图 12-39 所示。

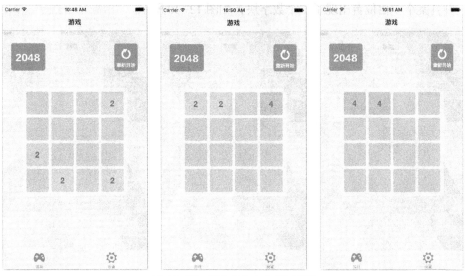

图 12-39 数字块向上合并示意图

3. 自动生成方块

当检测到某个方向的手势时，界面上已有的数字块进行了重新布局，同时界面的空白位置出现了一个随机数字块，这样就会让游戏持续到没有空位置为止。在响应滑动手势方法的末尾位置，添加随机生成数字的代码。以向上滑动的方法为例，代码如下。

```
1    func swipeUp()
2    {
3        print("向上")
4        gameModel.reflowUp()      // 重排
5        gameModel.mergeUp()       // 合并
6        gameModel.reflowUp()      // 重排
7        // 重设界面
8        resetUI()
9        initUI()
10       //生成随机数字
11       genRandom()
12   }
```

在上述代码中，第 11 行代码是生成随机数字的代码，也就是新插入的代码。每次开启游戏的时候，游戏界面都会出现 2 个随机数字块。因此，在重写的 viewDidLoad()方法中，将 for 循环执行的次数改为 2 次，更改后的代码如下。

```
1    for i in 0..<2
2    {
```

```
3        genRandom()
4     }
```

运行程序，在弹出的模拟器屏幕上出现了 2 个数字块。向右滑动屏幕，界面重新进行了布局，并且某个空白位置出现了一个数字块，如图 12-40 所示。

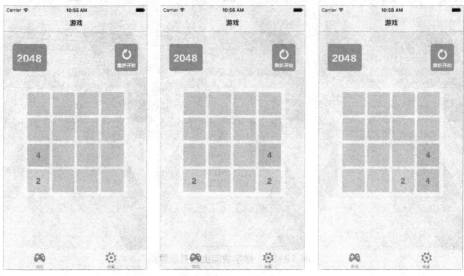

图 12-40　自动生成方块

从图 12-40 中看出，向右滑动屏幕，2 个数字块移动到第 3 列，同时第 0 列自动生成了 1 个数字块，这证明成功地实现了自动生成方块的功能。为了让其他 3 个方向也能够产生同样的效果，在其他 3 个方向的代码中插入随机生成数字块的方法。

4. 动画逻辑处理

每滑动一次屏幕，都会有数字发生变化，比如数字块位置移动，数字块发生合并，新生成一个数字块。为了区分这几种情况，增加用户良好地体验，我们可以通过动画的效果来划分。当界面新出现一个数字块的时候，动画幅度要求比较大；当界面出现合并数字块的时候，动画幅度比前一个效果小；当界面的某个数字块位置不变的时候，直接无需动画。针对这几种情况，我们可以通过一个枚举来诠释，代码如下。

```
1     enum AnimationSlipType
2     {
3         case none      // 无动画
4         case new       // 新出现动画
5         case merge     // 合并动画
6     }
```

在上述代码中，AnimationSlipType 枚举包含 3 个值，None 表示无动画，New 表示新出现数字块动画，Merge 表示合并数字块动画。

只要出现数字块，肯定会调用到 insertTitle 方法。为此，我们可以通过外界传递的一个 AnimationSlipType 参数，用来设定插入数字块的动画效果。在 MainViewController.swift 文件中找到 insertTitle 方法，在该方法的参数列表中添加一个参数，根据这个参数来设定动画展示数字的不同效果，代码如下。

```
1  // 插入数字
2  func insertTitle(_ pos:(Int, Int), value:Int, aType:AnimationSlipType) {
3      let (row, col) = pos
4      let x = 10 + CGFloat(col) * (width + padding)
5      let y = 10 + CGFloat(row) * (width + padding)
6      let tile = TileView(pos: CGPoint(x: x, y: y), width: width, value: value)
7      tile.layer.cornerRadius = 4
8      self.whiteView.addSubview(tile)
9      self.view.bringSubview(toFront: tile)
10     // 将 tile 保存到字典
11     let index = IndexPath(row: row, section: col)    // key
12     tiles[index] = tile                                          // value
13     tileVals[index] = value
14     // 动画展示数字
15     if aType == AnimationSlipType.none{
16         return
17     }else if aType == AnimationSlipType.new{
18         tile.layer.setAffineTransform(CGAffineTransform(scaleX: 0.1, y: 0.1))
19     }else if aType == AnimationSlipType.merge{
20         tile.layer.setAffineTransform(CGAffineTransform(scaleX: 0.8, y: 0.8))
21     }
22     // 设置动画效果，动画时间长度为 0.3 秒
23     UIView.animate(withDuration: 0.3, delay: 0.1, options:
24         UIViewAnimationOptions(), animations:
25         {
26             () -> Void in
27             tile.layer.setAffineTransform(CGAffineTransform(scaleX: 1, y: 1))
28         },
29         completion:{
30             (finished:Bool) -> Void in
31             UIView.animate(withDuration: 0.08, animations: {
32                 () -> Void in
33                 tile.layer.setAffineTransform(CGAffineTransform.identity)
34             })
35         })
36 }
```

在上述代码中，第 15～21 行代码是新增加的代码。它使用 if-else 语句来判断，如果 aType 的值为无动画，无需做任何操作；如果 aType 的值为 New，那么将数字块大小置为原始尺寸的 1/10；如果 aType 的值为 Merge，那么将数字块大小置为原始尺寸的 4/5。

值得一提的是，由于 insertTitle 方法的参数发生了变化，只要使用了该方法的位置都会报错。在 genRandom() 函数中，替换末尾 insertTitle 函数的代码，代码如下。

```
insertTitle((row, col), value:seed, aType: AnimationSlipType.new)
```

5. 数字块的重用优化

一旦数据模型发生了变化，我们直接会调用 resetUI() 函数，清空原来的数字块，重新生成新的数字块，这样来说效率非常的不高。因此，我们可以对数字块实现重用，具体优化步骤如下。

（1）在响应手势的 4 个方法中，注释调用 resetUI() 函数的代码，防止简单粗暴地全部用新数字块的方式插入到界面上。

（2）修改 initUI() 函数，将模型的变化反应到界面上。如果界面上的某个位置没有值，而模型数据的该索引有值，那么直接将模型中该索引的值插入到界面的该位置；如果界面的某个位置有值，而模型数据的该索引没有值，直接将该位置的数字和数字块清除；如果界面的某个位置有值，而且模型数据中也有值，需要进一步判断这两个值是否相等，若不相等，直接清空原有的值，将模型中的值插入到该位置即可。initUI() 函数修改后的代码如下。

```
1 func initUI()
2 {
3     var index:Int //在模型数组中的序号
4     var key:IndexPath   //在视图数组中的路径
5     var tile:TileView   //格子的数字视图
6     var tileVal:Int     //格子的数字
7     for i in 0..<dimension{
8       for j in 0..<dimension{
9         index = i*self.dimension + j
10        key = IndexPath(row: i, section: j)
11        // 原来界面没有值，模型数据中有值
12        if gameModel.tiles[index] > 0 && tileVals.index(forKey: key) == nil{
13          insertTitle((i,j), value: gameModel.tiles[index], aType:
14          AnimationSlipType.merge)
15        }
16        // 原来界面中有值，现在模型数据中没有值
17        if (gameModel.tiles[index] == 0) && (tileVals.index(forKey: key) != nil)
18        {
19          tile = tiles[key]!
20          tile.removeFromSuperview()
21          tiles.removeValue(forKey: key)
22          tileVals.removeValue(forKey: key)
23        }
24        // 原来有值，现在仍然有值
25        if (gameModel.tiles[index] > 0) && (tileVals.index(forKey: key) != nil)
```

```
26          {
27              tileVal = tileVals[key]!
28              // 如果不相等,直接换掉值就可以了
29              if tileVal != gameModel.tiles[index]{
30                  tile = tiles[key]!
31                  tile.removeFromSuperview()
32                  tiles.removeValue(forKey: key)
33                  tileVals.removeValue(forKey: key)
34                  insertTitle((i,j), value: gameModel.tiles[index], aType:
35                  AnimationSlipType.merge)
36              }
37          }
38      }
39  }
40 }
```

在上述代码中，第12~15行代码代表当前界面没有值，而模型数据中有值的情况，直接调用 insertTitle 函数将模型中的值插入到某个位置，伴随着合并的动画效果。

第17~23行代码代表当前界面有值，而模型数据中没有值的情况，直接清空这个数字块和数字就行。

第25~37行代码代表当前界面有值，而模型数据中也有值的情况，第29行代码使用 if 语句判断，如果界面和模型中的值不相等，先将界面上的数字块清空，再调用 insertTitle 函数将模型中的值插入到某个位置，伴随着合并的动画效果。

到这里，我们就完成了数字的合并，同时将其反映到了界面上。对于数字的移动和界面显示的内容进行了一定程度的优化，使得数字块在需要的时候才会生成，并且对新生成的数字和移动的数字的动画效果进行了区分，具有更加良好地体验。

12.5.5 游戏通关和结束检测

前面已经实现了游戏的大致效果，只要有空位置就会源源不断地发生变化，直到没有空位置为止。那么问题来了，游戏的输赢又是怎么评判的呢？我们从12.1.1小节的介绍中得知，如果某个位置的数字块的值是2048，也就是最大值，那么游戏就会提示"恭喜完成"的字样；如果界面的位置全部满了，而且没有可以合并的数字块，那么游戏就会提示"Game over!"的字样，如图12-41所示。

图12-41 通关成功和通关失败

如果某个数字块再也插入不进去，这表示游戏结束；如果界面上某个数字块的值大于等于设定的最大值，这表示游戏通关。关于通关检测的内容，下面进行详细的讲解。

1. 设定通关最大值

通过设定一个表示最大值的常量，决定游戏是否通关完成。这里为了方便调试，在 MainViewController.swift 文件中，暂时将通关的最大值设定为 16，代码如下。

```
// 游戏过关最大值
var maxNumber : Int = 16
```

2. 定义检测是否通关的方法

关于数据的变化，都需要在 GameModel 类里面操作。在 GameModel.swift 文件中，同样地定义一个表示最大值的变量，用于接收外界传递过来的最大值，代码如下。

```
var maxNumber:Int = 0
```

在 init 函数中，添加 1 个 Int 类型的参数，该参数的名称为 maxnumber，并且在函数内部初始化 maxNumber，代码如下。

```
1    init(dimension:Int, maxnumber:Int) {
2        self.maxNumber = maxnumber
3        self.dimension = dimension
4    }
```

在上述代码中，第 1 行代码是修改后的 init 函数，第 2 行代码是新增加的，用于给 maxNumber 变量赋值。

定义一个检测是否通关的方法，如果某个位置的值大于或者等于 16，返回 true，反之则返回 false，代码如下。

```
1    // 用于检测是否通关
2    func isSuccess() -> Bool
3    {
4        for i in 0..<dimension*dimension
5        {
6            if tiles[i] >= maxNumber
7            {
8                return true
9            }
10        }
11        return false
12    }
```

3. 更新使用初始化 GameModel 的方法

前面对于 GameModel 的 init 函数进行了改动，使用到该函数的代码会报错。在 MainViewController.swift 文件中，更新 init()方法中初始化 GameModel 类的代码，更新后的代码如下。

```
self.gameModel = GameModel(dimension: self.dimension, maxnumber:maxNumber)
```

4. 界面展示通关信息

由于关于重排和合并的效果，都需要调用 initUI()函数反映到界面上面。因此，在该函数的末尾添加代码进行判断，如果 isSuccess 为 true，提醒用户"恭喜过关"的信息，并且通过选择"确定"和"再玩一次"按钮来执行不同的操作，代码如下。

```
1 if gameModel.isSuccess()
2 {
3    // 弹出提示框
4    let alertVc = UIAlertController(title: "恭喜过关！",
5                 message: "嘿，真棒！！您过关了！！！",
6                 preferredStyle: UIAlertControllerStyle.alert)
7    let makeSure = UIAlertAction(title: "确定",
8    style: UIAlertActionStyle.default) {
9        (action: UIAlertAction!) -> Void in
10   }
11   let reTry = UIAlertAction(title: "再玩一次",
12   style: UIAlertActionStyle.default) {
13       (action: UIAlertAction!) -> Void in
14   }
15   alertVc.addAction(makeSure)
16   alertVc.addAction(reTry)
17   self.present(alertVc, animated: true, completion: nil)
18   return
19 }
```

如果检测到某个数字块的值大于或者等于 16，就会执行上述代码。在上述代码中，第 4 行代码创建了一个 UIAlertController 实例，同时指定了标题和详细信息；第 7～14 行代码分别创建了两个 UIAlertAction 实例，同时也指定了标题、类型和监听到事件后回调的闭包；第 15～16 行代码分别调用 addAction 方法添加了两个警告事件，第 17 行代码调用 present 方法动画地显示提示框。

5. 通关后限制任何操作

通关后弹出一个提示框，单击"确定"按钮，提示框消失。滑动屏幕，界面上的数字块依然会滑动，而且继续生成新的数字，这是非常不好的体验。为此，在响应 4 个手势的方法中，对里面的代码进行修改，以 swipeUp()中的代码为例，代码如下。

```
1    if (!gameModel.isSuccess())
2    {
3        gameModel.reflowDown()
4        gameModel.mergeDown()
5        gameModel.reflowDown()
6        initUI()
```

```
7        // 生成随机数字
8        genRandom()
9    }
```

在上述代码中，使用 if 语句进行判断，如果没有检测到通关的情况下才会重排、合并、更新界面，生成随机数字。

6. 添加再玩一次的方法

通关后弹出一个提示框，单击"再玩一次"按钮提示框消失，游戏界面的数字块全部清空，紧接着随机出现了两个数字块，恢复到启动程序时的状态。为此，在 MainViewController.swift 文件中，定义一个重新开始游戏的方法，代码如下。

```
1    func reStart ()
2    {
3        // 重设界面
4        resetUI()
5        //同步数据
6        gameModel.initTiles()
7        //重新生成两个随机数
8        for _ in 0 ..< 2{
9            genRandom()
10       }
11   }
```

在上述代码中，第 4 行代码调用了 resetUI()方法重设界面，第 6 行代码调用了 initTiles()方法，该方法是 GameModel 类的一个方法，它将初始化 tiles 和 mtiles 的代码抽取到该方法中，并在 init 函数内部调用。在 GameModel.swift 文件中，新增加的 initTiles()方法的代码如下。

```
1    func initTiles()
2    {
3        self.tiles = Array<Int>(repeating: 0,
4                count: self.dimension * self.dimension)
5        self.mtiles = Array<Int>(repeating: 0,
6                 count: self.dimension * self.dimension)
7    }
```

7. 调用再玩一次的方法

前面游戏通关时，会弹出一个提示框通知用户游戏完成。如果用户单击了"再玩一次"的按钮，就会开始新一局的游戏，因此需要在响应单击按钮后的闭包中，调用 reStart()方法，增加的部分代码如下。

```
1    let reTry = UIAlertAction(title: "再玩一次", style: UIAlertActionStyle.default){
2        (action: UIAlertAction!) -> Void in
3        self.reStart()
4    }
```

8. 定义检测相邻值是否相等的方法

同样地在 GameModel.swift 文件中，定义一个检测游戏结束的方法。在数字块填满方格地图的基础上，如果水平方向上任意两个相邻的数字块的值不相等，而且垂直方向上任意两个相邻数字块的值也不相等，这就表明游戏结束。为此，定义两个检查水平和垂直方向相邻值是否相等的方法。

```
1        // 垂直方向检查
2        func checkVertical() -> Bool
3        {
4            var index = 0
5            // 从下向上检查
6            for temp in 1...(dimension-1) {
7            let i = dimension - temp
8                for j in 0..<dimension
9                {
10                   index = self.dimension * i + j
11                   // 如果当前行和上一行值相等,返回 false
12                   while (mtiles[index-self.dimension] == mtiles[index])
13                   {
14                       // 没有失败
15                       return false
16                   }
17               }
18           }
19           // 失败
20           return true
21       }
22       // 水平方向检查
23       func checkHorizontal() -> Bool
24       {
25           var index = 0
26           // 从右向左检查
27           for i in 0..<dimension{
28               for temp in 1...(dimension-1){
29               let j = dimension - temp
30               index = self.dimension * i + j
31                   // 如果当前列和左侧一列值相等,返回 false
32                   while (mtiles[index-1] == mtiles[index])
33                   {
34                       // 没有失败
35                       return false
```

```
36              }
37            }
38          }
39          // 失败
40          return true
41      }
```

在上述代码中，第 2～21 行代码是用于检测垂直方向上是否有相邻值相等的情况。其中，第 6～18 行代码使用嵌套 for 循环由下到上开始检查，并且使用 while 循环进行无限检测，只要出现当前行和上一行的值相等，那么就返回 false，也就是游戏没有失败。反之，则返回 true，表示游戏失败。

同理，第 23～41 行代码通过同样的方式检测水平方向上是否有相邻值相等的情况。这里就不再赘述了。

9. 定义检测游戏失败的方法

定义一个检测游戏是否失败的方法，如果水平或者垂直方向上都没有相邻值相等的情况，就返回 true，表示游戏结束，反之则表示游戏没有结束，代码如下。

```
1   // 用于检测是否通关失败
2   func isFailure() -> Bool
3   {
4       if isFull() == true {
5           if checkVertical() == true && checkHorizontal() == true
6           {
7               // 失败
8               return true
9           }
10      }
11      // 没有失败
12      return false
13  }
```

在上述代码中，第 4 行代码使用 if 语句判断是否界面满了，如果满了的话，接着在第 5 行代码使用 if 语句检查水平和垂直方向上是否都没有相邻数字块的值相等的情况，如果没有的话就直接执行第 8 行的代码，反之则执行第 12 行代码。

10. 界面展示游戏结束信息

每次滑动游戏界面，都会在任意位置插入一个随机数，我们可以在插入数字块之前进行判断。滑动游戏界面，发现游戏界面满了以后，就要进行通关结束的检测。在 MainViewController.swift 文件中找到 genRandom() 方法，在该方法的内部找到调用 insertTitle 的部分，将新增加的代码插入到这部分前面，新增加的代码如下。

```
1   if gameModel.isFailure() == true
2   {
3       let alertVc = UIAlertController(title: "游戏结束！",
```

```
4      message: "抱歉！！您失败了！！！", preferredStyle: UIAlertControllerStyle.alert)
5      let reTry = UIAlertAction(title: "再试一次", style:
6      UIAlertActionStyle.default) {
7          (action: UIAlertAction!) -> Void in
8          self.reStart()
9      }
10     alertVc.addAction(reTry)
11     self.present(alertVc, animated: true, completion: nil)
12     }
```

当检测到游戏失败后会执行上述代码，弹出一个提示框提醒用户，该提示框带有"再试一次"的按钮，单击该按钮后，会执行 reStart()方法重新开始游戏。

11. 运行程序

（1）运行程序，程序运行成功后弹出模拟器。在模拟器的屏幕上操作游戏，直到界面上某个数字块出现16时，弹出一个"恭喜过关"的提示框。单击"确定"按钮，界面上的数字块既不能滑动，也不再出现新生成的数字块，如图 12-42 所示。

（2）再次运行程序，接着在模拟器屏幕上操作游戏，直到界面上出现16时弹出"恭喜过关"的提示框。单击"再玩一次"按钮，游戏恢复到刚开始的状态，界面上随机出现了两个数字块，如图 12-42 所示。

（3）将最大值换成 2048，再次运行程序，在弹出的模拟器屏幕上操作游戏，直到界面的数字块都满了，并且没有任何可以合并的数字时，弹出一个"游戏结束"的提示框。单击"再试一次"按钮，游戏仍然恢复到最初的状态，如图 12-42 所示。

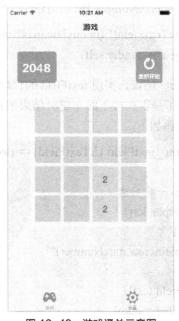

图 12-42　游戏通关示意图

从图 12-42 中可以看出，检测游戏通关或者游戏失败的功能实现了。

12.6　游戏的其他内容

在前面的小节中完成了《2048》游戏的大部分功能，接下来在本节中，将完善游戏的参数设置、分数和最高分的逻辑处理等项目的辅助功能。

12.6.1　设置游戏参数

在 12.3.3 小节里，我们搭建了游戏的设置界面，但是并没有实现更改维度和阈值的功能，接下来，将带领大家完成更改维度和阈值的功能，具体步骤如下。

1. 使用阈值设定通关值

（1）由于维度和阈值发生变化，一定会影响到游戏主界面的效果。因此，SettingView Controller 要想拿到 MainViewController，需要包含一个该类型的属性。在 SettingView Controller.swift 文件中，初始化一个主界面视图控制器，新增的代码如下所示。

```
var mainview = MainViewController()
init(mainview: MainViewController) {
    self.mainview = mainview
    super.init(nibName: nil, bundle: nil)
}
required init?(coder aDecoder: NSCoder) {
    fatalError("init(coder:) has not been implemented")
}
```

（2）让文本框显示当前的通关值，在 setupControls() 方法中创建文本输入框的地方，把默认的"2048"修改为 mainview 的 maxNumber 属性，代码如下。

```
txtNum = ControlView.createTextField("\(mainview.maxNumber)",
action:Selector(("numChanged")), sender:self)
```

（3）遵守 UITextFieldDelegate 协议，实现 textField 的代理方法 textFieldShouldReturn。这个方法返回一个 Bool 值，指明了是否在按下回车键时结束编辑，并且在这里将更改的通关值传递给 mainViewController，代码如下。

```
1    func textFieldShouldReturn(_ textField:UITextField) -> Bool
2    {
3        //textField 放弃成为第一响应者
4        textField.resignFirstResponder()
5        print("num Changed!")
6        if(textField.text != "\(mainview.maxNumber)")
7        {
8            let num = Int(textField.text!)
9            mainview.maxNumber = num!
10       }
11       return true
12   }
```

在上述代码中，第 6～10 行通过 if 语句进行判断，如果 textField 显示的值不等于通关值，将通关值赋值给 textField。

（4）接着需要在通关值发生变化的时候，更新一下数据模型里的 maxNumber 属性。在 MainViewController.swift 文件中，对声明的 maxNumber 属性代码进行修改，修改后的代码如下。

```
// 游戏过关最大值
var maxNumber : Int = 2048
{
    didSet
    {
        gameModel.maxNumber = maxNumber
    }
}
```

（5）运行程序，将设置界面的阈值改为 16，然后在游戏界面滑动出一个值为 16 的数字方块。这时提示游戏通关，表示游戏的阈值设置成功，如图 12-43 所示。

图 12-43　游戏通关示意图

2. 使用维度设定游戏界面背景

（1）在 12.3.3 小节中，我们创建了一个分段单选控件，当选择维度的选项发生变化的时候，会响应 dimensionChanged 方法。接下来，实现它的单击方法，完成维度的修改，代码如下。

```
1    func dimensionChanged(sender:SettingViewController)
2    {
3        var segVals = [3,4,5]
4        mainview.dimension    = segVals[segDimension.selectedSegmentIndex]
5        //重置界面
6        mainview.reStart()
7    }
```

在上述代码中，第 3 行代码创建了一个包含 3 个元素的数组，表示 3 个维度。第 4 行代码根据分段控件选中的分段索引获取 segVals 对应的值。第 6 行代码调用了 reStart()方法来重置界面。

（2）当单击分段按钮更改维度的时候，需要重置界面，移除之前的视图。在 MainViewController.swift 文件中，对 resetUI 方法进行扩充，添加重置方格地图的代码，代码如下。

```
1    func resetUI()
2    {
3        for (_, tile) in tiles
4        {
5            tile.removeFromSuperview()
6        }
7        // 清空字典的内容
8        tiles.removeAll(keepingCapacity: true)
9        tileVals.removeAll(keepingCapacity: true)
10       for background in backgrounds{
11           background.removeFromSuperview()
12       }
13       setupBackground()
14   }
```

在上述代码中，第 3～6 行代码通过 for-in 循环将 tiles 的内容从父视图上删除，接着清空了 tiles 和 tileVals 字典的内容。第 10～13 行代码删除了背景方格，又重新设置了新的背景。

（3）同样使用 didSet 方法监听属性的变化，在 MainViewController.swift 文件中，将 dimension 属性传入到数据模型里面，代码如下。

```
// 游戏方格维度
var dimension : Int = 4{
    didSet{
        gameModel.dimension = dimension
    }
}
```

（4）运行程序，打开游戏的设置界面。依次单击分段控件的各个分段，回到主界面可以发现方块地图发生了相应的改变，如图 12-44 所示。

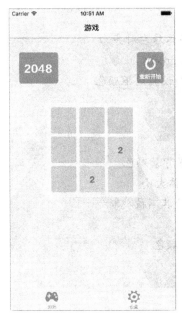 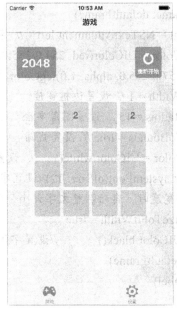 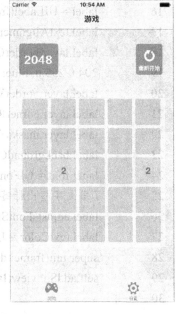

图 12-44　更改维度示意图

12.6.2　分数和最高分逻辑处理

每次合并界面上的两个方块，分数就会增加方块数值的两倍。如果程序是第一次运行，最高分会随着分数的增加而增加。如果程序不是第一次运行，最高分一直保持显示上次记录的结果，直到出现新的比上次更高的分数。接下来，我们来实现分数和最高分的功能，具体如下。

1. 定义分数视图类

选中 View 文件夹，新建一个继承自 UIView 的类 ScoreView，用于显示分数和最高分标签，代码如例 12-6 所示。

例 12-6　ScoreView.swift

```
1    import UIKit
2    protocol ScoreViewProtocol
3    {
4        func changeScore(value s:Int)
5    }
6    class ScoreView: UIView,ScoreViewProtocol {
7        var label:UILabel
8        let defaultFrame = CGRect(x: 0, y: 0, width: 162, height: 30)
9        var score:Int = 0{
10           didSet{
11               label.text = "   分数：    \(score)"
12           }
13       }
14       init()
15       {
```

```
16          label = UILabel(frame: defaultFrame)
17          label.textAlignment = NSTextAlignment.left   // 字体居左对齐
18          label.layer.borderColor = UIColor(red: 254.0/255.0, green:
19          204.0/255.0, blue: 57.0/255.0, alpha: 1.0).cgColor // 设置边框颜色
20          label.layer.borderWidth = 1 // 设置边框宽度
21          label.layer.cornerRadius = 15 // 设置圆角半径
22          label.layer.masksToBounds = true // 设置裁圆
23          label.backgroundColor = UIColor.white()     // 设置背景颜色
24          label.font = UIFont.systemFont(ofSize: 12)//设置字体大小
25          //当文字超出标签宽度时，自动调整文字大小，使其不被截断
26          label.adjustsFontSizeToFitWidth = true
27          label.textColor = UIColor.black()           //设置字体颜色
28          super.init(frame: defaultFrame)
29          self.addSubview(label)
30      }
31      required init?(coder aDecoder: NSCoder) {
32          fatalError("init(coder:) has not been implemented")
33      }
34      func changeScore(value s:Int)
35      {
36          score = s
37      }
38  }
39  class BestScoreView:ScoreView{
40      var bestScore:Int = 0{
41          didSet{
42              label.text = "    最高分：    \(bestScore)"
43          }
44      }
45      override func changeScore(value s: Int)
46      {
47          bestScore = s
48      }
49  }
```

在第 2～5 行代码中，在协议中定义了一个方法，让分数和最高分视图共享这个方法。通过这个方法控制分数的变化。在第 34～37、45～48 行代码实现了协议中的方法。需要注意的是，在重写父类的方法时，需要在前面加上 override 关键字，提醒 Swift 去检查该类的父类是否有匹配的方法，可保证重写的定义是正确的。

2. 显示分数和最高分标签

在 MainViewController.swift 文件中，定义两个表示分数和最高分的标签，代码如下。

```
1    // 分数标签
2    var score:ScoreView
3    // 最高分标签
4    var bestScore:BestScoreView
```

同样在该文件中，定义一个方法用来绘制分数和最高分的视图，确定它们在父视图中的位置和数值，代码如下。

```
1    func setupScoreLabels()
2    {
3        // 添加分数标签
4        score.frame.origin.x = 70
5        score.frame.origin.y = 150
6        self.view.addSubview(score)
7        // 添加最高分标签
8        bestScore.frame.origin.x = 205
9        bestScore.frame.origin.y = 150
10       self.view.addSubview(bestScore)
11   }
```

在上述代码中，第 4～6 行代码创建了一个分数标签，设置了它的 X 值、Y 值，最后添加到父视图上面。采用同样的方式，创建一个最高分标签。

最后，在 MainViewController 的 viewDidLoad 方法的末尾添加代码，调用 setupScoreLabels 方法，接着调用 changeScore 方法设置标签的文字为 0，代码如下。

```
// 添加分数和最高分标签
setupScoreLabels()
gameModel.changeScore(0)
```

3. 实现改变分数和最高分

（1）由于合并的过程是在模型里面生效的，所以需要在模型的初始化函数中传递过去。在 GameModel.swift 文件中，定义 4 个属性，并且修改数据模型的初始化函数，代码如下。

```
1    var scoreDelegate:ScoreViewProtocol
2    var bestScoreDelegate:ScoreViewProtocol
3    var score:Int = 0
4    var bestScore:Int = 0
5    init(dimension:Int, maxnumber:Int, score:ScoreViewProtocol,
6    bestScore:ScoreViewProtocol)
7    {
8        self.maxNumber = maxnumber
9        self.dimension = dimension
10       self.scoreDelegate = score
```

```
11        self.bestScoreDelegate = bestScore
12        initTiles()
13    }
```

在上述代码中，第5~6行代码增加了 score 和 bestScore 两个参数，并且在第10~11行代码对属性进行了赋值。

（2）除此之外，封装一个用于改变分数的方法。每调用一次分数都会增加，如果分数超过了最高分，将分数的值赋值给最高分，代码如下。

```
1     func changeScore(s:Int)
2     {
3         score+=s
4         if bestScore < score
5         {
6             bestScore = score
7         }
8         scoreDelegate.changeScore(value: score)
9         bestScoreDelegate.changeScore(value: bestScore)
10    }
```

在上述代码中，第3行代码增加了 score 的值，接着使用 if 语句进行判断，如果 bestScore 的值小于 score，那么将 score 赋值给 bestScore。第8~9行代码通过协议的 changeScore 方法，将更改后的两个值使用参数传递给 ScoreView 类。

（3）找到4个响应合并的方法，在这些方法中依次调用上面的 changeScore 方法。以向上合并的 mergeUp() 方法为例，添加后的代码如下。

```
1     // 向上合并
2     func mergeUp()
3     {
4         copyToMtiles()
5         var index:Int
6         for i in 0..<dimension-1{
7           for j in 0..<dimension{
8             index = self.dimension * i + j
9             // 如果当前行大于0，而且当前行和上一行值相等
10            if (mtiles[index] > 0) && (mtiles[index-self.dimension] == mtiles[index])
11            {
12                // 将上一行的值变为当前行值的2倍，当前行的值置为0
13                mtiles[index-self.dimension] = mtiles[index] * 2
14                changeScore(mtiles[index] * 2)
15                mtiles[index] = 0
16            }
17          }
```

```
18        }
19        copyFromMtiles()
20    }
```

在上述代码中，第 14 行代码是新增加的代码，将该索引对应的值乘以 2 后得到的结果传递给分数视图和最高分视图。

（4）由于前面修改了 GameModel 类的初始化函数，使用该函数的地方肯定会报错。在 MainViewController.swift 文件中，从 init()方法中删除创建 GameModel 实例的代码，在 viewDidLoad 方法中重新创建 GameModel 实例，修改后的代码如下。

```
1    override func viewDidLoad() {
2        super.viewDidLoad()
3        // 设置背景颜色
4        self.view.backgroundColor = UIColor(patternImage:UIImage(named:
5        "backgroud")!)
6        // 设置游戏图片
7        setupTitleView()
8        // 设置重新开始按钮
9        setupReTryBtn()
10       // 设置背景九宫格图片
11       setupBackground()
12       // 添加手势
13       setupSwipeGuestures()
14       // 添加分数和最高分标签
15       setupScoreLabels()
16       self.gameModel = GameModel(dimension: self.dimension, maxnumber:maxNumber,
17       score:score, bestScore:bestScore)
18       // 动画地生成随机标签
19       for _ in 0..<2
20       {
21           genRandom()
22       }
23   }
```

（5）一旦界面进行了重置操作，分数标签的值必须清零。在 MainViewController.swift 文件的 resetUI 方法末尾，添加如下代码。

```
score.changeScore(value: 0)
gameModel.score = 0
```

为了验证程序的效果是否正确，运行程序，可以看到分数和最高分已经设置完成，如图 12-45 所示。

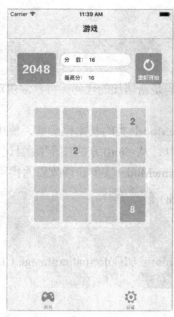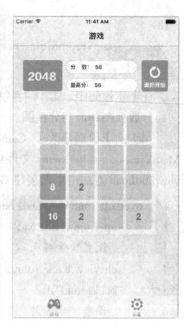

图 12-45　分数和最高分示意图

12.6.3　本地保存游戏最高分

接下来，我们将完成 2048 项目的最后一个功能，在本地保存游戏的最高分。对于分数的保存，需要使用到数据的持久化技术，NSUserDefaults 类可以实现本地保存游戏的最高分的功能。因为 NSUserDefaults 对相同的 Key 赋值等于一次覆盖，所以我们可以使用相同的 Key 值来保存游戏的最高分。

因为最高分标签显示的分数要从 NSUserDefaults 中取出，所以在第一次登录游戏时，默认保存一个 Key 为 "BestScore"、值为 0 的键值对到 NSUserDefaults。在 AppDelegate.swift 中，添加最初值的代码，修改后的代码如下。

```
1    func application(_ application: UIApplication,
2    didFinishLaunchingWithOptions launchOptions: [NSObject: AnyObject]?) ->
3    Bool {
4        let rect = UIScreen.main().bounds
5        self.window = UIWindow(frame: rect)
6        self.window?.backgroundColor = UIColor.white()
7        let sign:Bool = UserDefaults.standardUserDefaults().
8        boolForKey("FirstStartSign")
9        if(!sign){
10           UserDefaults.standardUserDefaults().
11           setBool(true, forKey: "FirstStartSign")
12           let guideViewController = GuideViewController()
13           self.window!.rootViewController = guideViewController
14           let bestScore: Int = 0
15           UserDefaults.standardUserDefaults().
16           setObject(bestScore, forKey: "BestScore")
```

```
17        }else
18        {
19            // 创建初始化控制器
20            let startVC = MainTabBarViewController()
21            self.window?.rootViewController = startVC
22        }
23        self.window!.makeKeyAndVisible()
24        return true
25    }
```

在上述代码中，第7~8行代码调用 standardUserDefaults() 方法创建了一个 NSUserDefaults 单例对象，并且调用 boolForKey 方法返回一个和 FirstStartSign 关联的 Bool 值，如果不存在 FirstStartSign 就返回 false。

第9行代码使用 if 语句进行判断，如果 sign 不存在，给 FirstStartSign 设置值为 true。

第15行代码定义了一个值为0的常量 bestScore，用于表示最高分，通过调用 setObject 方法给 BestScore 键赋值为0。

当分数发生改变的时候，一旦分数的值大于最高分的话，最高分的值也要发生变化。因此在 GameModel.swift 文件中，需要将变化的最高分的值通过 NSUserDefaults 来保存，修改后的代码如下。

```
1     func changeScore(s:Int)
2     {
3         score+=s
4         bestScore = Int(UserDefaults.standardUserDefaults().
5         valueForKey("BestScore") as! NSNumber)
6         if bestScore < score
7         {
8             bestScore = score
9             UserDefaults.standardUserDefaults().
10            setObject(bestScore, forKey: "BestScore")
11        }
12        scoreDelegate.changeScore(value: score)
13        bestScoreDelegate.changeScore(value: bestScore)
14    }
```

上述代码中，添加了第4~5行和第9~10行代码，其中第4~5行代码取出 NSUserDefaults 里存储的 Key 值为 "BestScore" 的值，并赋值给 bestScore 变量。第9~10行代码在最高分发生变化时，把最高分存储到 NSUserDefaults 中。

运行程序，试玩几次游戏，可以看到，最高分的本地存储已经设置完成。通过如下路径 "\user\用户名\Library\Developer\CoreSimulator\Devices\模拟器 UDID\data\Containers\Data\ Application\App 编号\Library\Preferences" 找到该应用程序沙盒的偏好设置保存的位置，在 Preferences 目录下面看到一个后缀名为.plist 的文件，双击打卉后如图12-46所示。

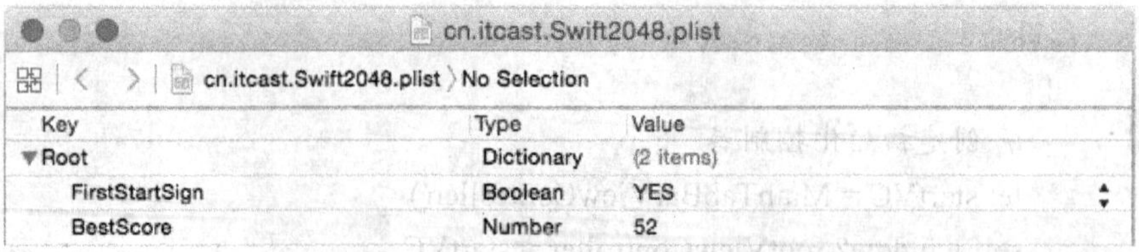

图 12-46　偏好设置保存的文件

12.7　本章小结

本章围绕着 Swift 开发的《2048》游戏，按照项目的实现流程完成开发。首先介绍了项目的应用图标、启动界面、新手引导的添加，接着搭建了入口界面、游戏主界面、游戏设置界面，然后在游戏主界面使用数学运算的方式实现了游戏的闪现、重排、合并等功能，最后介绍了游戏的辅助功能，包括游戏参数、分数和最高分、本地存储最高分。通过本章的学习，希望大家能够深入地理解 Swift 的内容，能够灵活地运用到项目中。